全国注册城乡规划师职业资格考试真题与解析

城乡规划管理与法规

经纬注考教研中心◎编

清华大学出版社
北京

内 容 简 介

本书由经纬注考教研中心编写，分为两部分，第一部分为历年考试真题与解析，包括 2012—2022 年（2015 年、2016 年无）全部真题，并对这些题目进行分析和解答，归纳了解题思路和方法，对一些题目还给出了相同考点的对比和辨析。第二部分为 2023 年模拟题，是编者通过对历年真题进行分析和对政策进行把握后编写的，可供考生复习后进行练习和检验复习效果。

本书可供参加 2023 年全国注册城乡规划师职业资格考试的考生参考学习。

图书在版编目（CIP）数据

城乡规划管理与法规/经纬注考教研中心编. —北京：清华大学出版社，2023.5
全国注册城乡规划师职业资格考试真题与解析
ISBN 978-7-302-63644-1

Ⅰ. ①城… Ⅱ. ①经… Ⅲ. ①城乡规划－管理－中国－资格考试－题解 ②城乡规划－法规－中国－资格考试－题解 Ⅳ. ①TU984.2-44 ②D922.297.4-44

中国国家版本馆 CIP 数据核字（2023）第 087373 号

责任编辑：秦　娜　王　华
封面设计：李召霞
责任校对：薄军霞
责任印制：杨　艳

出版发行：清华大学出版社
　　　　　网　　址：http://www.tup.com.cn, http://www.wqbook.com
　　　　　地　　址：北京清华大学学研大厦 A 座　　　邮　　编：100084
　　　　　社 总 机：010-83470000　　　　　　　　邮　　购：010-62786544
　　　　　投稿与读者服务：010-62776969，c-service@tup.tsinghua.edu.cn
　　　　　质量反馈：010-62772015，zhiliang@tup.tsinghua.edu.cn
印 装 者：三河市人民印务有限公司
经　　销：全国新华书店
开　　本：185mm×260mm　　印　　张：19　　　　字　　数：402 千字
版　　次：2023 年 5 月第 1 版　　　　　　　　　　印　　次：2023 年 5 月第 1 次印刷
定　　价：69.80 元

产品编号：102543-01

前言

规划师是一个外表看起来高级而又神秘的职业,对于身处行业中的我们来说,更明白这是一份需要去除浮躁、兼具责任与压力的职业。取得注册城乡规划师资格对于规划师来说是一种行业的认可,在一定程度上也是一种规划能力和从业资格的肯定。从 2000 年开始实施全国注册规划师考试制度以来的 23 年,经众多工作在规划设计岗位的同仁们坚持不懈,约 4 万人取得了这张颇具含金量的证书。

这些年,规划在国家政策中越来越被重视,注册规划师职业资格制度也经历过几次调整,2008 年随着《中华人民共和国城乡规划法》的变动,注册城市规划师变更为注册城乡规划师,经历了 2015 年和 2016 年两年的停考,2017 年依据《关于印发〈注册城乡规划师职业资格制度规定〉和〈注册城乡规划师职业资格考试实施办法〉》(人社部规〔2017〕6 号),注册城乡规划师划入协会管理,2018 年随着国家部门改革,注册城乡规划师资格认证实施主体变为自然资源部,这两年有关考试的内容和方向,是众多考生关注的热点。

规划师的核心工作便是"规划",既有宏观规划理论又有实际操作能力。虽然注册规划师考试未必能全面评估一名规划师的能力,也不能以是否通过考试来衡量规划师的规划设计能力高下,但已通过注册规划师考试的考生,一般说明其不仅具备全面的理论和实践经验,熟悉国家的相关法规和制度,对规划设计也具有一定分析、构思和表达能力,具备成为一名规划师的基本素养。

"城乡规划管理与法规"是城乡规划的法律基础,该科目因其庞大的法律法规和规范,考点分散且多,又因为法律法规本身的枯燥,让该科目成为考生相对头疼的科目之一。但正如上面所说,归根到底这毕竟是一个理论考试,是考试就一定有其规律,不能单纯理解为记忆与背诵,这是考生在复习的时候要避开的"坑"。在复习过程中,要对法规中的重点内容全面复习,而对不常考的知识点"浅尝辄止"。当然,还需要掌握一些切实有效的应试方法与技巧,研究历年真题,形成考试思路。

本书便是从考试的角度出发,通过研究历年的考试题目,总结考试思路和重点,对每道题目进行了详细的解析,以期帮助更多的应试者把握历年考试的重点,更实际、高效地复习。

本书中 2020 年考试真题,因部分题目信息缺失,由专业老师根据考题回忆补充相应题目,可能与原题有部分出入,特此说明。

本书在编写过程中得到了清华大学出版社各位编辑老师的支持和帮助,感谢他们的付出。但因为编者水平有限,书中难免有不妥之处,敬请各位同仁和读者批评指正。

读者可扫描二维码,关注"经纬注考教研中心"公众号,及时获取考试相关信息。

　　本书提供部分试题的在线答题系统,帮助考生轻松答题并查看解析,了解知识点的薄弱之处,有针对性地查漏补缺,助力考试成功。刮开封底"文泉云盘防盗码"并扫描二维码,注册后即可获得在线答题权限。

编　者

2023 年 3 月于北京

关于"城乡规划管理与法规"备考的几点建议

编者在分析总结了近几年注册城乡规划师考试科目及"城乡规划管理与法规"试题后,给准备参加注册城乡规划师考试的考生几点建议:

1. 充分认识"城乡规划管理与法规"在注册城乡规划师考试中的作用和地位,法规是整个考试的隐形大纲,是赋予规划师权利和义务的准绳,其自身科目知识点对其他科目考试内容和考点也有很大的帮助,特别是对"城乡规划原理"的规划体系板块和"城乡规划实务"的违法处罚考点,法规的知识点贯穿整套教材,复习时应融会贯通。

2. 法规复习要避免纯背诵的认识误区,很多同学认为法规枯燥烦琐,但从近几年的考试看,题目趋于理解记忆。如对《城乡规划法》而言,单纯的记忆显然是无法应对考试的,而重在对整个规划法层次和本质规定的理解;近几年考试越来越接近实际,如法规效力、复议处罚等都以实际现状为出题点。法规与"城乡规划原理"不同,其复习重点应紧密结合教材,不要放到教材之外。

3. 从试题分析可见,城乡规划法、行政法基础知识以及公共行政等是法规考试的重点,但有对重要技术标准、规范考查的趋势,考生复习仍要紧密结合考试大纲,抓住重点部分的同时,多关注一些在城乡规划原理、实际项目中常用的技术标准和规范。

4. 认识真题的重要性,减少对模拟题的练习,切实做到对近几年真题知其然也知其所以然。有些考生原本就对一些概念模糊,而一些凑数的模拟题会加大对考生的误导。

以上分析和建议属于编者的一些看法,限于水平难免偏颇,仅供考生斟酌参考;全面复习、深入理解、融会贯通、加强理解记忆仍是考试通过的最佳途径。在此祝愿各位考生学习愉快、身体健康、考试顺利!

编 者

2023 年 2 月

文中法律全称与简称对照

法 律 全 称	文 中 简 称
《中华人民共和国城乡规划法》	《城乡规划法》
《中华人民共和国行政复议法》	《行政复议法》
《中华人民共和国行政诉讼法》	《行政诉讼法》
《中华人民共和国土地管理法》	《土地管理法》
《中华人民共和国文物保护法》	《文物保护法》
《中华人民共和国行政许可法》	《行政许可法》
《中华人民共和国行政处罚法》	《行政处罚法》
《中华人民共和国城市房地产管理法》	《城市房地产管理法》
《中华人民共和国物权法》	《物权法》
《中华人民共和国防震减灾法》	《防震减灾法》
《中华人民共和国立法法》	《立法法》
《中华人民共和国招投标法》	《招投标法》
《中华人民共和国建筑法》	《建筑法》
《中华人民共和国环境保护法》	《环境保护法》
《中华人民共和国消防法》	《消防法》
《中华人民共和国国家赔偿法》	《国家赔偿法》
《中华人民共和国人民防空法》	《人民防空法》
《中华人民共和国水法》	《水法》
《中华人民共和国保守国家秘密法》	《保守国家秘密法》
《中华人民共和国行政法》	《行政法》
《中华人民共和国城市规划法》	《城市规划法》
《中华人民共和国节约能源法》	《节约能源法》
《中华人民共和国军事设施保护法》	《军事设施保护法》
《中华人民共和国民法典》	《民法典》
《中华人民共和国测绘法》	《测绘法》
《中华人民共和国广告法》	《广告法》
《中华人民共和国公路法》	《公路法》
《中华人民共和国刑事诉讼法》	《刑事诉讼法》
《中华人民共和国民事诉讼法》	《民事诉讼法》
《中华人民共和国仲裁法》	《仲裁法》
《中华人民共和国森林法》	《森林法》
《中华人民共和国乡村振兴促进法》	《乡村振兴促进法》
《中华人民共和国环境影响评价法》	《环境影响评价法》
《中华人民共和国噪声污染防治法》	《噪声污染防治法》
《中华人民共和国土壤污染防治法》	《土壤污染防治法》
《中华人民共和国海洋环境保护法》	《海洋环境保护法》
《中华人民共和国湿地保护法》	《湿地保护法》
《中华人民共和国长江保护法》	《长江保护法》
《中华人民共和国农村土地承包法》	《农村土地承包法》
《中华人民共和国草原法》	《草原法》

随书附赠视频资源，请扫描二维码观看。

《行政法学基础》精讲（一）

《行政法学基础》精讲（二）

《行政法学基础》精讲（三）

《中华人民共和国土地管理法》精讲（一）

《中华人民共和国土地管理法》精讲（二）

《城市规划编制办法》《公共行政基础》精讲

《城市四线管理办法》精讲

《城市用地分类与规划建设用地标准》《城市环境卫生设施规划标准》精讲

《历史文化名城名镇名村保护条例》《风景名胜区条例》精讲

《文物保护法》《物权法》《行政处罚法》精讲

国土空间规划体系及要点（一）

国土空间规划体系及要点（二）

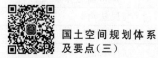国土空间规划体系及要点（三）

国土空间规划体系及要点（四）

国土空间规划体系及要点（五）

《城市居住区规划设计标准》精讲（一）

《城市居住区规划设计标准》精讲（二）

《城市综合交通体系规划标准》解读

《历史文化名城保护规划标准》解读

导论＋行政学基础（一）

关于加强村庄规划促进乡村振兴的通知

双评价指南讲解

目录

2012 年度全国注册城乡规划师职业资格考试真题与解析

城乡规划管理与法规

在线答题

真 题

一、**单项选择题**(共 80 题,每题 1 分。每题的备选项中,只有 1 个最符合题意)

1. 建设资源节约型、环境友好型社会是加快经济增长方式的(   )
   A. 主攻方向　　　　　　　　　　B. 根本出发点和落脚点
   C. 重要着力点　　　　　　　　　D. 重要支撑

2. 依法行政的核心是(   )
   A. 行政立法　　　B. 行政执法　　　C. 行政司法　　　D. 行政监督

3. 在下列行政立法的效力等级不等式中,不正确的是(   )
   A. 法律＞行政法规　　　　　　　B. 行政法规＞地方性法规
   C. 地方性法规＞地方政府规章　　D. 地方政府规章＞部门规章

4. 行政合理性原则的产生是基于(   )
   A. 公共事务责任的存在　　　　　B. 行政自由裁量权的存在
   C. 管理科学性的存在　　　　　　D. 行政理性的存在

5. "对某一类人或事具有约束力,且具有后及力,其不仅适用于当时的行为或事件,而且适用于以后要发生的同类行为和事件"的解释是指(   )
   A. 具体行政行为　　　　　　　　B. 抽象行政行为
   C. 羁束行政行为　　　　　　　　D. 自由裁量行政行为

6. 城乡规划主管部门对于规划实施中出现的一些问题具有行政调解、复议和仲裁的权力,这些权力在公共行政管理的分类上属于(   )
   A. 司法参与权　　　B. 司法管理权　　　C. 司法行政权　　　D. 公共司法权

7. 制定和实施城乡规划,在(   )内进行建设活动,必须遵守《城乡规划法》。
   A. 行政辖区　　　B. 城乡范围　　　C. 规划区　　　D. 建设用地

8. 下列关于规划区的叙述中,不正确的是(   )
   A. 规划区是指城市和建制镇的建成区以及因城乡建设和发展需要,必须实行规划控制的区域
   B. 在规划区内进行建设活动,应当遵守土地管理、自然资源和环境保护等法律法规的规定
   C. 界定规划区范围属于城市、镇总体规划的强制性内容
   D. 城市、镇规划区内的建设活动应当符合规划要求

9. 经依法批准的城乡规划,是城乡建设和规划管理的依据,未经(   )不得修改。
   A. 监督检查　　　B. 法定程序　　　C. 专家咨询　　　D. 技术论证

10. 《城乡规划法》中没有明确规定(　　)

    A. 经依法批准的城乡规划应当及时公布

    B. 城乡规划报送审批前,城乡规划草案应当给以公告

    C. 变更后的规划条件应当公布

    D. 城乡规划的监督检查情况和处理结果应当依法公开

11. 下列关于省域城镇体系规划的编制,不正确的是(　　)

    A. 省、自治区人民政府负责组织编制省域城镇体系规划

    B. 省域城镇体系的规划编制工作一般分为规划纲要和规划成果两个阶段

    C. 省域城镇体系规划的成果应当包括规划文本、图纸

    D. 省域城镇体系规划由国务院城乡规划主管部门审批

12. 根据《城市规划编制办法》,(　　)不属于在城市总体规划纲要阶段应当提出的空间管制范围。

    A. 禁建区　　　　　B. 限建区　　　　　C. 适建区　　　　　D. 待建区

13. 《城乡规划法》中"城乡规划的制定"一章中未包括(　　)

    A. 省域城镇体系规划　　　　　　　B. 城市总体规划

    C. 城市详细规划　　　　　　　　　D. 城市近期建设规划

14. 根据《城乡规划法》,县级以上地方人民政府城乡规划主管部门负责(　　)的城乡规划管理工作。

    A. 本行政区域内　　　　　　　　　B. 本行政区域规划区内

    C. 本行政区域建成区内　　　　　　D. 本行政区域建设用地内

15. 下列不属于城市总体规划强制性内容是(　　)

    A. 城市性质　　　　　　　　　　　B. 城市建设用地

    C. 城市历史文化遗产保护　　　　　D. 城市防灾工程

16. 根据《城市居住区规划设计规范》,下列关于住宅日照标准的规定中,不正确的是(　　)

    A. 日照标准根据建设气候分区和城市规模分别采用冬至日和大寒日两级标准

    B. 旧区改建项目内新建住宅日照标准,最低不应低于大寒日日照1小时的标准

    C. 在原建筑外增加任何设施,不应使相邻住宅日照标准降低

    D. 老年人居住建筑不应低于大寒日日照2小时的标准

17. 下列关于详细规划的叙述中,正确的是(　　)

    A. 修建性详细规划由城市人民政府组织编制

    B. 修建性详细规划是城乡规划主管部门作出建设项目规划许可的依据

    C. 控制性详细规划是城乡规划主管部门作出建设项目规划许可的依据

    D. 控制性详细规划应对所在地块的建设提出具体的安排和设计

18. 控制性详细规划修改涉及城市总体规划、镇总体规划（　　　）内容的,应当先修改总体规划。

    A. 强制性　　　　B. 控制性　　　　C. 重要性　　　　D. 关键性

19. 根据《城市规划编制办法》,下列关于城市规划编制成果的规定,不正确的是（　　　）

    A. 近期建设规划的成果包括规划文本、图纸、附件

    B. 分区规划的成果包括规划文本、图纸、附件

    C. 控制性详细规划的成果包括规划文本、图纸、附件

    D. 修建性详细规划的成果包括规划文本、图纸、附件

20. 下表中关于城市修建性详细规划的编制主体,正确的是（　　　）

	城市政府	规划主管部门	规划设计编制单位	建设单位
①	●	●		
②	●	●		
③		●	●	
④		●		●

    A. ①　　　　　B. ②　　　　　C. ③　　　　　D. ④

21. 修建性详细规划可以根据控制性详细规划及城乡规划主管部门提出的（　　　）委托城市规划编制单位编制。

    A. 规划程序　　　B. 规划条件　　　C. 规划内容　　　D. 规划方案

22. 城乡规划实施管理是以依法实施（　　　）为目标行使行政权力的形式和过程,是城乡规划制定和实施中的重要环节。

    A. 城镇化发展战略　　　　　　　　B. 城乡规划

    C. 和谐社会　　　　　　　　　　　D. 统一管理

23. 下列不符合《城乡规划法》和《风景名胜区条例》规定的是（　　　）

    A. 城市总体规划由城市人民政府组织编制

    B. 城市近期建设规划由城市人民政府组织编制

    C. 国家风景名胜区规划由所在地县级人民政府组织编制

    D. 省级风景名胜区规划由所在地县级人民政府组织编制

24. 某报建单位申请行政许可,规划主管与行政相对人形成了一种行政法律关系。在这种关系中,申请报建项目属于（　　　）

    A. 行政法律关系主体　　　　　　　B. 行政法律关系客体

    C. 行政法律关系内容　　　　　　　D. 行政法律关系事实

25. 按照国家规定需要有关部门批准或者核准的建设项目,以划拨方式提供国有土地使用权的,建设单位在报送有关部门批准或者核准前,应当向城乡规划主管部门申请核发（　　　）

    A. 选址意见书　　　　　　　　　　B. 建设用地规划许可证

C. 建设工程规划许可证   D. 国有土地使用证

26. 下列哪项建设用地的使用权可采用行政划拨的方式取得（   ）

     A. 商住建设用地   B. 基础设施建设用地

     C. 多功能影剧院用地   D. 酒店宾馆用地

27. 在以出让方式取得国有土地使用权的建设项目进行出让地块建设用地规划管理程序中,不符合《城乡规划法》程序的是(   )

     A. 地块出让前——依据修建性详细规划提供规划条件

                     作为地块出让合同的组成部分

     B. 用地申请——提供建设项目批准、核准、备案文件

                   地块出让合同

                   建设单位用地申请表

     C. 用地审核——现场踏勘,征询意见

                   核验规划条件

                   核定建设用地范围

                   审查建设工程总平面图

     D. 行政许可——领导签字批准

                   核发建设用地规划许可证

28. "工业、商业、旅游、娱乐和商品住宅等经营性用地以及同一土地有两个以上意向用地者的,应当采取招标、拍卖等公开竞价的方式出让"的条款出自(   )

     A.《城乡规划法》   B.《土地管理法》

     C.《城市房地产管理法》   D.《物权法》

29. 根据我国有关法律规定,获得城乡建设用地使用权的方式不包括(   )

     A. 出租   B. 划拨   C. 有偿出让   D. 协议出让

30. 以出让方式取得土地使用权进行房地产开发的,(   )未动工开发,可由县级以上人民政府无偿收回土地使用权。

     A. 交付土地出让金后

     B. 超过出让合同约定的动工开发日期满2年

     C. 完成全部拆迁后

     D. 超过出让合同约定的动工开发日期满1年

31. 某开发商通过拍卖获得一块建设用地的使用权,未进行投资建设就把土地转让给另一个开发单位进行开发,结果受到有关单位的查处。查处该案件所依据的法律是(   )

     A.《城乡规划法》   B.《土地管理法》

     C.《城市房地产管理法》   D.《建筑法》

32. 应当划入基本农田保护区进行严格管理的耕地不包括(   )

     A. 经政府批准确定的粮、棉、油生产基地内的耕地

    B. 农业科研、教学试验田

    C. 需要退耕还林、还牧、还湖的耕地

    D. 蔬菜生产基地

33. 下列选项中关于强制性内容的归类都符合《城市规划强制性内容暂行规定》的（　　）

    A. 土地使用限制性规定、地块的土地主要用途

    B. 重要地下文物埋藏区的界线、历史建筑群

    C. 基本农田保护区、各类园林绿地的具体布局

    D. 电厂位置、大型变电站位置

34. 某村就公共设施建设项目向镇人民政府提出申请，经镇人民政府审核后核发了乡村建设规划许可证。该市城乡规划主管部门在行政监督检查中认定镇人民政府的行政行为违法，其原因是（　　）

    A. 镇人民政府未向城乡规划主管部门申报备案

    B. 镇人民政府无权核发乡村建设规划许可证

    C. 村公共建设项目应直接向市城乡规划主管部门申请，由市城乡规划主管部门核发乡村建设规划许可证

    D. 市城乡规划主管部门没有授权镇人民政府核发乡村建设规划许可证

35. 某村在村庄规划区内建设卫生所，按程序向有关部门提出申请，由（　　）核发乡村建设规划许可证。

    A. 省城乡规划主管部门

    B. 城市、县人民政府城乡规划主管部门

    C. 乡、镇人民政府

    D. 村委会

36.《城乡规划法》规定的"临时建设和临时用地规划管理的具体办法，由省、自治区、直辖市人民政府制定"，在行政合法性其他原则中称为（　　）

    A. 法律优位原则   B. 法律保留原则

    C. 行政应急性原则   D. 行政合理性原则

37. 下列关于"容积率"的解释中，符合《城市规划基本术语标准》的是（　　）

    A. 一定地块内，总建筑面积与建筑用地面积的比值

    B. 一定地块拥有的住宅总建筑面积

    C. 每公顷建设用地上容纳的住宅建筑的总面积

    D. 每公顷建设用地上拥有的各类建筑的总建筑面积

38. 下列关于规划条件的叙述，不符合《城乡规划法》的是（　　）

    A. 城市、县人民政府城乡规划主管部门依据控制性详细规划，提出规划条件

    B. 未确定规划条件的地块，不得出让国有土地使用权

    C. 城市、县人民政府城乡规划主管部门在建设用地规划许可证中，可对作

为国有土地使用权出让合同组成部分的规划条件进行调整

D. 规划条件未纳入国有土地使用权出让合同的,该国有土地使用权出让合同无效

39.《城市用地分类与规划建设用地标准》属于现行城乡规划技术标准体系中的( )

A. 综合标准   B. 基础标准

C. 通用标准   D. 专用标准

40.《城市用地分类与规划建设用地标准》中采用的"双因子"控制是指允许采用( )

A. 规划城市建设用地面积指标和允许调整幅度

B. 规划城市建设用地结构指标和允许调整幅度

C. 规划人均城市建设用地面积指标和允许调整幅度

D. 规划人均建设用地结构指标和允许调整比例

41. 根据《城乡规划法》,应当组织有关部门和专家定期对( )实施情况进行评估,并采取论证会、听证会或者其他方式征求公众意见。

A. 城市总体规划   B. 控制性详细规划

C. 修建性详细规划   D. 近期建设规划

42. 下列( )图例表示地下采空区。

A.

B.

C.   D.

43. 控制性详细规划是城乡规划主管部门作出规划( )、实施规划管理的依据。

A. 决定   B. 行政许可   C. 评估   D. 方案

44. 根据《城市居住区规划设计规范》,( )不属于居住区道路用地范畴。

A. 居住区(级)道路   B. 小区(级)道路

C. 组团(级)道路   D. 宅间小路

45.《城市工程管线综合规划规范》属于现行城乡规划技术标准体系中的( )

A. 综合标准   B. 通用标准

C. 基础标准   D. 专业标准

46. 在 2002 年版《城市绿地分类标准》公布实施后,原来的"公共绿地"的名称改为( )

A. 公共设施绿地   B. 公园绿地

C. 市政设施绿地   D. 专类绿地

47. 政府对全社会公共利益所做的分配利益是一个复杂的动态过程,包括( )

    A. 利益选择、利益划分、利益落实、利益分配

    B. 利益选择、利益整合、利益分配、利益落实

    C. 利益整合、利益划分、利益选择、利益落实

    D. 利益划分、利益整合、利益落实、利益兑现

48. 根据《城市蓝线管理办法》,下列不正确的是( )

    A. 城市蓝线只能在城市总体规划阶段划定

    B. 城市蓝线应当与城市规划一并报批

    C. 城市蓝线确定调整时,应当依法调整城市规划

    D. 调整后的城市蓝线应当在报批前进行公示

49. 下列城市等别和防洪标准简表中,不符合《城市防洪工程设计规范》确定的是( )

	名 称	城 市 等 别			
		一	二	三	四
①	分等指标:城市人口(万人)	≥100	100~50	50~20	≤20
②	河(江)洪、海潮防洪标准(重现期:年)	≥200	200~100	100~50	50~20
③	山洪防洪标准(重现期:年)	100~50	50~20	20~10	10~5
④	泥石流防洪标准(重现期:年)	>100	100~50	50~20	20

    A. ①   B. ②   C. ③   D. ④

50. 住房和城乡建设部 2010 年发布了《城市综合交通体系规划编制导则》,该导则明确指出,城市综合交通体系规划是指导城市综合交通发展的( )

    A. 综合性规划   B. 战略性规划   C. 前瞻性规划   D. 整体性规划

51. 确定城乡道路交叉口的形式及其用地范围的因素不包括( )

    A. 相交道路等级   B. 分向流量

    C. 交叉口周围用地性质   D. 道路纵向坡度

52. 当城市干道红线宽度超过 30m 时,宜在城市干道两侧布置的管线是( )

    A. 排水管线   B. 给水管线   C. 电力管线   D. 热力管线

53. 根据《节约能源法》,国家采取措施,对集中供热的建筑分步骤实行供热( )制度。

    A. 递级收费   B. 标准计量   C. 统一收费   D. 分户计量

54. 根据《消防法》,需要进行消防设计的建筑工程,公安消防机构应该对( )进行审核。

    A. 建设工程总平面图   B. 建设工程扩大初步设计图

    C. 建筑工程消防设计图   D. 建设工程方案设计图

55. 根据《城市抗震防灾规划管理规定》,下列说法不正确的是(　　)

　　A. 城市抗震防灾规划是城市总体规划中的专业规划

　　B. 在抗震设防区的城市,在城市总体规划批准后,应单独编制城市抗震防灾规划

　　C. 城市抗震防灾规划的规划范围应当与城市总体规划相一致

　　D. 批准后的抗震防灾规划应当公布

56. 根据《城市规划强制性内容暂行规定》,在城市防灾工程规划中,下列哪项不是必须控制的内容(　　)

　　A. 城市防洪标准　　　　　　　　　B. 建筑物、构筑物抗震加固

　　C. 城市人防设施布局　　　　　　　D. 城市抗震与消防疏散通道

57. 在城市市区的河岸、江岸、海岸被冲刷的地段,影响到城市防洪安全时,应采取护岸保护。下列属于重力护岸的是(　　)

　　A. 坡式护岸　　　　　　　　　　　B. 桩基承台式护岸

　　C. 短丁坝护岸　　　　　　　　　　D. 扶壁式护岸

58. 城市工程管线的布置,从道路红线向道路中心线方向平行布置最适宜的次序是(　　)

　　A. 热力干线、燃气输气、电力电缆、电信电缆、给水输水、雨水排水、污水排水

　　B. 给水输水、雨水排水、污水排水、电力电缆、电信电缆、热力干线、燃气输气

　　C. 电力电缆、电信电缆、热力干线、燃气输气、给水输水、雨水排水、污水排水

　　D. 热力干线、热气输气、给水输水、雨水排水、污水排水、电力电缆、电信电缆

59. 城市公共厕所的设置应符合《城市环境卫生设施规划规范》的规定,下列不符合规定的是(　　)

　　A. 在满足环境及景观要求的条件下,城市绿地内可以设置公共厕所

　　B. 公共设施用地公厕的设置密度应高于居住用地

　　C. 公共厕所宜与其他环境卫生设施合建

　　D. 小城市公共厕所的设置宜采用公共厕所设置标准的下限

60. 根据《城镇老年人设施规划规范》,下列符合规定的是(　　)

　　A. 老年人设施场地范围内的绿化率:新建不应低于35%,改建扩建不应低于30%

　　B. 老年人设施场地坡度不应大于3%

　　C. 老年人设施场地内步行道宽度不应小于1.2m

　　D. 新建小区老年活动中心的用地面积不应小于250m²/处

61. 下列城市名单中,全部属于国家历史文化名城的一组是(　　)

　　A. 西安、延安、泰安、淮安、集安　　　B. 桂林、吉林、榆林、海林、虎林

　　C. 乐山、中山、佛山、巍山、鞍山　　　D. 聊城、邹城、韩城、晋城、增城

62. 在历史文化街区保护范围内，"任何单位或个人不得损坏或者擅自迁移、拆除历史建筑"的规定出自（   ）

    A.《文物保护法》

    B.《历史文化名城名镇名村保护条例》

    C.《城市紫线管理办法》

    D.《历史文化名城保护规划规范》

63. 根据《历史文化名城名镇名村保护条例》，中国历史文化名镇、名村由（   ）确定。

    A. 国务院

    B. 国务院建设主管部门会同国务院文物主管部门

    C. 省、自治区、直辖市人民政府

    D. 市、县人民政府

64. 国家历史文化名城的城市紫线由城市人民政府在组织编制历史文化名城保护规划时划定。其他城市的城市紫线由城市人民政府在组织编制（   ）时划定。

    A. 城镇体系规划   B. 城市总体规划

    C. 控制性详细规划   D. 修建性详细规划

65. 《历史文化名城保护规划规范》中所称的历史环境要素，是指除文物古迹、历史建筑之外，构成历史风貌的（   ）

    A. 房屋、地面设施、长廊、亭台等建筑物

    B. 塔桥、桥梁、涵洞、电杆等构筑物

    C. 围墙、石阶、铺地、驳岸、树木等景物

    D. 山丘、水面、草原、沙漠等自然环境景观

66. 历史文化名镇名村保护规划的编制、送审、报批、修改有明确的规定，下列说法不正确的是（   ）

    A. 保护规划应当自历史文化名镇、名村批准公布之日起1年内编制完成

    B. 保护规划报送审批前，必须举行听证

    C. 保护规划由省、自治区、直辖市人民政府审批

    D. 依法批准的保护规划，确需修改的，保护规划的组织编制机关应当向原审批机关提出专题报告

67. 对历史文化名镇、名村核心保护范围内的建筑物、构筑物，应当区分不同情况，采取相应措施，实行（   ）

    A. 整体保护   B. 分类保护   C. 专门保护   D. 有效保护

68. 在文物保护单位的建设控制地带内进行建设工程，不得破坏文物保护单位的历史风貌，工程设计方案应当根据文物保护单位的（   ），经相应的文物行政部门同意后，报城乡建设规划部门批准。

    A. 保护需要   B. 保护措施   C. 级别   D. 要求

69. 根据《历史文化名城保护规划规范》,下列有关历史城区道路交通叙述中,不正确的是(   )

    A. 历史城区道路系统要保持或延续原有道路格局

    B. 历史城区道路规划的密度指标可在国家标准规定的上限范围内选取

    C. 历史城区道路规划的道路宽度可在国家规定的上限范围内选取

    D. 对历史城区中富有特色的街巷,应保持原有的空间尺度

70. 国家级风景名胜区规划由省、自治区人民政府(   )主管部门或者直辖市人民政府风景名胜区主管部门组织编制。

    A. 建设   B. 林业   C. 土地   D. 旅游

71. 行政许可由具有行政许可权的行政机关在其(   )范围内实施。

    A. 职权   B. 职业   C. 权利   D. 责任

72. 按照行政许可的性质、功能和适用条件,其中的登记程序主要适用于(   )

    A. 特定资源与特定区域的开发利用

    B. 基于高度社会信用的行业的市场准入和法定经营活动

    C. 确立个人、企业或者其他组织特定的主体资格、特定身份的事项

    D. 关系公共安全、人身健康、生命财产安全的特定产品检验、检疫

73. 行政许可直接涉及申请人与他人之间重大利益关系的,行政机关在作出行政许可决定前,应当告知申请人、利害关系人享有要求听证的权利,(   )组织听证的费用。

    A. 申请人承担   B. 利害关系人承担

    C. 申请人、利害关系人共同承担   D. 申请人、利害关系人都不承担

74. 下列选项中,(   )行政行为的时效不符合法律规定。

    A. 控制性详细规划草案公告不少于 30 天

    B. 规划行政许可审批一般自申请之日起 20 天

    C. 规划行政复议自知道行政行为之日起 60 天

    D. 竣工验收资料备案在竣工验收后 3 个月

75. 根据行政行为的分类,城乡规划行政许可属于(   )

    A. 依职权的行政行为   B. 依申请的行政行为

    C. 双方行政行为   D. 作为行政行为

76. 根据《城乡规划法》和《行政复议法》,下列行为正确的是(   )

    A. 利害关系人认为规划行政许可所依据的控制性详细规划不合理,申请行政复议

    B. 省城乡规划主管部门对市规划主管部门的行政许可直接进行行政复议

    C. 行政相对人向人民法院直接提出行政复议

    D. 省级城乡规划主管部门直接撤销市规划主管部门违法作出的城乡规划许可

77. 下列哪项不属于行政救济的内容？（　　）

    A. 建设单位认为规划行政主管部门行政许可违法，申请行政复议

    B. 因为修改详细规划给相对人造成损失进行行政赔偿

    C. 规划主管部门对建设行为进行监督检查

    D. 因修改技术设计总图利害关系人要求举行听证会

78. 下列哪项属于《国家赔偿法》规定的赔偿范畴（　　）

    A. 民事赔偿   B. 经济赔偿   C. 行政赔偿   D. 劳动赔偿

79. 根据《行政处罚法》，在下列行政处罚种类中，不属于地方性法规设定的行政处罚（　　）

    A. 警告、惩罚   B. 没收违法所得

    C. 责令停产停业   D. 吊销企业营业执照

80. 城乡规划主管部门工作人员在城市规划编制单位资质管理工作中玩忽职守、滥用职权、徇私舞弊，尚未构成犯罪的，由其所在单位或上级主管机关给予（　　）

    A. 行政处罚   B. 行政处分   C. 行政拘留   D. 行政教育

二、多项选择题（共20题，每题1分。每题的备选项中，有2～4个选项符合题意。多选、少选、错选都不得分）

81. 根据《立法法》，较大的市是指（　　）

    A. 省、自治区人民政府所在地的市

    B. 城市人口规模超过50万人、不足100万人的城市

    C. 经济特区所在地的市

    D. 直辖市

    E. 经国务院批准的较大的市

82. 下列哪些机关不属于公共行政的主体（　　）

    A. 政府机关   B. 公安机关

    C. 司法机关   D. 法律授权的行政组织

    E. 人民代表大会

83. 《城乡规划法》对（　　）的主要规划内容作了明确的规定。

    A. 全国城镇体系规划   B. 省域城镇体系规划

    C. 城市、镇总体规划   D. 城市、镇详细规划

    E. 乡规划和村庄规划

84. 城市总体规划、镇总体规划的强制性内容有明确规定，下列不属于强制性内容的是（　　）

    A. 禁止、限制和适宜建设的地域范围 B. 规划区内建设用地规模

    C. 规划区内人口发展规模   D. 水源地

    E. 环境保护

85. 下列符合《城市总体规划实施评估办法》规定的是（   ）
    A. 实施评估工作的组织机关是城市人民政府
    B. 实施评估工作的组织机关是城乡规划主管部门
    C. 实施评估工作的组织机关可以委托规划编制单位承担评估工作
    D. 实施评估工作的组织机关可以委托专家组承担评估工作
    E. 城市总体规划的评估原则上是每 5 年评估一次

86. 住房和城乡建设部《关于贯彻落实〈国务院关于深化改革严格土地管理的决定〉的通知》中规定（   ）
    A. 禁止以"现代农业园区"或"设施农业"为名,利用集体建设用地变相从事房地产开发和商品房销售活动
    B. 禁止超过国家用地指标,以"花园式工厂"为名圈占土地
    C. 禁止利用基本农田进行绿化
    D. 禁止以大拆大建的方式对"城中村"进行改造
    E. 禁止占用耕地烧制实心黏土砖

87. 根据《城乡规划法》,近期建设规划的重点内容有（   ）
    A. 生态环境保护   B. 公共服务设施建设
    C. 中低收入居民住房建设   D. 近期建设的时序
    E. 重要基础设施建设

88. 根据《物权法》,不动产物权的（   ）,经依法登记,发生效力;未经登记,不发生效力,但法律另有规定的除外。
    A. 设立   B. 使用   C. 变更
    D. 转让   E. 消灭

89. 下列属于城市抗震防灾的部门规章是（   ）
    A.《防震减灾法》
    B.《城市抗震防灾规划管理规定》
    C.《市政公用设施抗灾设防管理规定》
    D.《城市抗震防灾规划标准》
    E.《城市地下空间开发利用管理规定》

90. 根据《历史文化名城保护规划规范》,历史文化街区应当具备的条件是（   ）
    A. 有比较完整的历史风貌
    B. 有比较丰富的地下文物埋藏
    C. 构成历史风貌的历史建筑和历史环境要素基本上是历史存留的原物
    D. 历史文化街区内文物古迹和历史建筑的用地面积宜达到保护区内建筑总用地的 60% 以上
    E. 历史文化街区用地面积不小于 1hm^2

91. 根据《历史文化名城名镇名村保护条例》，历史文化名城、名镇、名村应当整体保护（　　）

  A. 保持传统格局

  B. 保持历史风貌

  C. 保持空间尺度

  D. 不得改变与其相互依存的自然景观和环境

  E. 不得改变原有市政设施

92. 根据《历史文化名城保护规划规范》，历史文化街区应划定或可划定（　　）界线。

  A. 保护区　　　　　　　　　　B. 建设控制地带

  C. 文物古迹　　　　　　　　　D. 地下文物埋藏区

  E. 环境协调区

93. 我国被列入世界文化遗产的古城有（　　）

  A. 凤凰　　　　B. 平遥　　　　C. 兴城

  D. 丽江　　　　E. 镇远

94. 根据《城市抗震防灾规划标准》，当遭受罕遇地震时，城市抗震防灾规划应达到的基本防御目标包括（　　）

  A. 城市功能基本不瘫痪

  B. 无重大人员伤亡

  C. 不发生严重的次生灾害

  D. 重要企业能够很快恢复生产或运营

  E. 生命线系统不遭受严重破坏

95. 根据行政法知识，在城乡规划行政许可中，建设项目报建单位（　　）

  A. 是规划行政管理的对象

  B. 属于行政法律关系客体

  C. 是行政许可所指向的一方当事人

  D. 是不具有行政职务的一方当事人

  E. 在行政法律诉讼中总是处于被告地位

96. 设定行政许可，应当规定行政许可的（　　）

  A. 实施机关　　B. 条件　　　　C. 程序

  D. 期限　　　　E. 对象

97. 县级以上人民政府及其城乡规划主管部门应当加强对城乡规划（　　）的监督检查。

  A. 评估　　　　B. 编制　　　　C. 审批

  D. 实施　　　　E. 修改

98. 住房和城乡建设部派驻某城市的城乡规划督察员发现，该市位于城市生态

绿化隔离带内出现疑似违法建设。经查,该项目未办任何行政许可手续,且仍在加紧施工。该建设项目违反了(　　)

  A.《立法法》   B.《土地管理法》

  C.《城乡规划法》   D.《城市房地产管理法》

  E.《国家赔偿法》

99.对违法建设行为发出加盖公章的行政处罚通知书,属于(　　)行政行为。

  A. 抽象   B. 具体   C. 依职权

  D. 要式   E. 外部

100. 下列不属于城乡规划管理部门的行政处罚职责范畴的是(　　)

  A. 没收实物或者违法收入,并处罚款

  B. 期限改正,并处罚款

  C. 限期拆除

  D. 查封施工现场

  E. 强制拆除

真 题 解 析

一、单项选择题(共 80 题,每题 1 分。每题的备选项中,只有 1 个最符合题意)

1. C

【解析】 时事政策题,中国共产党第十七届五中全会指出,建设资源节约型、环境友好型社会是加快经济增长方式的重要着力点。故选 C。

2. B

【解析】 依法行政的范围包括行政立法、行政执法、行政司法、行政监督;依法行政的核心是行政执法。故选 B。

3. D

【解析】 行政法律效力等级为常考知识点,分以下几条理解:

(1) 宪法>法律>行政法规>地方性法规>本级和下级地方政府规章;

(2) 省、自治区的人民政府制定规章>本行政区域内较大城市的人民政府制定的规章;

(3) 部门规章与地方政府规章具有同等法律效力,在各自权限范围内施行;

(4) 若地方性法规与部门规章对同一事项的规定不一致时,由国务院提出意见,国务院认为应当适用地方性法规时,应该决定在该地方适用地方性法规,认为应当适用部门规章的,应报请全国人大常委会裁决。

由以上分析可知,D 选项符合题意。

4. B

【解析】 行政合理性原则的产生是基于行政自由裁量权的存在,行政自由裁量权来自行政合法性原则。故选 B。

5. B

【解析】 抽象行政行为是对某一类人或事具有拘束力,且具有后及力;其不仅适用当时的行为或事件,而且适用于以后要发生的同类行为和事件。抽象行政行为具有普遍性、规范性和强制性的法律特征,并经过起草、征求意见、审议、修改、通过、签署、发布等一系列程序。故选 B。

6. C

【解析】 司法行政权是指政府依据法律所拥有的司法行政方面的权利,如决定赦免,对行政活动中有争议的问题进行调节、复议和仲裁等。故选 C。

7. C

【解析】《城乡规划法》第二条:制定和实施城乡规划,在规划区内进行建设活动,必须遵守本法。故选 C。

8. A

【解析】《城乡规划法》第二条:制定和实施城乡规划,在规划区内进行建设活动,必须遵守本法。本法所称城乡规划,包括城镇体系规划、城市规划、镇规划、乡规划和村庄规划。城市规划、镇规划分为总体规划和详细规划。详细规划分为控制性详细规划和修建性详细规划。本法所称规划区,是指城市、镇和村庄的建成区以及因城乡建设和发展需要,必须实行规划控制的区域。规划区的具体范围由有关人民政府在组织编制的城市总体规划、镇总体规划、乡规划和村庄规划中,根据城乡经济社会发展水平和统筹城乡发展的需要划定。

《城乡规划法》第十七条:城市总体规划、镇总体规划的内容应当包括:城市、镇的发展布局,功能分区,用地布局,综合交通体系,禁止、限制和适宜建设的地域范围,各类专项规划等。规划区范围、规划区内建设用地规模、基础设施和公共服务设施用地、水源地和水系、基本农田和绿化用地、环境保护、自然与历史文化遗产保护以及防灾减灾等内容,应当作为城市总体规划、镇总体规划的强制性内容。

由以上分析可知,A选项符合题意。

9. B

【解析】《城乡规划法》第七条:经依法批准的城乡规划,是城乡建设和规划管理的依据,未经法定程序不得修改。故选B。

10. C

【解析】《城乡规划法》第四十三条:城市、县人民政府城乡规划主管部门应当及时将依法变更后的规划条件通报同级土地主管部门并公示。建设单位应当及时将依法变更后的规划条件报有关人民政府土地主管部门备案。故选C。

11. D

【解析】《省域城镇体系规划编制审批办法》第八条:省、自治区人民政府负责组织编制省域城镇体系规划。省、自治区人民政府城乡规划主管部门负责省域城镇体系规划组织编制的具体工作。故选D。

12. D

【解析】《城市规划编制办法》第二十九条第四款:提出禁建区、限建区、适建区范围。故选D。

13. D

【解析】《城乡规划法》第二条:本法所称城乡规划,包括城镇体系规划、城市规划、镇规划、乡规划和村庄规划。城市规划、镇规划分为总体规划和详细规划。详细规划分为控制性详细规划和修建性详细规划。

近期建设规划属于城市、镇总体规划的一部分,所以,在城乡规划的制定章节中未出现,而只在城乡规划修改章节中出现过对近期建设规划修改的规定,以免逐步通过修改近期建设规划而实际修改总体规划,所以要求近期建设规划的修改必须到总体规划的审批机关备案。故选D。

14. A

【解析】 根据《城乡规划法》第十一条：国务院城乡规划主管部门负责全国的城乡规划管理工作。县级以上地方人民政府城乡规划主管部门负责本行政区域内的城乡规划管理工作。故选 A。

15. A

【解析】 根据《城乡规划法》第十七条：城市总体规划、镇总体规划的内容应当包括：城市、镇的发展布局,功能分区,用地布局,综合交通体系,禁止、限制和适宜建设的地域范围,各类专项规划等。

规划区范围、规划区内建设用地规模、基础设施和公共服务设施用地、水源地和水系、基本农田和绿化用地、环境保护、自然与历史文化遗产保护以及防灾减灾等内容,应当作为城市总体规划、镇总体规划的强制性内容。故选 A。

16. D

【解析】 GB 50180—1993《城市居住区规划设计规范》5.0.2.1 条：住宅日照标准应符合表 5.0.2-1 规定;对于特定情况还应符合下列规定：

（1）老年人居住建筑不应低于冬至日日照 2 小时的标准;

（2）在原设计建筑外增加任何设施不应使相邻住宅原有日照标准降低;

（3）旧区改建的项目内新建住宅日照标准可酌情降低,但不应低于大寒日日照 1 小时的标准。

表 5.0.2-1　住宅建筑日照标准

建筑气候区划	Ⅰ、Ⅱ、Ⅲ、Ⅶ气候区		Ⅳ气候区		Ⅴ、Ⅵ气候区
	大　城　市	中小城市	大　城　市	中小城市	
日照标准日	大寒日				冬至日
日照时数/h	≥2		≥3		≥1
有效日照时间带/h	8～16				9～15
日照时间计算起点	底层窗台面				

注：① 建筑气候区划应符合本规范附录 A 第 A.0.1 条的规定。
　　② 底层窗台面是指距离内地坪 0.9m 高的外墙位置。

故选 D。

注：本规范已被 GB 50180—2018《城市居住区规划设计标准》所替代。

17. C

【解析】 重要地块的修建性详细规划由城市、县人民政府城乡规划主管部门和镇人民政府组织编制。

修建性详细规划是城乡规划主管部门作出建设工程规划许可的依据。

控制性详细规划是城乡规划主管部门作出建设项目规划许可的依据。

修建性详细规划应对所在地块的建设提出具体的安排和设计。

故选 C。

18. A

【解析】 《城乡规划法》第四十八条：修改控制性详细规划的,组织编制机关应当对修改的必要性进行论证,征求规划地段内利害关系人的意见,并向原审批机关提出专题报告,经原审批机关同意后,方可编制修改方案。修改后的控制性详细规划,应当依照本法第十九条、第二十条规定的审批程序报批。控制性详细规划修改涉及城市总体规划、镇总体规划的强制性内容的,应当先修改总体规划。

故选 A。

19. D

【解析】 根据《城市规划编制办法》第三十七条:近期建设规划的成果应当包括规划文本、图纸,以及包括相应说明的附件。在规划文本中应当明确表达规划的强制性内容。

第四十条:分区规划的成果应当包括规划文本、图件,以及包括相应说明的附件。

第四十四条:控制性详细规划成果应当包括规划文本、图件和附件。图件由图纸和图则两部分组成,规划说明、基础资料和研究报告收入附件。修建性详细规划成果应当包括规划说明书、图纸。

故选 D。

20. D

【解析】 城市、县人民政府城乡规划主管部门和镇人民政府可以组织编制重要地块的修建性详细规划。其他地区的修建性详细规划的编制主体是建设单位。各类修建性详细规划由城市、县城乡规划主管部门依法负责审定。故选 D。

21. B

【解析】 《城市规划编制办法》第十一条:修建性详细规划可以由有关单位依据控制性详细规划及建设主管部门(城乡规划主管部门)提出的规划条件,委托城市规划编制单位编制。故选 B。

22. B

【解析】 城乡规划实施管理是一项行政职能,具有一般行政管理的特征。它是以依法实施城乡规划为目标行使行政权力的形式和过程,是城乡规划制定和实施中的重要环节。故选 B。

23. C

【解析】 《风景名胜区条例》第十六条:国家级风景名胜区规划由省、自治区人民政府建设主管部门或者直辖市人民政府风景名胜区主管部门组织编制。省级风景名胜区规划由县级人民政府组织编制。故选 C。

24. B

【解析】 申请报建的项目属于行政法律关系客体。故选 B。

25. A

【解析】 《城乡规划法》第三十六条:按照国家规定需要有关部门批准或者核准的建设项目,以划拨方式提供国有土地使用权的,建设单位在报送有关部门批准或者核准前,应当向城乡规划主管部门申请核发选址意见书。前款规定以外的建设项目不需要申请选址意见书。故选 A。

26．B

【解析】　《物权法》第一百三十七条：设立建设用地使用权,可以采取出让或者划拨等方式。工业、商业、旅游、娱乐和商品住宅等经营性用地以及同一土地有两个以上意向用地者的,应当采取招标、拍卖等公开竞价的方式出让。

《土地管理法》第二十四条：土地使用权划拨适用于国家机关和军事用途；城市基础设施和公益事业用地；国家重点扶持的能源、交通、水利等项目用地；以及法律、行政法规规定的其他用地。故选 B。

27．A

【解析】　A 选项中,地块出让前应当依据控制性详细规划提供规划条件。

28．D

【解析】　本条款出自《物权法》第一百三十七条。故选 D。

29．A

【解析】　根据《土地管理法》第十七条：建设单位使用国有土地,应当以有偿使用方式取得；但是,法律、行政法规规定可以以划拨方式取得的除外。而有偿使用方式多采用有偿出让（招拍挂）和协议出让（不具备招拍挂土地出让方式的采用协议出让）。因此 A 选项符合题意。

30．B

【解析】　《城市房地产管理法》第二十五条：以出让方式取得土地使用权进行房地产开发的,必须按照土地使用权出让合同约定的土地用途、动工开发期限开发土地。超过出让合同约定的动工开发日期满一年未动工开发的,可以征收相当于土地使用权出让金百分之二十以下的土地闲置费；满二年未动工开发的,可以无偿收回土地使用权；但是,因不可抗力或者政府、政府有关部门的行为或者动工开发必需的前期工作造成动工开发迟延的除外。故选 B。

31．C

【解析】　《城市房地产管理法》第三十九条：以出让方式取得土地使用权的,转让房地产时,应当符合下列条件：（一）按照出让合同约定已经支付全部土地使用权出让金,并取得土地使用权证书；（二）按照出让合同约定进行投资开发,属于房屋建设工程的,完成开发投资总额的百分之二十五以上,属于成片开发土地的,形成工业用地或者其他建设用地条件。转让房地产时房屋已经建成的,还应当持有房屋所有权证书。故选 C。

32．C

【解析】　《土地管理法》第三十四条：国家实行基本农田保护制度。下列耕地应当根据土地利用总体规划划入基本农田保护区,严格管理：

（一）经国务院有关主管部门或者县级以上地方人民政府批准确定的粮、棉、油生产基地内的耕地；

（二）有良好的水利与水土保持设施的耕地,正在实施改造计划以及可以改造的中、低产田;

（三）蔬菜生产基地;

（四）农业科研、教学试验田;

（五）国务院规定应当划入基本农田保护区的其他耕地。

由以上条款可知,C选项符合题意。

33. D

【解析】 依据《城市规划强制性内容暂行规定》第五条:

A选项中的地块的土地主要用途不属于城市总体规划的强制性内容。

B选项中历史建筑群不符合题意,应该是历史建筑群的具体位置和界限,而非历史建筑群本身。

C选项的各类园林绿地的具体布局不符合规定,应该是城市各类园林绿地的具体布局。

故选D。

34. B

【解析】《城乡规划法》第四十一条:在乡、村庄规划区内进行乡镇企业、乡村公共设施和公益事业建设的,建设单位或者个人应当向乡、镇人民政府提出申请,由乡、镇人民政府报城市、县人民政府城乡规划主管部门核发乡村建设规划许可证。故选B。

35. B

【解析】《城乡规划法》第四十一条:在乡、村庄规划区内进行乡镇企业、乡村公共设施和公益事业建设的,建设单位或者个人应当向乡、镇人民政府提出申请,由乡、镇人民政府报城市、县人民政府城乡规划主管部门核发乡村建设规划许可证。故选B。

36. B

【解析】 法律保留原则:法律授权,行政机关才能规定。《城乡规划法》给予地方人民政府授权才能制定地方政府规章。故选B。

37. A

【解析】 容积率:一定地块内,总建筑面积与建筑用地面积的比值。建筑面积密度:每公顷建筑用地上容纳的建筑物的总建筑面积。故选A。

38. C

【解析】《城乡规划法》第三十八条:在城市、镇规划区内以出让方式提供国有土地使用权的,在国有土地使用权出让前,城市、县人民政府城乡规划主管部门应当依据控制性详细规划,提出出让地块的位置、使用性质、开发强度等规划条件,作为国有土地使用权出让合同的组成部分。未确定规划条件的地块,不得出让国有土地使用权。

城市、县人民政府城乡规划主管部门在建设用地规划许可证中,不得擅自改变合同组成部分的规划条件。

第三十九条:规划条件未纳入国有土地使用权出让合同的,该国有土地使用权出让合同无效。

由以上分析可知,C选项符合题意。

39. B

【解析】 GB 50137—2011《城市用地分类与规划建设用地标准》属于基础标准。故选B。

40. C

【解析】 根据GB 50137—2011《城市用地分类与规划建设用地标准》4.1.3条,采用"双因子"控制是指允许采用规划人均城市建设用地指标和允许调整幅度两个因子控制。C选项正确;A选项错在没有"人均";B选项错在是"城市建设用地结构指标";D选项错在是"规划人均建设用地结构指标"和"允许调整比例"。故选C。

41. A

【解析】《城乡规划法》第四十六条:省域城镇体系规划、城市总体规划、镇总体规划的组织编制机关,应当组织有关部门和专家定期对规划实施情况进行评估,并采取论证会、听证会或者其他方式征求公众意见。组织编制机关应当向本级人民代表大会常务委员会、镇人民代表大会和原审批机关提出评估报告并附具征求意见的情况。故选A。

42. B

【解析】 A图例为溶洞区;B图例为地下采空区;C图例为地面沉降区;D图例为水源地。故选B。

43. B

【解析】《城市、镇控制性详细规划编制审批办法》第三条:控制性详细规划是城乡规划主管部门作出规划行政许可、实施规划管理的依据。故选B。

44. D

【解析】 GB 50180—1993《城市居住区规划设计规范》2.0.7条规定,道路用地(R03)是指:居住区道路、小区路、组团路及非公建配建的居民汽车地面停放场地。《城市居住区规划设计规范》11.0.2.5条:宅间小路不计入道路用地面积。故选D。

45. B

【解析】 GB 50289—1998《城市工程管线综合规划规范》属于通用标准。故选B。

注:本规范已被GB 50289—2016《城市工程管线综合规划规范》所替代。

46. B

【解析】 CJJ/T 85—2002《城市绿地分类标准》2.0.4条说明,考虑多种我国实际情况,取消"公共绿地",采用"公园绿地"代替。故选B。

注:本标准已被CJJ/T 85—2017《城市绿地分类标准》所替代。

47. B

【解析】 利益分配是一个复杂的动态过程,包括利益选择、利益整合、利益分配和利益落实等步骤。公共政策的本质就是利益的权威分配,是承认每个个体对利益追求的合理性和自主性基础之上的合理解决利益矛盾,所以,在整个过程中必能涉及利益"蛋糕"的选择—整合—分配—落实。故选 B。

48. A

【解析】 《城市蓝线管理办法》第二条:编制各类城市规划应当划定城市蓝线,城市蓝线由直辖市、市、县人民政府在组织编制的各类城市规划时划定,城市蓝线应当与城市规划一并报批。故选 A。

49. A

【解析】 城市人口分级(万人):一等≥150;二等 150～50;三等 50～20;四等≤20。根据 GB/T 50805—2012《城市防洪工程设计规范》中表 2.1.2 防洪标准如下:

表 2.1.2 防洪标准

城 市 等 别	防洪标准(重现期:年)		
	河(江)洪、海潮	山 洪	泥 石 流
一	≥200	100～50	>100
二	200～100	50～20	100～50
三	100～50	20～10	50～20
四	50～20	10～5	20

故选 A。

50. B

【解析】 《城市综合交通体系规划编制导则》1.2.1 条:城市综合交通体系规划是城市总体规划的重要组成部分,也是指导城市综合交通发展的战略性规划。故选 B。

51. D

【解析】 GB 50220—1995《城市道路交通规划设计规范》7.4.1 条:根据相交道路等级、分向流量、交叉口周围用地性质、公共交通站点的设立,确定交叉口的形式及其用地范围。道路纵向坡度是道路工程设计中的竖向参数设置,是确定交叉口之后的参数。故选 D。

52. B

【解析】 GB 50289—1998《城市工程管线综合规划规范》2.2.5 条:沿城市道路规划的工程管线应与道路中心线平行,其主干线应靠近分支管线多的一侧,工程管线不宜从道路一侧转到另一侧。道路红线宽度超过 30m 的城市干道宜两侧布置给水配水管线和燃气配气管线;道路红线宽度超过 50m 的城市干道应在道路两侧布置排水管线。故选 B。

53. D

【解析】 《节约能源法》第三十八条:按分户计量、用热量收费制度。故选 D。

54．C

【解析】《消防法》第十条：建设单位应当将建筑工程的消防设计总图及有关资料报送公安消防机构审核,未经审核或审核不合格的,建设行政主管部门不得发给施工许可证,建设单位不得施工。故选C。

55．B

【解析】《城市抗震防灾规划管理规定》第三条：城市抗震防灾规划是城市总体规划中的专业规划。在抗震设防区的城市,编制城市总体规划时必须包括城市抗震防灾规划。城市抗震防灾规划的规划范围应当与城市总体规划相一致,并与城市总体规划同步实施。城市总体规划与防震减灾规划应当相互协调。第十四条：批准后抗震防灾规划应当公布。故选B。

56．B

【解析】《城市规划强制性内容暂行规定》中城市防灾工程包括：城市防洪标准、防洪堤走向；城市抗震与消防疏散通道；城市人防设施布局；地质灾害防护规定。故选B。

57．D

【解析】GB/T 50805—2012《城市防洪工程设计规范》6.3.2条：常用重力式护岸形式有：整体式护岸、空心方块及异性方块式护岸和扶壁式护岸。故选D。

58．C

【解析】GB 50289—1998《城市工程管线综合规划规范》2.2.3条：电力电缆、电信电缆、燃气配气、给水配水、热力干线、燃气输气、给水输水、雨水排水、污水排水。故选C。

59．D

【解析】GB 50337—2003《城市环境卫生设施规划规范》3.2.4条：公共厕所位置应符合下列要求：

(1) 设置在人流较多的道路沿线、大型公共建筑及公共活动场所附近。

(2) 独立式公共厕所与相邻建筑物间宜设置不小于3m宽绿化隔离带。

(3) 附属式公共厕所应不影响主体建筑的功能,并设置直接通至室外的单独出入口。

(4) 公共厕所宜与其他环境卫生设施合建。

(5) 在满足环境及景观要求条件下城市绿地内可以设置公共厕所。

GB 50337—2003《城市环境卫生设施规划规范》3.2.1条：小城市宜偏上限选取。故选D。

注：本规范已被GB/T 50337—2018《城市环境卫生设施规划标准》所替代。

60．B

【解析】依据GB 50437—2007《城镇老年人设施规划规范》,老年人设施场地范围内的绿化率：新建不应低于40%,改建扩建不应低于30%,A选项错误。老年人设施场地内步行道宽度不应小于 1.8m,C 选项错误。新建小区老年活动中心的用地面积不应小于 300m²/处,D 选项错误。故选 B。

61. A

【解析】 不建议全部背诵,记住重点强调的几个城市即可。

62. B

【解析】 《历史文化名城名镇名村保护条例》第三十三条:任何单位或个人不得损坏或者擅自迁移、拆除历史建筑。故选 B。

63. B

【解析】 国家历史文化名城由省、自治区人民政府申请,国务院批准;历史文化名镇、名村,由所在地县人民政府申请,省、自治区、直辖市人民政府批准。国务院建设主管部门会同国务院文物主管部门,可以对已经批准的历史文化名镇、名村严格评价,确定为中国历史文化名镇、名村。故选 B。

64. B

【解析】 《城市紫线管理办法》第三条:在编制城市规划时应当划定保护历史文化街区和历史建筑的紫线。国家历史文化名城的城市紫线由城市人民政府在组织编制历史文化名城保护规划时划定。其他城市的城市紫线由城市人民政府在组织编制城市总体规划时划定。故选 B。

65. C

【解析】 GB 50357—2005《历史文化名城保护规划规范》2.0.14 条:历史环境要素是指:除文物古迹、历史建筑之外,构成历史风貌的围墙、石阶、铺地、驳岸、树木等景物。故选 C。

注:本规范已被 GB/T 50357—2018《历史文化名城保护规划标准》所替代。

66. B

【解析】 《历史文化名城名镇名村保护规划条例》第十六条:保护规划报送审批前,保护规划的组织编制机关应当广泛征求有关部门、专家和公众的意见;必要时,可以举行听证。故选 B。

67. B

【解析】 《历史文化名城名镇名村保护规划条例》第二十七条:对历史文化名镇、名村核心保护范围内的建筑物、构筑物,应当区分不同情况,采取相应措施,实行分类保护。故选 B。

68. C

【解析】 《文物保护法》第十八条:根据保护文物的实际需要,经省、自治区、直辖市人民政府批准,可以在文物保护单位的周围划出一定的建设控制地带,并予以公布。在文物保护单位的建设控制地带内进行建设工程,不得破坏文物保护单位的历史风貌;工程设计方案应当根据文物保护单位的级别,经相应的文物行政部门同意后,报城乡建设规划部门批准。故选 C。

69. C

【解析】 GB 50357—2005《历史文化名城保护规划规范》3.4.1条：历史城区道路系统要保持或延续原有道路格局；对富有特色的街巷,应保持原有的空间尺度。

3.4.2条：历史城区道路规划的密度指标可在国家标准规定的上限范围内选取,道路宽度可在国家标准规定的下限范围内选取。故选 C。

70. A

【解析】《风景名胜区条例》第十六条：国家级风景名胜区规划由省、自治区人民政府建设主管部门或者直辖市人民政府风景名胜区主管部门组织编制。省级风景名胜区规划由县级人民政府组织编制。故选 A。

71. A

【解析】《行政许可法》第二十二条：行政许可由具有行政许可权的行政机关在其法定职权范围内实施。故选 A。

72. C

【解析】 行政许可的登记程序主要适用于确立个人、企业或者其他组织特定的主体资格、特定身份的事项。故选 C。

73. D

【解析】 听证费用由国库承担,当事人不承担听证费用。故选 D。

74. D

【解析】《城乡规划法》第四十五条：建设单位应当在竣工验收后 6 个月内向城乡规划主管部门报送有关竣工验收资料。故选 D。

75. B

【解析】《行政许可法》第二条规定：本法所称行政许可,是指行政机关根据公民、法人或者其他组织的申请经依法审查,准予其从事特定活动的行为。故选 B。

76. D

【解析】 必须是具体的行政行为,才可以提出复议,而 A 选项的控制性详细规划属于抽象行政行为,不具备复议的条件；行政复议必须是依申请的行政行为,不能直接复议,所以 B 选项错误；法院属于行政诉讼,C 选项却认为法院属于行政复议,所以错误。故选 D。

77. C

【解析】 规划主管部门对建设单位的监督检查就是行政监督,与行政救济没任何关系。故选 C。

78. C

【解析】《国家赔偿法》规定：国家机关和国家机关工作人员违法行使职权侵犯公民、法人和其他组织的合法权益造成损害的,受害人有依照《国家赔偿法》取得国家赔偿的权利。国家赔偿必须是国家机关和国家机关的工作人员违法行使职权而造成的行政赔偿。故选 C。

79. D

【解析】 《行政处罚法》第九条：法律可以设定各种行政处罚。限制人身自由的行政处罚，只能由法律设定。

第十条：行政法规可以设定除限制人身自由以外的行政处罚。

第十一条：地方性法规可以设定除限制人身自由、吊销企业营业执照以外的行政处罚。

故选 D。

80. B

【解析】 行政处分针对的是行政主体内部人员；行政处罚则针对社会上的公民、法人和其他组织。故选 B。

二、多项选择题(共 20 题,每题 1 分。每题的备选项中,有 2~4 个选项符合题意。多选、少选、错选都不得分)

81. ACE

【解析】 依据《立法法》较大的市是指：

(1) 省、自治区的人民政府所在地的市；

(2) 经济特区所在地的市；

(3) 经国务院批准的较大的市。

故选 ACE。

82. CE

【解析】 公共行政是指政府处理公共事务,提供公共服务的管理活动。公共行政是以国家行政机关为主的公共管理组织的活动。立法机关、司法机关的管理活动和私营企业的管理活动不属于公共行政。故选 CE。

83. BCE

【解析】 《城乡规划法》第十三条是省域城镇体系规划的内容；第十七条是城市、镇总体规划的内容；第十八条是乡、村庄规划的内容。故选 BCE。

84. AC

【解析】 《城乡规划法》第十七条：规划区范围、规划区内建设用地规模、基础设施和公共服务设施用地、水源地和水系、基本农田和绿化用地、环境保护、自然与历史文化遗产保护以及防灾减灾等内容,应当作为城市总体规划、镇总体规划的强制性内容。故选 AC。

85. ACD

【解析】 《城市总体规划实施评估办法》第二条、第三条、第六条中表明,实施评估工作的组织机关是城市人民政府；城市总体规划的评估原则上是每两年评估一次,城市人民政府可以委托规划编制单位或者组织专家组承担具体评估工作。故选 ACD。

86. ABCE

【解析】 依据《关于贯彻落实〈国务院关于深化改革严格土地管理的决定〉的通

知》，D 选项的正确表述为：采取有力措施，做好"城中村"的改造。故选 ABCE。

　87．ABCE

【解析】《城乡规划法》第三十四条：城市、县、镇人民政府应当根据城市总体规划、镇总体规划、土地利用总体规划和年度计划以及国民经济和社会发展规划，制定近期建设规划，报总体规划审批机关备案。

近期建设规划应当以重要基础设施、公共服务设施和中低收入居民住房建设以及生态环境保护为重点内容，明确近期建设的时序、发展方向和空间布局。近期建设规划的规划期限为 5 年。故选 ABCE。

　88．ACDE

【解析】《物权法》第九条：不动产物权的设立、变更、转让和消灭，经依法登记，发生效力；未经登记，不发生效力，但法律另有规定的除外。依法属于国家所有的自然资源，所有权可以不登记。故选 ACDE。

　89．BC

【解析】《防震减灾法》属于法律；《城市抗震防灾规划管理规定》属于建设部规章；《市政公用设施抗灾设防管理规定》属于建设部规章；GB 50413—2007《城市抗震防灾规划标准》属于技术标准；《城市地下空间开发利用管理规定》属于建设部规章，但不属于抗震防灾方面。故选 BC。

　90．ACDE

【解析】 GB 50357—2005《历史文化名城保护规划规范》4.1.1 条：历史文化街区应具备以下条件：

（1）有比较完整的历史风貌；

（2）构成历史风貌的历史建筑和历史环境要素基本上是历史存留的原物；

（3）历史文化街区用地面积不小于 $1hm^2$；

（4）历史文化街区内文物古迹和历史建筑的用地面积宜达到保护区内建筑总用地的 60% 以上。

故选 ACDE。

　91．ABCD

【解析】《历史文化名城名镇名村保护条例》第二十一条：历史文化名城、名镇、名村应当整体保护，保持传统格局、历史风貌和空间尺度，不得改变与其相互依存的自然景观和环境。故选 ABCD。

　92．ABE

【解析】 GB 50357—2005《历史文化名城保护规划规范》3.2.1 条：历史文化街区应划定保护区和建设控制地带的具体界线，也可根据实际需要划定环境协调区的界线。故选 ABE。

　93．BD

【解析】 题目问的是古城，入选世界文化遗产的古城只有：平遥古城（山西）、丽江古城(云南)。故选 BD。

94. ABCE

【解析】 根据 GB 50413—2007《城市抗震防灾规划标准》1.0.5 条：按照本标准进行城市抗震防灾规划,应达到以下基本防御目标：

(1)当遭受多遇地震影响时,城市功能正常,建设工程一般不发生破坏；

(2)当遭受相当于本地区地震基本烈度的地震影响时,城市生命线系统和重要设施基本正常,一般建设工程可能发生破坏但基本不影响城市整体功能,重要工矿企业能很快恢复生产或运营；

(3)当遭受罕遇地震影响时,城市功能基本不瘫痪,要害系统、生命线系统和重要工程设施不遭受严重破坏,无重大人员伤亡,不发生严重的次生灾害。

故选 ABCE。

95. ACD

【解析】 建设项目报建单位属于行政法律关系主体中的行政相对人,属于行政许可所指向的一方当事人,是不具有行政职务的一方。故选 ACD。

96. ABCD

【解析】《行政许可法》第十八条：设定行政许可,应当规定行政许可的实施机关、条件、程序、期限。故选 ABCD。

97. BCDE

【解析】《城乡规划法》第五十一条：县级以上人民政府及其城乡规划主管部门应当加强对城乡规划编制、审批、实施、修改的监督检查。故选 BCDE。

98. BCD

【解析】 因为不涉及国家立法和行政赔偿事项,首先排除《立法法》和《国家赔偿法》,题目中发现在生态绿化隔离带中出现违法建设,肯定违反了《城乡规划法》和《土地管理法》,而《城市房地产管理法》是房地产土地使用权、房地产开发、房地产交易,实施房地产管理的法律。按照涉及不放过原则,D 也符合题意。故选 BCD。

99. BCDE

【解析】 加盖公章的违法处罚通知书属于具体行政行为,属于规划主管部门依职权行政行为,加盖公章通知书属于要式行政行为,属于对违法单位进行处罚的外部行政行为。故选 BCDE。

100. DE

【解析】《城乡规划法》第六十四条表明,行政处罚范畴为：

(1)责令停止建设；

(2)可消除影响的限期改正,处工程造价 5%～10%罚款；

(3)不可消除影响的,限期拆除；

(4)不能拆除的,没收实物或者违法收入,并处 10%以下罚款。

D、E 选项符合题意。

2013 年度全国注册城乡规划师职业资格考试真题与解析

城乡规划管理与法规

在线答题

真 题

一、**单项选择题**(共 80 题,每题 1 分。每题的备选项中,只有 1 个最符合题意)

1. 建设中国特色社会主义的总体布局是经济建设、政治建设、文化建设、社会建设和( )建设五位一体。

    A. 民主法治   B. 生态文明   C. 城镇化   D. 现代化

2. 公共行政的核心原则是( )

    A. 行使权利   B. 公民第一   C. 讲究实效   D. 勤政廉洁

3. 我国政府的经济职能不包括( )

    A. 宏观经济调控   B. 微观经济管制   C. 国有资产管理   D. 个人财产保护

4. 下列法律法规的效力不等式中,不正确的是( )

    A. 法律＞行政法规   B. 行政法规＞地方性法规

    C. 地方性法规＞地方政府规章   D. 部门规章＞地方政府规章

5. 下列关于行政合理性原则要点的叙述中,不正确的是( )

    A. 行政行为的内容和范围合理   B. 行政的主体和对象合理

    C. 行政的手段和措施合理   D. 行政的目的和动机合理

6. 根据公共行政管理知识,下列不属于政府公共责任的是( )

    A. 政治责任   B. 法律责任

    C. 道德责任   D. 司法责任

7. 根据《立法法》,较大的市是指( )

    A. 直辖市

    B. 省、自治区的人民政府所在地的市

    C. 城市人口 100 万及 100 万以上的市

    D. 城市建成区面积超过 $100km^2$ 的市

8. 下列属于行政法规的是( )

    A.《城市规划编制办法》

    B.《省域城镇体系规划编制审批办法》

    C.《土地管理法实施办法》

    D.《近期建设规划工作暂行办法》

9. 根据《城市规划制图标准》,下列图例表示垃圾无害化处理的是( )

    A.   B.

C.   D.

10. 根据《城市规划制图标准》,点的平面定位坐标系和竖向定位的高程系都符合规定的是( )

	点的平面定位	竖向定位
A.	北京坐标系	相对高差
B.	西安坐标系	黄海高程
C.	WGS-84 坐标系	吴淞高程
D.	城市独立坐标系	珠江高程

11. 下列不属于有权司法解释的是( )

    A. 全国人大的立法解释　　　　B. 最高法院的司法解释

    C. 公安部的执法解释　　　　　D. 国家行政机关的行政解释

12. 下列不属于依法行政基本原则的是( )

    A. 合法行政　　　　　　　　　B. 合理行政

    C. 程序正当　　　　　　　　　D. 自由裁量

13.《城乡规划法》与《城市规划法》比较,没有出现的规划类型是( )

    A. 近期建设规划　　　　　　　B. 分区规划

    C. 城镇体系规划　　　　　　　D. 详细规划

14. 根据《城乡规划法》,城乡规划包括城镇体系规划、城市规划、镇规划、( )

    A. 村庄和集镇规划　　　　　　B. 乡规划和村庄规划

    C. 乡村发展布局规划　　　　　D. 新农村规划

15. 根据《城市规划基本术语标准》,"城市在一定地域内的经济、社会发展中所发挥的作用和承担的分工"所定义的是( )

    A. 城市职能　　　　　　　　　B. 城市性质

    C. 城市发展目标　　　　　　　D. 城市发展战略

16. 下列关于规划备案的叙述中,不正确的是( )

    A. 镇人民政府编制的总体规划,报上一级人民政府备案

    B. 城市人民政府编制的控制性详细规划,报上一级人民政府备案

    C. 镇人民政府编制的近期建设规划,报上一级人民政府备案

    D. 城市人民政府编制的近期建设规划,报上一级人民政府备案

17. 城市总体规划评估成果由评估报告和附件组成,其附件主要是( )

    A. 规划阶段性目标的落实情况

    B. 各项强制性内容的执行情况

    C. 规划委员会制度,公众参与制度等建立和运行情况

    D. 征求和采纳公众意见的情况

18. 根据《城乡规划法》,在城市总体规划、镇总体规划确定的(　　)范围以外,不得设立各类开发区和城市新区。

    A. 规划区   B. 建设用地   C. 中心城区   D. 适建区

19. 下列关于镇控制性详细规划编制审批的叙述中,不正确的(　　)

    A. 所有镇的控制性详细规划由城市、县城乡规划主管部门组织编制

    B. 镇控制性详细规划可以适当调整或减少控制指标和要求

    C. 规模较小的建制镇的控制性详细规划,可与镇总体规划编制相结合,提出规划控制指标和要求

    D. 县人民政府所在地镇的控制性详细规划,经县人民政府批准后,报本级人民代表大会常务委员会和上一级人民政府备案

20. 根据《城乡规划法》,下列关于城市总体规划可以修改的叙述中,不正确的是(　　)

    A. 上级人民政府制定的城乡规划发生变更,提出修改规划要求的

    B. 行政区划调整确需修改规划的

    C. 因省、自治区政府批准重大建设工程确需修改规划的

    D. 经评估确需修改规划的

21. 根据行政法学原理和城乡规划实施的实际,下列叙述中不正确的是(　　)

    A.《城乡规划法》中规定的行政法律责任就是行政责任

    B. 城乡规划中的行政法律责任仅是指建设单位因客观上违法建设而应承担的法律后果

    C. 城乡规划行政违法主体,既可能是规划管理部门,也可能是建设单位

    D. 城乡规划行政违法既有实体违法也有程序性违法

22. 城乡规划主管部门核发的规划许可证属于行政许可的(　　)许可类型

    A. 普通许可   B. 特许   C. 核准   D. 登记

23. 下列不属于建设项目选址规划管理内容的是(　　)

    A. 选择建设用地位置   B. 核定土地使用性质

    C. 提供土地出让条件   D. 核发选址意见书

24. 根据《城乡规划法》,下列关于建设用地许可的叙述中,不正确的是(　　)

    A. 建设用地属于划拨方式的,建设单位在取得建设用地规划许可证后,方可向县级以上人民政府土地管理部门申请用地

    B. 建设用地属于出让方式的,建设单位在取得建设用地规划许可证后,方可签订土地出让合同

    C. 城乡规划主管部门不得在建设用地规划许可证中擅自修改作为国有土地使用权出让合同组成部分的规划条件

    D. 对未取得建设用地规划许可证的建设单位批准用地的,由县级以上人民政府撤销有关批准文件

25. 下表中的数据为Ⅰ、Ⅱ、Ⅵ、Ⅶ建筑气候区内的"住宅净密度"和"住宅建筑面积净密度"的数值,都符合《城市居住区规划设计规范》规定的是（　　　）

	住 宅 层 数	住宅建筑净密度/%	住宅总建筑面积净密度/（万 m²/hm²）
A.	低层	35	1.2
B.	多层	30	1.7
C.	中高层	25	2.2
D.	高层	20	3.5

26. 根据《城市规划制图标准》,下图为单色用地图例中居住用地图式和说明,其中 b 为线粗,@表示绘图者自定的（　　　）

图式	说明
	居住用地 $b/4+@$

 A. 线条密度   B. 线条宽度

 C. 需要增加的项目   D. 线条间距

27. 在进行城市居住区规划时,需要综合考虑多方面因素确定住宅间距,应以满足（　　　）要求为基础。

 A. 日照   B. 采光   C. 消防   D. 防灾

28. 根据《城市给水工程规划规范》,城市有地形可供利用时,宜采用（　　　）系统。

 A. 重力输配水   B. 分区给水

 C. 分质给水   D. 分压给水

29. 根据《城市用地分类与规划建设用地标准》,下列用地类别代码大类与中类关系式中,正确的是（　　　）

 A. R＝R1＋R2＋R3＋R4   B. M＝M1＋M2＋M3＋M4

 C. G＝G1＋G2＋G3＋G4   D. S＝S1＋S2＋S3＋S4

30. 根据《城市房地产管理法》,下列关于土地使用制度叙述中,正确的是（　　　）

 A. 以划拨方式取得土地使用权的,除法律、行政法规另有规定外,没有使用期限的限制

 B. 土地使用权出让行为不属于市场行为

 C. 土地使用权是国有土地使用权和集体土地使用权的简称

 D. 土地使用权出让合同由市、县人民政府与土地使用者签署

31. 根据《物权法》,国家对（　　　）实行特殊保护,严格限制农用地转为建设用地,控制建设用地总量。

 A. 国有土地   B. 集体土地   C. 宅基地   D. 耕地

32. 城乡规划主管部门核发建设用地规划许可证,属于( )行政行为。

A. 作为   B. 不作为   C. 职权   D. 申请

33. 下列以出让方式取得国有土地使用权的建设项目规划管理程序中,不正确的是( )

A. 地块出让前——提供规划条件作为地块出让合同的组成部分

B. 用地申请——建设项目批准、核准、备案文件;地块出让合同;建设单位用地申请表

C. 用地审核——现场勘查;征询意见;核验规划条件;审查建设工程总平面图;核定建设用地范围

D. 行政许可——领导签字批准;核发建设工程规划许可证

34. 每公顷建筑用地上容纳的建筑物的总建筑面积是指( )

A. 建筑密度   B. 建筑面积密度

C. 容积率   D. 开发强度

35. 通过出让获得的土地使用权进行转让时,受让方应遵守原出让合同附具的规划条件,并由( )向城乡规划主管部门办理登记手续。

A. 出让方   B. 受让方   C. 中介方   D. 委托方

36. "建设工程选址,应当尽可能避开不可移动文物"的规定出自( )

A.《文物保护法》

B.《历史文化名城名镇名村保护条例》

C.《城市紫线管理办法》

D.《历史文化名城保护规划规范》

37. 根据《城镇老年人设施规划规范》,下列符合场地规划规定的是( )

A. 老年人设施场地内建筑容积率不宜大于1.0

B. 老年人设施场地坡度不应大于5%

C. 老年人设施场地范围内的绿地率:新建不应低于40%,扩建和改建不应低于35%

D. 集中绿地面积应按每位老人不低于1m² 设置

38. "工业、商业、旅游、娱乐和商品住宅等经营性用地以及同一土地上有两个以上意向用地者的,应当采取招标、拍卖等公开竞价的方式出让"的规定出自( )

A.《城乡规划法》   B.《土地管理法》

C.《城市房地产管理法》   D.《物权法》

39. 下列行政行为中,不属于建设工程规划管理审核内容的是( )

A. 审核建设工程申请条件

B. 审查使用土地的有关证明文件和建设工程设计方案总平面图

C. 审核修建性详细规划

D. 审核建设工程设计人员资格

40. 根据《近期建设规划工作暂行办法》，近期建设规划的强制性内容不包括（　　）
   A. 确定城市近期发展区域
   B. 对规划年限内的城市建设用地总量进行具体安排
   C. 提出对历史文化名城、历史文化保护区等相应的保护措施
   D. 提出近期城市环境综合治理措施

41. 下表中关于建制镇人民政府的职能都符合《城乡规划法》规定的是（　　）

镇职能名称		县城所在地镇	省级政府确定的镇	其 他 镇
A.	总体规划编制	○	○	—
B.	控制性详细规划编制	—	○	○
C.	建设工程规划行政许可证	—	○	○
D.	乡、村庄违法建设的行政处罚	○	○	—

注：○具有的职能，—不具有的职能

42. 某市在城市规划区内集体所有土地上建设学校，须经（　　）后，该幅国有土地的使用权方可有偿出让。
   A. 2/3 以上的村民同意　　　　　　B. 依法征用转为国有土地
   C. 房地产交易　　　　　　　　　　D. 有关部门办理划拨手续

43. 根据《城镇老年人设施规划规范》，老年人服务中心是指（　　）
   A. 为老年人集中养老提供独立或半独立家居形式的居住建筑
   B. 为接待老年人安度晚年而设置的社会养老服务机构
   C. 为老年人提供各种综合性服务的社区服务机构和场所
   D. 为短期接待老年人托管服务的社区养老服务场所

44. 下表不同建筑气候区内的城市中，住宅建筑日照标准不符合《城市居住区规划设计规范》的是（　　）

	建筑气候区	小 城 市	中 等 城 市	大 城 市
A.	Ⅰ、Ⅱ、Ⅲ	大寒日	大寒日	大寒日
B.	Ⅳ	冬至日	冬至日	大寒日
C.	Ⅴ、Ⅵ	冬至日	冬至日	冬至日
D.	Ⅶ	冬至日	冬至日	冬至日

45. 可以接受建设申请并核发建设工程规划许可证的镇是指（　　）
   A. 国务院城乡规划主管部门确定的重点镇人民政府
   B. 省、自治区、直辖市人民政府确定的镇人民政府
   C. 城市人民政府确定的镇人民政府
   D. 县人民政府确定的镇人民政府

46. 某乡镇企业向镇人民政府提出建设申请,经镇人民政府审核后核发了乡村建设规划许可证,结果被判定是违法核发乡村建设规划许可证。其原因是(   )

    A. 镇人民政府无权接受建设申请,亦不能核发乡村建设规划许可证

    B. 乡镇企业应向县人民政府城乡规划主管部门提出建设申请,经审核后核发乡村建设规划许可证

    C. 乡镇企业向镇人民政府提出建设申请后,镇人民政府应报县人民政府城乡规划主管部门,由城乡规划主管部门核发乡村建设规划许可证

    D. 乡镇企业应向县人民政府城乡规划主管部门提出建设申请,经审核后交由镇人民政府核发乡村建设规划许可证

47. 《城市居住区规划设计规范》中对一些术语进行了规范定义,下列定义中不正确的是(   )

    A. 绿地率是指居住区用地范围内各类绿地面积的总和占居住区用地面积的比率

    B. 停车率是指居住区内居民汽车的停车位数量与居住户数的比率

    C. 地面停车率是指地面停车位数量与总停车位的比率

    D. 建筑密度是指在居住用地内,各类建筑的基底总面积与居住区用地面积的比率

48. 根据我国城乡规划技术标准的层次,下列说法正确的是(   )

    A.《城市用地分类代码》——通用标准

    B.《城乡用地评定标准》——基础标准

    C.《历史文化名城保护规划规范》——专用标准

    D.《城市居住区规划设计规范》——专用标准

49. 根据《历史文化名城名镇名村保护条例》和《风景名胜区条例》,下列规定中不正确的是(   )

    A. 风景名胜区总体规划的规划期限一般为 20 年

    B. 历史文化名城保护规划的规划期限一般为 20 年

    C. 风景名胜区应自设立之日起 2 年内编制完成总体规划

    D. 历史文化名城自批准之日起 2 年内编制完成保护规划

50. 使用或对不可移动文物采取保护措施,必须遵守的原则是(   )

    A. 不改变文物用途   B. 不改变文物修缮方法

    C. 不改变文物权属   D. 不改变文物原状

51. 根据《历史文化名城名镇名村保护条例》,在(   )范围内从事建设活动,不得损害历史文化遗产的真实性和完整性。

    A. 规划区   B. 适建区

    C. 保护区   D. 建控区

52. 根据《历史文化名城名镇名村保护条例》,建设工程选址应当尽可能避开历

史建筑,因特殊情况不能避开的,应当尽可能实施( )

    A. 整体保护   B. 分类保护   C. 异地保护   D. 原址保护

53. 下列城市全部被公布为国家历史文化名城的是( )

    A. 重庆、大庆、肇庆、安庆、庆阳   B. 桂林、吉林、榆林、玉林、海林

    C. 洛阳、濮阳、南阳、安阳、襄阳   D. 乐山、佛山、黄山、巍山、唐山

54. 下列历史文化名城保护规划成果中,规划图纸比例尺均符合要求的是( )

	文物古迹、传统街区分布图	历史文化名城保护规划图	重点保护区域保护界线图
A.	1/5000~1/10 000	1/5000~1/10 000	1/500~1/2000
B.	1/5000~1/10 000	1/5000~1/10 000	1/5000~1/10 000
C.	1/500~1/2000	1/500~1/2000	1/500~1/2000
D.	1/5000~1/10 000	1/500~1/2000	1/500~1/2000

55.《历史文化名城保护规划规范》对在历史城区内市政工程设施的设置做了明确规定。下列规定中不正确的是( )

    A. 历史城区内不应保留污水处理厂

    B. 历史城区内不应保留贮油设施

    C. 历史城区内不应保留水厂

    D. 历史城区内不应保留燃气设施

56. 历史文化街区的保护范围应当包括历史建筑物、构筑物和风貌环境所组成的核心地段,以及为确保该地段的风貌、特色完整性而必须进行( )的地区。

    A. 风貌协调   B. 拆迁改造   C. 保护更新   D. 建设控制

57. 下列关于划定城市紫线、绿线、蓝线、黄线的叙述中,不正确的是( )

    A. 城市紫线在城市总体规划和详细规划中划定

    B. 城市绿线在城市总体规划和详细规划中划定

    C. 城市蓝线在城市总体规划和详细规划中划定

    D. 城市黄线在城市总体规划和详细规划中划定

58. 根据《市政公用设施抗灾设防管理规定》,建设单位应当在初步设计阶段,对抗震设防区的一些市政公用设施,组织专家进行抗震专项论证。下列不属于进行论证的设施是( )

    A. 结构复杂的桥梁   B. 处于软黏土层的隧道

    C. 超过一万平方米的地下停车场   D. 防灾公园绿地

59. 某市经过城市用地抗震适宜性评价后结论如下:"可能发生滑坡、崩塌、泥石流;存在尚未明确的潜在地震破坏威胁的地段;场地存在不稳定因素;用地抗震防灾类型Ⅲ类或Ⅳ类",根据上述结论判断该场地适宜性类别属于( )

    A. 适宜   B. 较适宜   C. 有条件适宜   D. 不适宜

60. 根据《城市抗震防灾规划管理规定》,当城市遭受多遇地震时,此城市应达到的基本目标是( )

    A. 城市一般功能正常   B. 城市一般功能基本正常

    C. 城市功能不瘫痪   D. 城市重要功能不瘫痪

61. 下列关于城乡规划技术标准的标准层次叙述中,不正确的是( )

    A.《城市规划基础资料搜集规程与分类代码》属于基础标准

    B.《城市水系规划规范》属于通用标准

    C.《城市用地竖向规划规范》属于专用标准

    D.《城市道路交通规划设计规范》属于专用标准

62. 根据《城市道路交通规划设计规范》,城市中规划步行交通系统应以步行人流的( )为基本依据。

    A. 速度和密度   B. 观测和预测   C. 分布和构成   D. 流量和流向

63. 我国的居住区日照标准是根据各地区的气候条件和( )确定的。

    A. 建筑间距   B. 环境保护要求   C. 建筑密度   D. 卫生要求

64. 根据《城市工程管线综合管理规划规范》,工程管线干线综合管沟应敷设在( )下面。

    A. 机动车道   B. 非机动车道   C. 人行道   D. 绿化隔离带

65. 根据《城市防洪工程设计规范》,在冲刷严重的河岸、海岸,可采用( )保滩护岸。

    A. 坡式   B. 重力式

    C. 板桩式及桩基承台式   D. 顺坝和丁坝

66. 根据《城市绿地分类标准》,城市绿地分为大类、中类、小类 3 个层次,下列绿地不属于大类的是( )

    A. 生产绿地   B. 其他绿地   C. 工业绿地   D. 防护绿地

67. 根据《城市绿地分类标准》,居住组团内的绿地应该归属于( )

	大 类	中 类
A.	公园绿地	社区公园
B.	公园绿地	小区公园
C.	附属绿地	特殊绿地
D.	附属绿地	居住绿地

68. 下列不符合《军事设施保护法》规定的是( )

    A. 军事设施都应划入军事禁区,采取措施予以保护

    B. 国家对军事设施实行分类保护、确保重点的方针

    C. 县级以上人民政府编制经济和社会发展规划,应当考虑军事设施保护的需要

    D. 禁止航空器进入空中军事禁区

69. 城乡规划编制单位取得资质证书后,不再符合相应资质条件的,由原发证机关责令(　　)
    A. 停业整顿　　　　　　　　　　B. 限期修改
    C. 承担赔偿责任　　　　　　　　D. 作出检查

70. 根据行政法学原理,以下属于程序性违法行为的是(　　)
    A. 建设单位组织编制城市的控制性详细规划
    B. 越权核发建设项目选址意见书
    C. 擅自变更建设用地规划许可证内容
    D. 未经审核批准核发建设工程规划许可证

71. 根据《城乡规划法》,县级以上人民政府及其(　　)应当加强对城乡规划编制、审批、实施、修改的监督检查。
    A. 人民代表大会常务委员会　　　B. 城乡规划主管部门
    C. 建设行政主管部门　　　　　　D. 行政执法部门

72. 某城乡规划主管部门在建设单位尚未提出申请,就上门为其发放了建设工程规划许可证,该行为的错误在于核发规划许可证应该是(　　)
    A. 依职权的行政行为　　　　　　B. 依申请的行政行为
    C. 不作为的行政行为　　　　　　D. 非要式的行政行为

73. 城乡规划主管部门对城乡规划实施进行行政监督检查的内容不包括(　　)
    A. 验证土地使用申报条件是否符合法定要求
    B. 复验建设用地使用与建设用地规划许可证的规定是否相符
    C. 对已领取建设工程规划许可证并放线的工程,检查其标高、平面布局等是否与建设工程规划许可证相符
    D. 在建设工程竣工验收后,检查、核实有关建设工程是否符合规划条件

74. 城乡规划主管部门对某建设工程认定为"违法轻微,尚可采取改正措施消除对规划实施影响的情形,且能自动修改",对其处理的下列措施中不符合《关于规范城乡规划行政处罚裁量权的指导意见》规定的是(　　)
    A. 以书面形式责令停止建设
    B. 以书面形式责令限期改正
    C. 责令其及时取得建设工程规划许可证
    D. 处建设工程造价15%的罚款

75. 下列关于城乡规划行政复议的叙述中,正确的是(　　)
    A. 行政复议是依行政相对人申请的行政行为
    B. 行政复议是抽象行政行为
    C. 行政复议机关作出的行政复议决定不具有可诉性
    D. 行政复议决定属于行政处罚的范畴

76. 在下列情况下行政相对人拟提起行政诉讼,法院不予受理的是(　　)
    A. 对城乡规划主管部门作出的行政处罚不服的
    B. 经过行政复议但对行政复议结果不服的
    C. 认为城乡规划主管部门工作人员的行政行为侵犯其合法权益的
    D. 由行政机关最终裁决的具体行政行为

77. 根据《行政复议法》,下列关于申请行政复议的叙述中,不正确的是(　　)
    A. 两个或两个以上行政机关以共同名义作出具体行政行为的,他们的共同
       上一级行政机关是被申请人
    B. 行政机关委托的组织作出具体行政行为的,委托行政机关是被申请人
    C. 实行垂直领导的行政机关的具体行政行为,上一级主管部门是被申请人
    D. 作出具体行政行为的行政机关被撤销的,继续行使其职权的行政机关是
       被申请人

78. 下列不属于《城乡规划法》中规定的行政救济制度的是(　　)
    A. 对违法建设案件的行政复议
    B. 对违法建设不当行政处罚的行政赔偿
    C. 上级行政机关对下级行政机关实施城乡规划的行政监督检查程序
    D. 司法机关对违法建设方的法律救济

79. 《城乡规划法》中规定的强制拆除措施,不属于(　　)行政行为。
    A. 单方   B. 不作为
    C. 依职权   D. 具体

80. 下列不属于行政处罚的是(　　)
    A. 警告   B. 行政拘留   C. 管制   D. 罚款

二、多项选择题(共20题,每题1分。每题的备选项中,有2~4个选项符合题意。
多选、少选、错选都不得分)

81. 根据行政法律关系的知识,下列叙述中不正确的是(　　)
    A. 在行政法律关系中,行政机关属于主导地位
    B. 行政主体与行政相对人的双方权利义务是平等的
    C. 在监督行政法律关系中,行政机关属于主导地位
    D. 在监督行政法律关系中,行政相对人处于相对"弱者"的地位
    E. 行政相对人有权通过监督主体而获得行政救济

82. 根据行政法学,下列属于行政行为效力的是(　　)
    A. 公信力   B. 确定力   C. 拘束力   D. 执行力
    E. 公定力

83. 行政行为合法的要件包括(　　)
    A. 主体合法   B. 权限合法   C. 内容合法   D. 身份合法

E. 程序合法

84. 根据《城乡规划法》,(   )的组织编制机关,应组织有关部门和专家定期对规划实施情况进行评估。

    A. 省域城镇体系规划　　　　　　　B. 城市总体规划

    C. 控制性详细规划　　　　　　　　D. 近期建设规划

    E. 镇总体规划

85. 《城乡规划法》对(   )的主要内容做了明确规定。

    A. 全国城镇体系规划　　　　　　　B. 省域城镇体系规划

    C. 城市、镇总体规划　　　　　　　D. 城市、镇详细规划

    E. 乡规划和村庄规划

86. 根据《城市规划编制办法》,编制城市规划对涉及城市发展长期保障的资源利用和环境保护、(   )和公众利益等方面的内容,应当确定为强制性内容。

    A. 人口规模　　　　　　　　　　　B. 区域协调发展

    C. 公共安全　　　　　　　　　　　D. 风景名胜区资源管理

    E. 自然与文化遗产保护

87. 下列连线中,其内容是由该法律规定的是(   )

    A. 土地出让权的获得与开发——《土地管理法》

    B. 确定土地用途—《城市房地产管理法》

    C. 确定建设用地性质——《城乡规划法》

    D. 房地产转让——《土地管理法》

    E. 无偿收回土地使用权——《城市房地产管理法》

88. 下列哪些法律中规定了采取拍卖、招标或者双方协议方式进行出让以获得土地使用权?(   )

    A. 《物权法》　　　　　　　　　　B. 《建筑法》

    C. 《城市房地产管理法》　　　　　D. 《土地管理法》

    E. 《城乡规划法》

89. 根据《城乡规划法》,城乡规划主管部门提出出让地块的规划条件包括(   )

    A. 地块位置与范围　　　　　　　　B. 地块使用性质

    C. 地块使用权归属　　　　　　　　D. 地块开发强度

    E. 地块出让价格

90. 为适应老龄化社会发展的需要,老年人设施应选择在(   )的地段布置。

    A. 地形平坦、自然环境较好、阳光充足、通风良好

    B. 对外公路、高速道路等交通便捷、方便可达的交叉路口

    C. 具有良好基础设施条件

    D. 靠近居住人口集中地区

E. 远离污染源、噪声源及危险品的生产储运

91. 根据《文物保护法》,以下属于不可移动文物的是(   )

    A. 珍贵文物   B. 历史文化名城

    C. 历史文化街区   D. 历史建筑

    E. 古文化遗址

92. 历史文化街区、名镇、名村核心保护区范围内的历史建筑应当保持原有的
(   )

    A. 高度   B. 体量   C. 外观形象

    D. 色彩   E. 居民

93. 根据《风景名胜区条例》,禁止在风景名胜区核心景区内建设(   )

    A. 各类宾馆酒店   B. 生态资源保护站

    C. 游客服务中心   D. 景区疗养院

    E. 培训中心

94. 根据《市政公用设施抗灾设防管理规定》,对抗震设防区的(   ),建设单位
应当在初步设计阶段组织专家进行抗震专项论证。

    A. 属于《建筑工程抗震设防分类标准》中特殊设防类、重点设防类的市政公
       用设施

    B. 结构复杂的城镇桥梁、城市轨道交通桥梁和隧道

    C. $5000m^2$ 的地下停车场

    D. 震后可能发生严重次生灾害的共同沟工程、污水集中处理和生活垃圾集
       中处理设施

    E. 超出现行工程建设标准适用范围的市政公用设施

95. 根据《城市抗震防灾规划标准》,对(   )宜根据需要做专门的研究或编制
专门的抗震保护规划。

    A. 国务院公布的历史文化名城

    B. 城市规划区内的国家重点风景名胜区

    C. 申请列入"世界遗产名录"的地区

    D. 城市中心区

    E. 城市重点保护建筑

96. 四川雅安芦山发生 7 级地震,地震烈度为 9 度,政府可以依法在地震灾区实
行的紧急应急措施有(   )

    A. 停水停电

    B. 交通管制

    C. 临时征用房屋、运输工具和通信设备

    D. 对食品等基本生活必需品和药品统一发放和分配

    E. 需要采取的其他紧急应急措施

97. 城市雨水量的计算参数,包括( )

  A. 暴雨强度 B. 径流系数 C. 频率系数

  D. 汇水面积 E. 重现期

98. 根据《城乡规划法》,确需修改依法审定的控制性详细规划,应该采取听证会等形式听取利害关系人的意见。这在行政法学中属于( )

  A. 立法听证   B. 行政决策听证

  C. 广义的听证   D. 狭义的听证

  E. 具体行政行为听证

99. 根据《行政复议法》,( )属于受理复议的具体行政行为。

  A. 制定城中村改造安置补偿办法

  B. 解决城中村改造安置补偿个体纠纷

  C. 审核城中村改造规划方案

  D. 核发城中村改造建设工程规划许可证

  E. 对城中村违法建设作出处罚决定

100. 根据行政法学知识,下列哪些属于行政违法的表现形式?( )

  A. 行政机关违法和行政相对方违法

  B. 实体性违法和程序性违法

  C. 故意违法和过失违法

  D. 作为违法和不作为违法

  E. 法人违法和自然人违法

真 题 解 析

一、单项选择题(共80题,每题1分。每题的备选项中,只有1个最符合题意)

1. B

【解析】 党的十八大报告中指出的中国特色社会主义建设的总布局是经济建设、政治建设、文化建设、社会建设、生态文明建设五位一体。故选 B。

2. B

【解析】 教材原文:"公民第一"的原则是公共行政的核心原则。故选 B。

3. D

【解析】 我国政府职能包括政治职能、经济职能、文化职能、社会职能,而经济职能是现代国家公共行政的基本职能之一,经济职能一般包括:宏观经济调控、区域性经济调节、国有资产管理、微观经济管制、组织协调全国的力量办大事。因此 D 选项不属于政府的经济职能。

4. D

【解析】 行政法律效力等级为常考知识点,分以下几条理解:

(1) 宪法＞法律＞行政法规＞地方性法规＞本级和下级地方政府规章;

(2) 省、自治区的人民政府制定规章＞本行政区域内较大城市的人民政府制定的规章;

(3) 部门规章与地方政府规章具有同等法律效力,在各自权限范围内施行;

(4) 若地方性法规与部门规章对同一事项的规定不一致时,由国务院提出意见,国务院认为应当适用地方性法规时,应该决定在该地方适用地方性法规;认为应当适用部门规章的,应报请全国人大常委会裁决。

故选 D。

5. B

【解析】 行政合理性原则的要点:(1)行政的目的和动机合理;(2)行政行为的内容和范围合理;(3)行政的行为和方式合理;(4)行政的手段和措施合理。故选 B。

6. D

【解析】 政府的公共责任包括政治责任、法律责任、道德责任、领导责任和经济责任五方面。故选 D。

7. B

【解析】《立法法》所称较大的市是指:(1)省、自治区的人民政府所在地的市;(2)经济特区所在地的市;(3)经国务院批准的较大的市。故选 B。

8. C

【解析】 行政法规是指国务院制定和颁布的有关国家行政管理活动的各种规范性文件,《土地管理法实施办法》属于国务院制定的行政法规。A、B、D均为城乡规划领域内的专项规范,由住建部颁布。故选 C。

9. C

【解析】 CJJ/T 97—2003《城市规划制图标准》中的各种图例为常考点,但不建议考生死记硬背,采取特色记忆法。

A. 雨、污泵站(泵叶,黑白相间,雨污混流)

B. 污水处理厂(需要澄清排放,故清水在上,污水在下)

C. 垃圾无害化处理(由黑变白,有害变无害)

D. 垃圾转运站(由白变黑,垃圾全部收集过来,变黑转运)

故选 C。

10. B

【解析】 根据 CJJ/T 97—2003《城市规划制图标准》2.15条:点的平面定位、单点定位应采用北京坐标系或西安坐标系坐标定位,不宜采用城市独立坐标系定位。城市规划图的竖向定位应采用黄海高程系海拔数值定位,不得单独使用相对高差进行竖向定位。故选 B。

11. D

【解析】 国家行政机关属于行政机构,显然,行政机关的行政解释不属于有权司法解释。故选 D。

12. D

【解析】 依法行政的基本要求有六条:(1)合法行政;(2)合理行政;(3)程序正当;(4)高效便民;(5)诚实守信;(6)权责统一。故选 D。

13. B

【解析】《城市规划法》第十八条:编制城市规划一般分总体规划和详细规划两个阶段进行。大城市、中等城市为了进一步控制和确定不同地段的土地用途、范围和容量,协调各项基础设施和公共设施的建设,在总体规划基础上,可以编制分区规划。而《城乡规划法》通篇未提及分区规划。故选 B。

14. B

【解析】《城乡规划法》第二条规定,本法所称城乡规划,包括城镇体系规划、城市规划、镇规划、乡规划和村庄规划。故选 B。

15. A

【解析】 城市职能是城市在一定地域内的经济、社会发展中所发挥的作用和承担的分工。故选 A。

16. A

【解析】 (1)镇人民政府编制的总体规划,报上一级人民政府审批,无须上一级人民政府备案。

（2）《城乡规划法》第十九条：城市人民政府城乡规划主管部门根据城市总体规划的要求，组织编制城市的控制性详细规划，经本级人民政府批准后，报本级人民代表大会常务委员会和上一级人民政府备案。

（3）《城乡规划法》第二十条：镇人民政府根据镇总体规划的要求，组织编制镇的控制性详细规划，报上一级人民政府审批。县人民政府所在地镇的控制性详细规划，由县人民政府城乡规划主管部门根据镇总体规划的要求组织编制，经县人民政府批准后，报本级人民代表大会常务委员会和上一级人民政府备案。

（4）《城乡规划法》第三十四条：城市、县、镇人民政府应当根据城市总体规划、镇总体规划、土地利用总体规划和年度计划以及国民经济和社会发展规划，制定近期建设规划，报总体规划审批机关备案。

故选A。

17. D

【解析】《城市总体规划实施评估办法》第十条：评估报告主要包括城市总体规划实施的基本情况、存在问题、下一步实施的建议等。附件主要是征求和采纳公众意见的情况。A、B、C选项均为评估报告的内容，D选项为附件内容，故选D。

18. B

【解析】《城乡规划法》第三十条：在城市总体规划、镇总体规划确定的建设用地范围以外，不得设立各类开发区和城市新区。此处需特别区别建设用地和规划区的关系，规划区和城乡用地范围的区别。故选B。

19. A

【解析】《城乡规划法》第十九条、第二十条表明：只有县人民政府所在地的镇控制性详细规划由县人民政府城乡规划主管部门组织编制，其他镇的控制性详细规划由镇人民政府组织编制。故选A。

《城市、镇控制性详细规划编制审批办法》第十一条：镇控制性详细规划可以根据实际情况，适当调整或者减少控制要求和指标。规模较小的建制镇的控制性详细规划，可以与镇总体规划编制相结合，提出规划控制要求和指标。

20. C

【解析】《城乡规划法》第四十七条：有下列情形之一的，组织编制机关方可按照规定的权限和程序修改省域城镇体系规划、城市总体规划、镇总体规划：

（一）上级人民政府制定的城乡规划发生变更，提出修改规划要求的；

（二）行政区划调整确需修改规划的；

（三）因国务院批准重大建设工程确需修改规划的；

（四）经评估确需修改规划的；

（五）城乡规划的审批机关认为应当修改规划的其他情形。

故选C。

21. B

【解析】 行政责任：即行政法律责任,是指行政法律关系主体由于违反行政法律规范或法律义务而依法承担的法律后果。引起行政责任的原因是行政违法。因此,承担法律责任的主体既可以是行政机关和授权组织,也可以是行政相对人。故选 B。

22. B

【解析】 特殊许可是行政机关代表国家队行政相对人转让某种特定权利的行为。指除符合一般许可的条件外,对申请人还规定有特别限制的许可,又称特许。特许的特征有：有数量限制,有自由裁量权(主要指对有限资源的开发和理由)。

由以上的分析可知,B选项符合题意。

23. C

【解析】 建设项目选址规划管理主要针对划拨用地,选址的过程中主要是依据控制性详细规划核定项目土地使用性质和位置,保证建设项目的布点符合城市规划,之后核发选址意见书。土地出让条件是建设用地管理的内容。故选 C。

24. B

【解析】《城乡规划法》第三十八条：以出让方式取得国有土地使用权的建设项目,在签订国有土地使用权出让合同后,建设单位应当持建设项目的批准、核准、备案文件和国有土地使用权出让合同,向城市、县人民政府城乡规划主管部门领取建设用地规划许可证。故选 B。

25. D

【解析】 正确答案如下：

	住宅层数	住宅建筑净密度/%	住宅总建筑面积净密度/(万 m²/hm²)
A.	低层	35	1.1
B.	多层	28	1.7
C.	中高层	25	2.0
D.	高层	20	3.5

26. D

【解析】 CJJ/T 97—2003《城市规划制图标准》中表 3.1.4 单色用地图例如下：

表3.1.4　单色用地图例

代号	图式	说　明
R		居住用地 b/4+@　　b为线粗，@为线条间距，由绘图者自定(下同)

27. A

【解析】 GB 50180—1993《城市居住区规划设计规范》5.0.2条：住宅间距应以

满足日照要求为基础,综合考虑采光、通风、消防、防灾、管线埋设、视觉卫生等要求确定。故选 A。

注:本规范已被 GB 50180—2018《城市居住区规划设计标准》所替代。

28. A

【解析】 GB 50282—1998《城市给水工程规划规范》6.1 条:城市地形起伏大或规划给水范围广时,可采用分区或分压给水系统。根据城市水源状况、总体规划布局和用户对水质的要求,可采用分质给水系统。城市有地形可供利用时,宜采用重力输配水系统;有地形利用时,可以充分计算,从而采用重力输配水以减少能源的使用。故选 A。

注:本规范已被 GB 50282—2016《城市给水工程规划规范》所替代。

29. D

【解析】 依据 GB 50137—2011《城市用地分类与规划建设用地标准》:$R=R1+R2+R3$;$M=M1+M2+M3$;$G=G1+G2+G3$;$S=S1+S2+S3+S4$。故选 D。

30. A

【解析】《城市房地产管理法》第二十二条:土地使用权划拨,是指县级以上人民政府依法批准,在土地使用者缴纳补偿、安置等费用后将该幅土地交付其使用,或者将土地使用权无偿交付给土地使用者使用的行为。依照本法规定以划拨方式取得土地使用权的,除法律、行政法规另有规定外,没有使用期限的限制。故选 A。

31. D

【解析】《物权法》第四十三条:国家对耕地实行特殊保护,严格限制农用地转为建设用地,控制建设用地总量。不得违反法律规定的权限和程序征收集体所有的土地。故选 D。

32. D

【解析】 依申请的行政行为:行政机关必须有相对方的申请才能实施的行政行为。如颁发营业执照、核发建设用地规划许可证和建设工程规划许可证等。无申请即无许可。故选 D。

33. D

【解析】 选项 D 应为领导签字批准;核发建设用地规划许可证。

34. B

【解析】 建筑面积密度:每公顷建筑用地上容纳的建筑物的总建筑面积。建筑密度:一定地块内所有建筑物的基底总面积占用地面积的比例。容积率:一定地块内,总建筑面积与建筑用地面积的比值。根据《国务院关于印发全国主体功能区规划的通知》(国发〔2010〕46 号),开发强度指一个区域建设空间占该区域总面积的比例。故选 B。

35. B

【解析】《城市国有土地使用权出让转让规划管理办法》第十条:通过出让获得的土地使用权再转让时,受让方应当遵守原出让合同附具的规划设计条件,并由受让方向城市规划行政主管部门办理登记手续。故选 B。

36. A

【解析】 《文物保护法》第二十条：建设工程选址，应当尽可能避开不可移动文物；因特殊情况不能避开的，对文物保护单位应当尽可能实施原址保护。实施原址保护的，建设单位应当事先确定保护措施，根据文物保护单位的级别报相应的文物行政部门批准，并将保护措施列入可行性研究报告或者设计任务书。故选 A。

37. C

【解析】 老年人设施场地内建筑容积率不宜大于 0.8；老年人设施场地坡度不应大于 3%；老年人设施场地范围内的绿地率：新建不应低于 40%，扩建和改建不应低于 35%；集中绿地面积应按每位老人不低于 $2m^2$ 设置；场地内步行道路宽度不应小于 1.8m，纵坡不宜大于 2.5%。由以上条款可知，C 选项符合题意。

38. D

【解析】 《物权法》第一百三十七条：设立建设用地使用权，可以采取出让或者划拨等方式。工业、商业、旅游、娱乐和商品住宅等经营性用地以及同一土地有两个以上意向用地者的，应当采取招标、拍卖等公开竞价的方式出让。严格限制以划拨方式设立建设用地使用权。采取划拨方式的应当遵守法律、行政法规关于土地用途的规定。故选 D。

39. D

【解析】 建设工程规划管理审核内容：(1)审核建设工程申请条件；(2)审核修建性详细规划；(3)审定建设工程设计方案；(4)审查工程设计图纸文件等。对建设工程设计人员资格认定，一般属于施工图审查阶段事项，属于审定修建性详细规划后进一步进行施工图设计任务。故选 D。

40. D

【解析】 《近期建设规划工作暂行办法》第七条：近期建设规划必须具备的强制性内容包括：

（一）确定城市近期建设重点和发展规模。

（二）依据城市近期建设重点和发展规模，确定城市近期发展区域。对规划年限内的城市建设用地总量、空间分布和实施时序等进行具体安排，并制定控制和引导城市发展的规定。

（三）根据城市近期建设重点，提出对历史文化名城、历史文化保护区、风景名胜区等相应的保护措施。

故选 D。

41. B

【解析】 (1)县城所在地镇的总体规划由县人民政府组织编制，其他镇的总体规划由镇人民政府组织编制；

(2)县城所在地镇的控制性详细规划由县人民政府城乡规划主管部门编制，其

他镇的控制性详细规划由镇人民政府组织编制;

(3)建设工程规划行政许可证由城市、县人民政府城乡规划主管部门或者省、自治区、直辖市人民政府确定的镇人民政府办理;

(4)乡、村庄违法建设的行政处罚由县级以上地方人民政府城乡规划主管部门实施。

由以上法规可知,B选项符合题意。

42. B

【解析】《城乡规划法》第四十一条:在乡、村庄规划区内进行乡镇企业、乡村公共设施和公益事业建设的,建设单位或者个人应当向乡、镇人民政府提出申请,由乡、镇人民政府报城市、县人民政府城乡规划主管部门核发乡村建设规划许可证。

在乡、村庄规划区内使用原有宅基地进行农村村民住宅建设的规划管理办法,由省、自治区、直辖市制定。

在乡、村庄规划区内进行乡镇企业、乡村公共设施和公益事业建设以及农村村民住宅建设,不得占用农用地;确需占用农用地的,应当依照《土地管理法》有关规定办理农用地转用审批手续后,由城市、县人民政府城乡规划主管部门核发乡村建设规划许可证。建设单位或者个人在取得乡村建设规划许可证后,方可办理用地审批手续。

《城市房地产管理法》第九条:城市规划区内的集体所有的土地,经依法征用转为国有土地后,该国有土地的使用权方可有偿出让。故选 B。

43. C

【解析】 GB 50437—2007《城镇老年人设施规划规范》2.0.7 条:老年人服务中心指为老年人提供各种综合性服务的社区服务机构和场所。故选 C。

44. D

【解析】 GB 50180—1993《城市居住区规划设计规范》中表 5.0.2-1 住宅建筑日照标准如下:

表 5.0.2-1　住宅建筑日照标准

建筑气候区别	Ⅰ、Ⅱ、Ⅲ、Ⅶ气候区		Ⅳ气候区		Ⅴ、Ⅵ气候区
	大城市	中小城市	大城市	中小城市	
日照标准日	大寒日			冬至日	
日照时效/h	≥2	≥3		≥1	
有效日照时间带/h	8~16			9~15	
日照时间计算起点	底层窗台面				

根据表 5.0.2-1,D 选项符合题意。

注:本规范已被 GB 50180—2018《城市居住区规划设计标准》所替代。

45. B

【解析】《城乡规划法》第四十条:在城市、镇规划区内进行建筑物、构筑物、道路、管线和其他工程建设的,建设单位或者个人应当向城市、县人民政府城乡规划主管部门或者省、自治区、直辖市人民政府确定的镇人民政府申请办理建设工程规划许可证。故选 B。

46. C

【解析】《城乡规划法》第四十一条:在乡、村庄规划区内进行乡镇企业、乡村公共设施和公益事业建设的,建设单位或者个人应当向乡、镇人民政府提出申请,由乡、镇人民政府报城市、县人民政府城乡规划主管部门核发乡村建设规划许可证。故选 C。

47. C

【解析】 GB 50180—1993《城市居住区规划设计规范》2.0.32 条:地面停车率是指居民汽车的地面停车位数量与居住户数的比率。故选 C。

48. D

【解析】 CJJ 46—1991《城市用地分类代码》——基础标准(本标准已废止);CJJ 132—2009《城乡用地评定标准》——通用标准;GB 50357—2005《历史文化名城保护规划规范》——通用标准;GB 50180—1993《城市居住区规划设计规范》——专用标准。故选 D。

49. D

【解析】《历史文化名城名镇名村保护条例》第十三条:历史文化名城批准公布后,历史文化名城人民政府应当组织编制历史文化名城保护规划。历史文化名镇、名村批准公布后,所在地县级人民政府应当组织编制历史文化名镇、名村保护规划。保护规划应当自历史文化名城、名镇、名村批准公布之日起 1 年内编制完成。故选 D。

50. D

【解析】《文物保护法》第二十一条:文物保护单位的修缮、迁移、重建,由取得文物保护工程资质证书的单位承担。对不可移动文物进行修缮、保养、迁移,必须遵守不改变文物原状的原则。故选 D。

51. C

【解析】《历史文化名城名镇名村保护条例》第二十三条:在历史文化名城、名镇、名村保护区范围内从事建设活动,应当符合保护规划的要求,不得损害历史文化遗产的真实性和完整性,不得对其传统格局和历史风貌构成破坏性影响。故选 C。

52. D

【解析】《历史文化名城名镇名村保护条例》第三十四条:建设工程选址,应当尽可能避开历史建筑;因特殊情况不能避开的,应当尽可能实施原址保护。故选 D。

53. C

【解析】 不建议死记硬背,记住重点城市即可。

54. A

【解析】 根据《历史文化名城保护规划编制要求》:规划图纸,用图像表达现状和规划内容。

（1）文物古迹、传统街区、风景名胜分布图。比例尺为 1/5000～1/10 000，可以将城市和古城区按不同比例尺分别绘制。图中标注名称、位置、范围（图面尺寸小于5mm 者可只标位置）。

（2）历史文化名城保护规划总图。比例尺为 1/5000～1/10 000，图中标绘各类保护控制区域，包括古城空间保护视廊、各级重点文物保护单位、风景名胜、历史文化保护区的位置、界线和保护控制范围。对重点保护的要以图例区别表示，还要标绘规划实施修整项目的位置、范围和其他保护措施示意。

（3）重点保护区域保护界线图。比例尺为 1/500～1/2000，在绘有现状建筑和地形地物的底图上，逐个、分张画出重点文物保护范围和建设控制地带的具体界线；逐片、分张画出历史文化保护区、风景名胜保护区的具体范围。

由以上规范要求可知，A 选项符合题意。

55. C

【解析】 GB 50357—2005《历史文化名城保护规划规范》3.5.1 条：历史城区内不宜设置大型市政基础设施，市政管线宜采取地下敷设方式。市政管线和设施的设置应符合下列要求：

（1）历史城区内不应新建水厂、污水处理厂、枢纽变电站，不宜设置取水构筑物。

（2）排水体制在与城市排水系统相衔接的基础上，可采用分流制或截流式合流制。

（3）历史城区内不得保留污水处理厂、固体废弃物处理厂。

（4）历史城区内不宜保留枢纽变电站，变电站、开闭所、配电所应采用户内型。

（5）历史城区内不应保留或新设置燃气输气、输油管线和贮气、贮油设施，不宜设置高压燃气管线和配气站。中低压燃气调压设施宜采用箱式等小体量调压装置。

由以上条款可知，C 选项符合题意。

注：本规范已被 GB/T 50357—2018《历史文化名城保护规划标准》所替代。

56. D

【解析】《城市紫线管理办法》第六条：划定保护历史文化街区和历史建筑的紫线应当遵循下列原则：

（一）历史文化街区的保护范围应当包括历史建筑物、构筑物和其风貌环境所组成的核心地段，以及为确保该地段的风貌、特色完整性而必须进行建设控制的地区。

（二）历史建筑的保护范围应当包括历史建筑本身和必要的风貌协调区。

（三）控制范围清晰，附有明确的地理坐标及相应的界址地形图。

故选 D。

57. A

【解析】《城市紫线管理办法》第三条：在编制城市规划时应当划定保护历史文化街区和历史建筑的紫线。国家历史文化名城的城市紫线由城市人民政府在组织编制历史文化名城保护规划时划定。其他城市的城市紫线由城市人民政府在组织编制城市总体规划时划定。

《城市绿线管理办法》第五条：城市规划、园林绿化等行政主管部门应当密切合作，组织编制城市绿地系统规划。城市绿地系统规划是城市总体规划的组成部分，应当确定城市绿化目标和布局，规定城市各类绿地的控制原则，按照规定标准确定绿化用地面积，分层次合理布局公共绿地，确定防护绿地、大型公共绿地等的绿线。

《城市蓝线管理办法》第五条：编制各类城市规划，应当划定城市蓝线。城市蓝线由直辖市、市、县人民政府在组织编制各类城市规划时划定。城市蓝线应当与城市规划一并报批。

《城市黄线管理办法》第五条：城市黄线应当在制定城市总体规划和详细规划时划定。

由以上规定条款可知，A选项符合题意。

58. D

【解析】 根据《市政公用设施抗灾设防管理规定》第十四条，对抗震设防区的下列市政公用设施，建设单位应当在初步设计阶段组织专家进行抗震专项论证：

（一）属于《建筑工程抗震设防分类标准》中特殊设防类、重点设防类的市政公用设施；

（二）结构复杂或者采用隔震减震措施的大型城镇桥梁和城市轨道交通桥梁，直接作为地面建筑或者桥梁基础以及处于可能液化或者软黏土层的隧道；

（三）超过一万平方米的地下停车场等地下工程设施；

（四）震后可能发生严重次生灾害的共同沟工程、污水集中处理设施和生活垃圾集中处理设施；

（五）超出现行工程建设标准适用范围的市政公用设施。防灾公园绿地显然不属于需要专家论证的部分。

由以上条款可知，D选项符合题意。

59. D

【解析】 根据 GB 50413—2007《城市抗震防灾规划标准》4.2.3条："可能发生滑坡、崩塌、泥石流"为不适宜；"存在尚未明确的潜在地震破坏威胁的地段"为有条件适宜；"场地存在不稳定因素；用地抗震防灾类型Ⅲ类或Ⅳ类"为较适宜，从适宜性最差开始向适宜性好依次推定。故选D。

60. A

【解析】 《城市抗震防灾规划管理规定》第八条：城市抗震防灾规划编制应当达到下列基本目标：

（一）当遭受多遇地震时，城市一般功能正常；

（二）当遭受相当于抗震设防烈度的地震时，城市一般功能及生命系统基本正常，重要工矿企业能正常或者很快恢复生产；

（三）当遭受罕遇地震时，城市功能不瘫痪，要害系统和生命线工程不遭受破坏，不发生严重的次生灾害。

由以上条款可知,A选项符合题意。

61. C

【解析】 CJJ 83—1999《城市用地竖向规划规范》属于通用标准。故选C。

注:本规范已被CJJ 83—2016《城乡建设用地竖向规划规范》所替代。

62. D

【解析】 GB 50289—1998《城市道路交通规划设计规范》5.1.1条:城市规划步行交通系统应以步行人流的流量和流向为基本依据。故选D。

注:本规范已被GB/T 51328—2018《城市综合交通体系规划标准》所替代。

63. D

【解析】 在城市规划中的日照标准,即根据各地区的气候条件和居住卫生要求确定的向阳房间在规定日获得的日照量,是编制居住区规划时确定房屋间距的主要依据。故选D。

64. A

【解析】 GB 50289—1998《城市工程管线综合规划规范》2.3.4条:工程管线干线综合管沟的敷设,应设置在机动车道下面,其覆土深度应根据道路施工、行车荷载和综合管沟的结构强度以及当地的冰冻深度等因素综合确定。故选A。

注:本规范已被GB 50289—2016《城市工程管线综合规划规范》所替代。

65. D

【解析】 依据GB/T 50805—2012《城市防洪工程设计规范》,在冲刷严重的河岸、海岸,可采用顺坝或丁坝保滩护岸。故选D。

66. C

【解析】 依据CJJ/T 85—2002《城市绿地分类标准》,城市绿地大类有:公园绿地、生产绿地、防护绿地、附属绿地、其他绿地五类。而工业绿地属于大类附属绿地中的一类,不属于大类。故选C。

注:本标准已被CJJ/T 85—2017《城市绿地分类标准》所替代。

67. D

【解析】 小类的组团绿地属于中类的居住绿地,中类的居住绿地属于大类附属绿地。故选D。

68. A

【解析】《军事设施保护法》第七条:国家根据军事设施的性质、作用、安全保密的需要和使用效能的要求,划定军事禁区、军事管理区;没有划入军事禁区、军事管理区的军事设施,也应当采取保护措施。因此,一些非直接用于军事目的或者军民两用的设施不一定都应划为军事禁区,只需要保护即可。故选A。

69. B

【解析】《城乡规划编制单位资质管理规定》第三十三条:城乡规划编制单位取

得资质后,不再符合相应资质条件的,由原资质许可机关责令限期改正;逾期不改的,降低资质等级或者吊销资质证书。故选 B。

70. D

【解析】 此题考点为程序性违法,也就是说没有按照规定的程序办理。选项 D没有经审核程序就批准核发建设工程规划许可证属于程序性违法。而 ABC 选项均属于行政主体和行政内容违法。故选 D。

71. B

【解析】《城乡规划法》第五十一条:县级以上人民政府及其城乡规划主管部门应当加强对城乡规划编制、审批、实施、修改的监督检查。故选 B。

72. B

【解析】《行政许可法》第二条:本法所称行政许可,是指行政机关根据公民、法人或者其他组织的申请经依法审查,准予其从事特定活动的行为。由此条可知无申请不许可,故选 B。

73. D

【解析】 "在建设工程竣工验收前,检查、核实有关建设工程是否符合规划条件"不属于城乡规划主管部门对城乡规划实施进行行政监督检查的内容,故选 D。

74. D

【解析】《关于规范城乡规划行政处罚裁量权的指导意见》为 2012 年新文件。根据《关于规范城乡规划行政处罚裁量权的指导意见》第五条:对尚可采取改正措施消除对规划实施影响的情形,按以下规定处理:

(一)以书面形式责令停止建设;不停止建设的,依法查封施工现场;

(二)以书面形式责令限期改正;对尚未取得建设工程规划许可证即开工建设的,同时责令其及时取得建设工程规划许可证;

(三)对按期改正违法建设部分的,处建设工程造价 5% 的罚款;对逾期不改正的,依法采取强制拆除等措施,并处建设工程造价 10% 的罚款。

根据以上条款,D 选项符合题意。

75. A

【解析】 行政复议是指公民、法人或者其他组织不服行政主体作出的具体行政行为,认为行政主体的具体行政行为侵犯了其合法权益,依法向法定的行政复议机关提出复议申请,行政复议机关依法对该具体行政行为进行合法性、适当性审查,并作出行政复议决定的行政行为。故选 A。

76. D

【解析】《行政复议法》中对最终裁决的行政复议决定作出规定,最终裁决后,法院依法不予受理行政诉讼。故选 D。

77. D

【解析】 依据《行政复议法》第十五条:对被撤销的行政机关在撤销前所作出的

具体行政行为不服的,向继续行使其职权的行政机关的上一级行政机关申请行政复议。故选 D。

78. D

【解析】 行政救济的内容包括行政复议程序、行政赔偿程序和行政监督检查程序。A 选项属于行政复议,B 选项属于行政赔偿,C 选项属于行政监督检查。D 选项中司法机关对违法建设方的法律救济属于司法救济。故选 D。

79. B

【解析】 本题考点是作为行政行为与不作为行政行为。所谓作为行政行为,是指以积极作为的方式表现出来的行政行为,如行政奖励、非行政强制等。不作为行政行为,是指以消极不作为的方式表现出来的行政行为,如行政处罚。故选 B。

80. C

【解析】 行政处罚包括:(1)警告;(2)罚款;(3)没收违法所得、非法财产;(4)责令停止营业;(5)暂扣或吊销许可证或执照;(6)行政拘留。而管制是指对犯罪分子不实行关押,依法实行社区矫正,限制其一定自由的刑罚方法,属于犯罪。故选 C。

二、多项选择题(共 20 题,每题 1 分。每题的备选项中,有 2～4 个选项符合题意。多选、少选、错选都不得分)

81. BCD

【解析】 行政主体与行政相对人的双方权利义务是不平等的,行政主体可以单方面设立、变更、取消一个行政行为,行政主体占主导地位;在监督行政法律关系中,行政相对人处于主导地位,行政机关处于相对"弱者"的地位。故选 BCD。

82. BCDE

【解析】 行政行为的效力包括确定力、拘束力、执行力、公定力。故选 BCDE。

83. ABCE

【解析】 行政行为合法要件包括主体合法、权限合法、内容合法、程序合法。故选 ABCE。

84. ABE

【解析】 根据《城乡规划法》第四十六条:省域城镇体系规划、城市总体规划、镇总体规划的组织编制机关,应当组织有关部门和专家定期对规划实施情况进行评估,并采取论证会、听证会或者其他方式征求公众意见。故选 ABE。

85. BCE

【解析】 《城乡规划法》第十三条是省域城镇体系规划的内容;第十七条是城市、镇总体规划的内容;第十八条是乡、村庄规划的内容。因此 BCE 选项符合题意。

86. BCDE

【解析】 根据《城市规划编制办法》第十九条:编制城市规划,对涉及城市发展长期保障的资源利用和环境保护、区域协调发展、风景名胜资源管理、自然与文化遗产保护、公共安全和公众利益等方面的内容,应当确定为必须严格执行的强制性内容。故选 BCDE。

87. CE

【解析】 土地出让权的获得与开发——《城市房地产管理法》第十二条、第二十五条,A 选项错误。

确定土地用途——《土地管理法》第四条:国家实行土地用途管制制度,B 选项错误。

确定建设用地性质——《城乡规划法》第十七条,C 选项正确。

房地产转让——《城市房地产管理法》第三十六条、第四十三条,D 选项错误。

无偿收回土地使用权——《城市房地产管理法》第二十五条,E 选项正确。

由以上条款可知,C、E 选项符合题意。

88. AC

【解析】 《物权法》第一百三十七条:设立建设用地使用权,可以采取出让或者划拨等方式。工业、商业、旅游、娱乐和商品住宅等经营性用地以及同一土地有两个以上意向用地者的,应当采取招标、拍卖等公开竞价的方式出让。

《城市房地产管理法》第十二条:土地使用权出让,可以采取拍卖、招标或者双方协议的方式。商业、旅游、娱乐和豪华住宅用地,有条件的,必须采取拍卖、招标方式;没有条件,不能采取拍卖、招标方式的,可以采取双方协议的方式。

故选 AC。

89. ABD

【解析】 根据《城乡规划法》第三十八条:在城市、镇规划区内以出让方式提供国有土地使用权的,在国有土地使用权出让前,城市、县人民政府城乡规划主管部门应当依据控制性详细规划,提出出让地块的位置、使用性质、开发强度等规划条件,作为国有土地使用权出让合同的组成部分。未确定规划条件的地块,不得出让国有土地使用权。故选 ABD。

90. ACDE

【解析】 根据 GB 50437—2007《城镇老年人设施规划规范》1.1.2 条:

(1) 老年人设施应选择在地形平坦、自然环境较好、阳光充足、通风良好的地段布置;

(2) 在具有良好基础设施条件的地段布置;

(3) 在交通便捷、方便可达的地段布置,但应避开对外公路、快速路及交通量大的交叉路口等地段;

(4) 应远离污染源、噪声源及危险品的生产储运等用地。

5.4.1.1 条:老年设施布局应符合当地老人分布,并宜靠近居住人口集中的地区。

由以上条款可知,ACDE 选项符合题意。

91. BCE

【解析】 依据《文物保护法》第一章,A 选项属于可移动文物,D 选项不属于文物,而 BCE 选项属于不可移动文物。故选 BCE。

92. ABCD

【解析】 根据《历史文化名城名镇名村保护条例》第二十七条:对历史文化街区、名镇、名村核心保护范围内的建筑物、构筑物,应当区分不同情况,采取相应措施,实行分类保护。历史文化街区、名镇、名村核心保护范围内的历史建筑,应当保持原有的高度、体量、外观形象及色彩等。故选 ABCD。

93. ACDE

【解析】 根据《风景名胜区条例》第二十七条:禁止违反风景名胜区规划,在风景名胜区内设立各类开发区和在核心景区内建设宾馆、招待所、培训中心、疗养院以及与风景名胜资源保护无关的其他建筑物;已经建设的,应当按照风景名胜区规划,逐步迁出。故选 ACDE。

94. ADE

【解析】 根据《市政公用设施抗灾设防管理规定》第十四条:对抗震设防区的下列市政公用设施,建设单位应当在初步设计阶段组织专家进行抗震专项论证:

(一)属于《建筑工程抗震设防分类标准》中特殊设防类、重点设防类的市政公用设施;

(二)结构复杂或者采用隔震减震措施的大型城镇桥梁和城市轨道交通桥梁,直接作为地面建筑或者桥梁基础以及处于可能液化或者软黏土层的隧道;

(三)超过一万平方米的地下停车场等地下工程设施;

(四)震后可能发生严重次生灾害的共同沟工程、污水集中处理设施和生活垃圾集中处理设施;

(五)超出现行工程建设标准适用范围的市政公用设施,国家或者地方对抗震设防区的市政公用设施还有其他规定的,还应当符合其规定。

故选 ADE。

95. ABCE

【解析】 根据 GB 50413—2007《城市抗震防灾规划标准》3.0.11 条:对国务院公布的历史文化名城、城市规划区的国家重点风景名胜区、国家级自然保护区、申请列入"世界遗产名录"的地区、城市重点保护建筑等,宜根据需要做专门的研究或编制专门的抗震保护规划。故选 ABCE。

96. BCDE

【解析】 根据《防震减灾法》第三十二条:严重破坏性地震发生后,为了抢险救灾并维护社会秩序,国务院或者地震灾区的省、自治区、直辖市人民政府,可以在地震灾区实行下列紧急应急措施:

（一）交通管制；

（二）对食品等基本生活必需品和药品统一发放和分配；

（三）临时征用房屋、运输工具和通信设备等；

（四）需要采取的其他紧急应急措施。

故选 BCDE。

97．ABD

【解析】 根据 GB 50318—2000《城市排水工程规划规范》，城市降雨量＝暴雨强度×径流系数×汇水面积。故选 ABD。

注：本规范已被 GB 50318—2017《城市排水工程规划规范》所替代。

98．BD

【解析】 我国目前的法律所指的听证指的是狭义的听证，即以听证会的方式听取意见的制度。听证制度的类型分为立法听证、行政决策听证及具体行政行为听证三类。

（1）立法听证：包括国家法律和地方性法规、自治条例、单行条例的听证。

（2）行政决策听证：包括行政法规、规章、规划和其他抽象行政行为、政策的听证。

（3）具体行政行为听证：包括行政处罚、行政许可、行政强制、行政征收、行政给付等行政处理决定的听证。

由以上分析可知，B、D 选项符合题意。

99．BDE

【解析】 行政复议针对的是具体的行政事件，A、C 两选项均为抽象行政行为。故选 BDE。

100．ABD

【解析】 行政违法根据程度、范围、形式可有以下分类：

（一）根据违法的程度，行政违法可以分为实质性行政违法和形式性行政违法。

（二）根据违法的范围，行政违法可以分为内部行政违法与外部行政违法。

（三）根据违法的形式，行政违法可以分为作为行政违法与不作为行政违法。

本题考的是违法的表现形式，由第一条可知，B 选项正确；由第二条可知，A 选项正确；由第三条可知，D 选项正确。故选 ABD。

2014 年度全国注册城乡规划师职业资格考试真题与解析

城乡规划管理与法规

在线答题

真　题

一、单项选择题（共 80 题，每题 1 分。每题的备选项中，只有 1 个最符合题意）

1. 根据《中华人民共和国国民经济和社会发展第十二个五年规划纲要》，坚持把建设资源节约型、环境友好型社会作为加快转变经济发展方式的（　　）
   - A. 主攻方向
   - B. 重要支撑
   - C. 根本出发点和落脚点
   - D. 重要着力点

2. 下列法律法规的效力不等式中，不正确的是（　　）
   - A. 法律＞行政法规
   - B. 行政法规＞地方性法规
   - C. 地方性法规＞地方政府规章
   - D. 部门规章＞地方政府规章

3. 下列规范中不属于社会规范的是（　　）
   - A. 法律规范
   - B. 道德规范
   - C. 技术规范
   - D. 社会团体规范

4. 行政法治原则对行政主体的要求可以概括为（　　）
   - A. 依法行政
   - B. 积极行政
   - C. 廉洁行政
   - D. 为民行政

5. 普通行政责任不包括（　　）
   - A. 政治责任
   - B. 法律责任
   - C. 社会责任
   - D. 道德责任

6. 根据行政法学知识，下列关于《城乡规划法》立法的叙述中，正确的是（　　）
   - A. 属于行政立法范畴
   - B. 属于从属性立法
   - C. 立法机关是全国人民代表大会常务委员会
   - D. 有权进行法律解释的机关是国务院

7. 根据《行政许可法》，行政法规可以在（　　）设定的行政许可事项范围内，对实施该行政许可作出具体规定。
   - A. 法律
   - B. 地方性法规
   - C. 部门规章
   - D. 规范性文件

8. 下列关于城乡规划行政许可的叙述中，不正确的是（　　）
   - A. 属于依职权的行政行为
   - B. 属于外部行政行为
   - C. 属于具体行政行为
   - D. 属于准予行政相对人从事特定活动的行政行为

9. 行政许可过宽过乱会引起很多消极的作用,下列不属于行政许可消极作用的是(   )

    A. 可能会使贪污受贿现象日益增多

    B. 可能会使社会发展减少动力,丧失活力

    C. 可能使被许可人失去积极进取和竞争的动力

    D. 可能严重影响法律法规效力

10. 根据《立法法》,较大的市的人民代表大会及其常务委员会可以制定(   ),报省、自治区人民代表大会常务委员会批准后施行。

    A. 行政法规　　　　　　　　　B. 地方性法规

    C. 地方政府规章　　　　　　　D. 部门规章

11. 下列对城市规划图件的定位叙述中,符合《城市规划制图标准》的是(   )

    A. 单点定位应采用城市独立坐标系定位

    B. 单位定位应采用西安坐标系或北京坐标系定位

    C. 竖向定位宜单独使用相对高差进行竖向定位

    D. 竖向定位应采用东海高程系海拔数值定位

12. 在城乡规划管理中,当(   )就属于"法律关系产生"。

    A. 报建单位拟定申请报建文件后　　B. 报建申请得到受理后

    C. 修建性详细规划得到批准后　　　D. 核发建设工程规划许可证后

13. 根据《城市总体规划实施评估办法》,下列叙述中不正确的是(   )

    A. 进行城市总体规划评估,要采取定性和定量相结合的方法

    B. 规划评估成果由评估报告和附件组成

    C. 省、自治区人民政府所在地城市的总体规划评估成果,由城市人民政府直接报国务院城乡规划主管部门备案

    D. 规划评估成果报备后,应该向社会公告

14. 根据《城乡规划法》,国务院城乡规划主管部门会同国务院有关部门组织编制全国城镇体系规划,用于指导省域城镇体系规划、(   )的编制。

    A. 市域城镇体系规划　　　　　　B. 县域城镇体系规划

    C. 城市总体规划　　　　　　　　D. 城市详细规划

15. 根据《城乡规划法》,城乡规划主管部门对编制完成的"修建性详细规划"施行的行政行为应当是(   )

    A. 审定　　　　　B. 许可　　　　　C. 评估　　　　　D. 裁决

16. 根据《城市、镇控制性详细规划编制审批办法》,下列叙述中不正确的是(   )

    A. 国有土地使用权的划拨应当符合控制性详细规划

    B. 控制性详细规划是城乡规划主管部门实施规划管理的重要依据

    C. 城乡规划主管部门组织编制城市控制性详细规划

  D. 县人民政府所在地镇的控制性详细规划由镇人民政府组织编制

17. 根据城乡规划管理需要,城市中心区、旧城改造区、拟进行土地储备或者土地出让的地区,应当优先组织编制(　　)

  A. 战略规划   B. 分区规划

  C. 控制性详细规划   D. 修建性详细规划

18. 根据《城乡规划法》,某城市拟对滨湖地段控制性详细规划进行修改,修改方案对道路和绿地系统作出较大的调整,应当(　　)

  A. 由规划委员会审议决定

  B. 由市长办公会批准实施

  C. 先申请修改城市总体规划

  D. 报省城乡规划主管部门备案后实施

19. 住房和城乡建设部印发的《关于规范城乡规划行政处罚裁量权的指导意见》中所称的"违法建设行为"是指(　　)的行为。

  A. 未取得建设用地规划许可证或者未按照建设用地规划许可证的规定进行建设

  B. 未取得建设用地规划许可证或者未按照规划条件进行建设

  C. 未取得建设工程规划许可证或者未按照建设工程规划许可证的规定进行建设

  D. 未取得城乡规划主管部门的建设工程设计方案审查文件和未按照规划条件进行建设

20. 在我国现行城乡规划技术标准体系框架中,下列不属于专用标准的是(　　)

  A.《城市居住区规划设计规范》   B.《城市消防规划规范》

  C.《城市地下空间规划规范》   D.《城镇老年人设施规划规范》

21. 城乡规划主管部门受理的下列建设项目中,需要申请办理选址意见书的是(　　)

  A. 商务会展中心   B. 历史博物馆

  C. 国际住宅社区   D. 休闲度假酒店

22. 规划条件中的规定性条件不包括(　　)

  A. 地块位置和用地性质

  B. 建筑控制高度和建筑密度

  C. 建筑形式和风格

  D. 主要交通出入口方位和停车场泊位

23. 城乡规划主管部门依法核发建设用地规划许可证、建设工程规划许可证、乡村建设规划许可证属于(　　)行政行为。

  A. 要式   B. 依职权的   C. 依申请的   D. 抽象

24. 可以核发选址意见书的行政主体,不包括(　　)城乡规划主管部门。

  A. 省、自治区人民政府   B. 城市人民政府

  C. 县人民政府   D. 镇人民政府

25. 在城乡规划行政许可实施过程中,公民、法人或者其他组织享有的权利中不包括(　　)

  A. 陈述权   B. 申辩权   C. 变更权   D. 救济权

26. 下列关于建设用地的叙述中,不符合《物权法》规定的是(　　)

  A. 建设用地使用权可以在土地的地表、地上或者地下分别设立

  B. 严格限制以划拨方式设立建设用地使用权

  C. 住宅建设用地使用权期间届满的,自动续期

  D. 集体所有土地作为建设用地的,应当依照《城市房地产管理法》办理

27. 根据《城市用地分类与规划建设用地标准》,下列用地类别代码大类与中类关系式中,正确的是(　　)

  A. R＝R1＋R2＋R3＋R4   B. M＝M1＋M2＋M3＋M4

  C. G＝G1＋G2＋G3＋G4   D. S＝S1＋S2＋S3＋S4

28. 容积率作为规划条件中重要开发强度指标,必须经法定程序在(　　)中确定,并在规划实施管理中严格遵守。

  A. 城市总体规划   B. 近期建设规划

  C. 控制性详细规划   D. 修建性详细规划

29.《物权法》规定建设用地使用权人依法对国家所有的土地享有的权利中不包括(　　)

  A. 占有   B. 使用   C. 租赁   D. 收益

30. 在经济技术开发区内土地使用权出让、转让的依据是(　　)

  A. 控制性详细规划   B. 近期建设规划

  C. 修建性详细规划   D. 城市设计

31. 某大型建设项目,拟以划拨方式获得国有土地使用权,建设单位在报送有关部门核准前,应当向城乡规划主管部门申请(　　)

  A. 核发选址意见书   B. 核发建设用地规划许可证

  C. 核发建设工程规划许可证   D. 提供规划条件

32."工业、商业、旅游、娱乐和商品住宅等经营性用地以及同一土地有两个以上意向用地者的,应当采取招标、拍卖等公开竞价的方式出让"的规定条款出自(　　)

  A.《土地管理法》   B.《城市房地产管理法》

  C.《招投标法》   D.《物权法》

33. 下列建设工程规划管理的程序中,不正确的是(　　)

  A. 建设申请

   ① 建设项目批准文件   ② 使用土地的有关证明文件

③ 修建性详细规划   ④ 建设工程设计方案

⑤ 建设工程申请表

B. 建设审核

① 现场踏勘   ② 征询意见

③ 确定建筑地址   ④ 审定控制性详细规划

⑤ 审定建设工程设计方案

C. 行政许可

① 审查工程设计图纸文件   ② 领导签字批准

③ 核发建设工程规划许可证

D. 批后管理

① 竣工验收前的规划核实   ② 竣工验收资料的报送

34. "建造建筑物,不得违反国家有关工程建设标准,妨碍相邻建筑物的通风、采光和日照"的规定条款出自(　　　)

    A.《城乡规划法》   B.《城市房地产管理法》

    C.《建筑法》   D.《物权法》

35. 根据《历史文化名城名镇名村保护条例》,审批历史文化名村保护规划的是(　　　)

    A. 国务院   B. 省、自治区、直辖市人民政府

    C. 所在地城市人民政府   D. 所在地县人民政府

36. 下列行政行为中,属于建设用地规划管理内容的是(　　　)

    A. 审定修建性详细规划

    B. 核定地块出让合同中的规划条件

    C. 审定建设工程总平面图

    D. 审核建设工程申请条件

37. 某高层多功能综合楼,地下室为车库,底层是商店,2~15层是商务办公用房,16~20层为公寓,根据上述条件和《城市用地分类与规划建设用地标准》,该楼的用地应该归为(　　　)

    A. 居住用地   B. 公共管理与公共服务设施用地

    C. 商业服务业设施用地   D. 公用设施用地

38. 根据《村镇规划编制办法》,组织编制村镇规划的主体是(　　　)

    A. 村民委员会   B. 乡(镇)人民政府

    C. 县级人民政府   D. 市级人民政府

39. 某乡规划区内拟新建敬老院,建设单位应当向乡人民政府提出申请,由乡人民政府报城市、县人民政府城乡规划主管部门核发(　　　)

    A. 建设项目选址意见书   B. 建设用地规划许可证

    C. 建设工程规划许可证   D. 乡村建设规划许可证

40. 根据《城乡规划法》的"空间效力"范围定义,下列分类正确的是(　　　)

	规 划 管 理	规 划 行 政 许 可
A.	行政区	规划区
B.	行政区	建设用地
C.	规划区	建设用地
D.	规划区	建成区

41. 根据《城乡规划法》,在乡、村庄规划区内使用原有宅基地进行农村村民住宅建设的规划管理办法,由(　　　)制定。

    A. 国务院城乡规划主管部门　　　　B. 省、自治区、直辖市人民政府

    C. 市、县人民政府　　　　　　　　D. 乡、镇人民政府

42. 对于不可移动文物已经全部毁坏的,符合《文物保护法》要求的保护方式是(　　　)

    A. 实施原址保护,不得在原址重建

    B. 实施遗址保护,可在原址周边适当地方扩建

    C. 实施原址重建,再现历史风貌

    D. 实施遗址废止,进行全面拆除

43. 根据《城市工程管线综合规划规范》,不宜利用交通桥梁跨越河流的管线是(　　　)

    A. 给水输水管线　　　　　　　　B. 污水排水管线

    C. 热力管线　　　　　　　　　　D. 燃气输气管线

44. 根据《历史文化名城名镇名村保护条例》,对历史文化名城、名镇、名村的保护应当(　　　)

    A. 整体保护　　　B. 重点保护　　　C. 分类保护　　　D. 异地保护

45. 根据《城市居住区规划设计规范》,各类管线的垂直排序,由浅入深宜为(　　　)

    A. 电信管线、热力管、小于 10kV 电力电缆、大于 10kV 电力电缆、燃气管、给水管、雨水管、污水管

    B. 小于 10kV 电力电缆,电信管线,燃气管、热力管、给水管、大于 10kV 电力电缆、雨水管、污水管

    C. 电信管线、小于 10kV 电力电缆、热力管、燃气管、大于 10kV 电力电缆、雨水管、污水管、给水管

    D. 电信管线、给水管、热力管、雨水管、小于 10kV 电力电缆、大于 10kV 电力电缆、燃气管、污水管

46. 某国家历史文化名城在历史文化街区保护中,为求资金就地平衡,采取土地有偿出让的办法,将该老街原有商铺和民居全部拆除,重新建起了仿古风貌的商业

街,这种行为(　　)

 A. 体现了历史文化街区的传统特色

 B. 增添了历史文化街区的更新活力

 C. 提高了历史文化街区的综合效益

 D. 破坏了历史文化街区的真实完整

47. 根据《城市紫线管理办法》,城市紫线范围内各类建设的规划审批,实行(　　)

 A. 听证制度   B. 报告制度

 C. 复审制度   D. 备案制度

48. 根据《城市紫线管理办法》,下列叙述中不正确的是(　　)

 A. 国家历史文化名城内的历史文化街区的保护范围线属于紫线

 B. 省、自治区、直辖市人民政府公布的历史文化街区的保护界线属于紫线

 C. 历史文化街区以外经县级人民政府公布保护的历史建筑保护范围界线属于紫线

 D. 历史文化名城、名镇、名村的保护范围界线属于紫线

49. 下列哪一组城市全部公布为国家历史文化名城?(　　)

 A. 延安、淮安、泰安、瑞安、雅安   B. 金华、银川、铜仁、铁岭、无锡

 C. 韩城、聊城、邹城、晋城、塔城   D. 歙县、寿县、祁县、浚县、代县

50. 对历史文化名城、名镇、名村核心保护范围内的建筑物、构筑物,应当区分不同情况,采取相应措施,实行(　　)

 A. 原址保护   B. 分级保护

 C. 分类保护   D. 整体保护

51. 根据《城市紫线管理办法》,历史建筑的保护范围应当包括历史建筑本身和必要的(　　)

 A. 建设控制地带   B. 历史文化保护区

 C. 核心保护地带   D. 风貌协调区

52. 城市紫线、绿线、蓝线、黄线管理办法属于(　　)范畴。

 A. 技术标准与规范   B. 政策文件

 C. 行政法规   D. 部门规章

53. 《防洪标准》属于城乡规划技术标准层次中的(　　)

 A. 综合标准   B. 基础标准

 C. 通用标准   D. 专用标准

54. "典型地震遗址、遗迹的保护,应当列入地震灾区的重建规划"的条款出自(　　)

 A.《防震减灾法》   B.《市政公用设施抗灾设防管理规定》

 C.《城市抗震防灾规划标准》   D.《城市抗震防灾规划管理规定》

55. 根据《城市抗震防灾规划管理规定》,城市抗震设防区是指( )

    A. 地震动峰值加速度≥0.10g 的地区

    B. 地震基本烈度 6 度及 6 度以上地区

    C. 地震震波能够波及的地区

    D. 地震次生灾害容易发生的地区

56. 根据《城市抗震防灾规划标准》,下列不属于城市用地抗震性能评价报告内容的是( )

    A. 城市用地抗震防灾类型分区

    B. 城市地震破坏及不同地形影响估计

    C. 抗震适宜性评价

    D. 抗震设防区划

57. 根据《市政公用设施抗灾设防管理规定》,地震后修复或者建设市政公用设施,应当以国家地震部门审定、发布的( )作为抗震设防的依据。

    A. 地震动参数   B. 抗震设防区划

    C. 地震震数   D. 地震预测

58. 《城市黄线管理办法》中所称城市黄线是指( )

    A. 城市未经绿化的用地界线

    B. 城市受沙尘暴影响的范围界线

    C. 城市总体规划确定限建用地的界线

    D. 城市基础设施用地的控制界线

59. 根据《环境保护法》,制定城市规划,应当确定保护和改善环境的( )

    A. 目标和任务   B. 内容和方法

    C. 项目和责任   D. 标准和措施

60. 根据《城市工程管线综合规划规范》,下列关于综合管沟内管线敷设的叙述中,不正确的是( )

    A. 相互无干扰的工程管线可设置在管沟的同一小室

    B. 相互有干扰的工程管线应分别设在管沟的不同小室

    C. 电信电缆管线与高压输电电缆管线必须分开设置

    D. 综合管沟内不宜敷设热力管线

61. 根据《城市绿线管理办法》,城市绿地系统规划是( )的组成部分。

    A. 城市战略规划   B. 城市总体规划

    C. 控制性详细规划   D. 修建性详细规划

62. 根据《城市环境卫生设施规划规范》,下列设施中,不属于环境卫生公共设施的是( )

    A. 公共厕所   B. 生活垃圾收集点

    C. 生活垃圾转运站   D. 废物箱

63. 根据《防洪标准》，不耐淹的文物古迹等级为国家级的，其防洪标准的重现期为（　　）年。

  A. ≥100   B. 100～50   C. 50～20   D. 20

64. 根据《消防法》，公安消防机构对于消防设计的审核，应该属于（　　）的法定前置条件。

  A. 建设项目核准   B. 建设用地规划许可

  C. 建设工程规划许可   D. 施工许可

65. 某乡企业向县人民政府城乡规划主管部门提出建设申请，经审核后核发了乡村建设规划许可证，结果被判定程序违法，其正确的程序应当是（　　）

  A. 乡镇企业应当向县人民政府城乡规划主管部门提出建设申请，经审核后由乡镇人民政府核发乡村建设规划许可证

  B. 乡镇企业应当向乡、镇人民政府提出建设申请，由乡、镇人民政府报县人民政府城乡规划主管部门核发乡村建设规划许可证

  C. 乡镇企业应当向乡、镇人民政府提出建设申请，经过村民会议或者村民代表会议讨论同意后，由乡、镇人民政府核发乡村建设规划许可证

  D. 乡镇企业应当向县人民政府城乡规划主管部门提出建设申请，报县人民政府审查批准并核发乡村建设规划许可证

66. 根据《国家赔偿法》的规定，行政赔偿的主管机关应当自收到赔偿申请之日起（　　）作出赔偿处理决定。

  A. 一个月以内   B. 两个月以内

  C. 三个月以内   D. 四个月以内

67. 下列不符合《人民防空法》规定的是（　　）

  A. 城市是人民防空的重点

  B. 国家对城市实行分类防护

  C. 城市防空类别、防护标准由国务院规定

  D. 城市人民政府应当制定人民防空工程建设规划，并纳入城市总体规划

68. 根据《城市绿地分类标准》，下列不属于道路绿地的是（　　）

  A. 行道树绿带   B. 分车绿带

  C. 街道广场绿地   D. 停车场绿地

69. 根据《城市绿地分类标准》，下列不属于专类公园的是（　　）

  A. 儿童公园   B. 动物园

  C. 纪念性公园   D. 社区公园

70. 下列关于城市道路交通的叙述中，不符合《城市道路交通规划设计规范》的是（　　）

  A. 新建地区宜从道路系统上实行分流交通，不宜再采用"三幅路"进行分流，这个原理应在道路规划和改造中长期贯彻下去

B. 不同规模的城市对交通需求等有很大差异,大城市道路可以将道路分为四级,中等城市的道路可分为三级,小城市只将道路分为两级

C. 50 万人口以上的城市应设置快速路,对 50 万人口以下的城市可以根据城市用地形状和交通需求确定是否建造快速路

D. 一般快速路可呈"十字形"在城市中心区的外围切过

71. 住房和城乡建设部、监察部联合发出的《关于加强建设用地容积率管理和监督检查的通知》属于( )的范畴。

    A. 行政法规   B. 部门规章   C. 政策文件   D. 技术规范

72. 某市政府因新建快速路修改城市规划,需拆迁医学院部分设施和住宅楼,致使该院及住户合法利益受到损失。为此,该院和住户应依据( )要求市政府给予补偿。

    A.《行政许可法》   B.《行政处罚法》

    C.《物权法》   D.《城乡规划法》

73. 同级监察局对城乡规划主管部门的行政监督属于( )

    A. 政治监督   B. 社会监督   C. 司法监督   D. 行政自我监督

74. 追究行政法律责任的原则是( )

    A. 劝诫原则   B. 惩罚原则

    C. 主客观公开原则   D. 责任自负原则

75. 下列建设行为不属于违法建设的是( )

    A. 未经城乡规划主管部门批准进行的工程建设

    B. 未按建设工程规划许可证进行建设

    C. 经城乡规划主管部门批准的临时建设

    D. 超过规定期限未拆除的临时建设

76. 下列听证法定程序中,不正确的是( )

    A. 行政机关应当于举行听证的七日前将举行听证的时间、地点通知申请人、利害关系人,必要时予以公告

    B. 听证应当公开举行

    C. 举行听证时,申请人应当提供审查意见的证据、理由,并进行申辩和质证

    D. 听证应当制作笔录,听证笔录应当交听证参加人确认无误后签字或者盖章

77. 根据《城乡规划法》,城乡规划主管部门作出责令停止建设或者限期拆除的决定后,当事人不停止建设或者逾期不拆除的,建设工程所在地( )可以责成有关部门采取查封施工现场、强制拆除等措施。

    A. 城乡规划主管部门   B. 人民法院

    C. 县级以上地方人民政府   D. 城市行政综合执法部门

78. 行政复议行为必须是( )

    A. 抽象行政行为   B. 具体行政行为

    C. 羁束行政行为   D. 作为行政行为

79. 根据《行政诉讼法》,公民、法人或者其他组织直接向人民法院提起诉讼的,作出(　　)行政行为的行政机关是被告。

　　A. 具体　　　　B. 抽象　　　　C. 要式　　　　D. 非要式

80. 行政机关实施行政处罚时,应当责令当事人(　　)违法行为。

　　A. 中止　　　　B. 检讨　　　　C. 消除　　　　D. 改正

二、多项选择题（共 20 题,每题 1 分。每题的备选项中,有 2～4 个选项符合题意。多选、少选、错选都不得分）

81. 根据行政法律关系知识和城乡规划实施的实践,下列对应关系中,不正确的是(　　)

　　A. 建设项目报建申请受理——行政法律关系产生

　　B. 城乡规划主管部门审定报建总图——行政法律关系产生

　　C. 在建项目在地震中灭失——行政法律关系变更

　　D. 建设单位报送竣工资料后——行政法律关系消灭

　　E. 已报建项目依法转让——行政法律关系消灭

82. 一般行政行为的生效规则包括(　　)

　　A. 限时生效　　　B. 自动生效　　　C. 受领生效

　　D. 告知生效　　　E. 附条件生效

83. 根据《立法法》,可以根据法律、行政法规和地方性法规制定地方政府规章的是(　　)

　　A. 省、自治区、直辖市人民政府

　　B. 省会城市人民政府

　　C. 经济特区所在地的市人民政府

　　D. 城市人口规模在 50 万以上、不足 100 万的市人民政府

　　E. 经国务院批准的较大的市人民政府

84. 行政法治原则包括(　　)

　　A. 行政合法性原则　　　　　　B. 行政合理性原则

　　C. 行政责权性原则　　　　　　D. 行政效益性原则

　　E. 行政应急性原则

85. 根据《城市居住区规划设计规范》住宅间距在满足日照要求的基础上,还要综合考虑(　　)要求。

　　A. 采光　　　　　　　　　　　B. 地面停车场

　　C. 消防　　　　　　　　　　　D. 通风

　　E. 视觉卫生

86. 城市总体规划报送审批时,应当一并报送的内容有(　　)

　　A. 省域城镇体系规划确定的城镇空间布局和规模控制要求

B. 本级人民代表大会委员会的审议意见

C. 根据本级人民代表大会常务委员会的审议意见作出修改规划的情况

D. 对公众及专家意见的采纳情况及理由

E. 城市总体规划编制单位的资质证书

87. 根据《城乡规划法》，规划的组织编制机关应当组织有关部门和专家定期对（　　）实施情况进行评估。

    A. 全国城镇体系规划　　　　　　B. 省域城镇体系规划

    C. 城市总体规划　　　　　　　　D. 镇总体规划

    E. 乡规划和村庄规划

88.《城市防洪工程设计规范》中规定的洪水类型有（　　）

    A. 山体滑坡　　　B. 海潮　　　C. 山洪

    D. 雪崩　　　　　E. 泥石流

89. 下列建设用地中包括有"堆场"用地的是（　　）

    A. 对外交通用地　　　　　　　　B. 公用设施用地

    C. 仓储用地　　　　　　　　　　D. 工业用地

    E. 公共服务用地

90. 根据《城乡规划法》，近期建设规划应当根据（　　）来制定。

    A. 国民经济和社会发展规划　　　B. 省域城镇体系规划

    C. 城市总体规划　　　　　　　　D. 控制性详细规划

    E. 修建性详细规划

91. 严寒或寒冷地区以外的工程管线应该根据（　　）确定覆土深度。

    A. 土壤冰冻深度　　　　　　　　B. 土壤性质

    C. 地面承受荷载大小　　　　　　D. 建筑气候区划

    E. 管线敷设位置

92. 根据《城乡规划法》，下列属于乡村规划的内容的是（　　）

    A. 以划拨方式提供国有土地使用权的建设项目

    B. 农村生产、生活服务设施的用地布局

    C. 对耕地等自然资源和历史文化遗产保护的具体安排

    D. 对公益事业建设的用地布局

    E. 村庄发展布局

93. 根据《城乡规划法》，审批建设项目选址意见书的前置条件是（　　）

    A. 以划拨方式提供国有土地使用权的建设项目

    B. 以出让方式提供国有土地使用权的建设项目

    C. 符合控制性详细规划和规划条件的项目

    D. 按照有关规定需要有关部门审批或者核准的项目

    E. 需签订国有土地使用权出让合同的项目

94. 根据《行政许可法》,设定行政许可,应当规定行政许可的(　　　)
    A. 必要性　　　　　　　　　　B. 实施机关
    C. 条件　　　　　　　　　　　D. 程序
    E. 期限

95. 根据《城市抗震防灾规划管理规定》,当遭受罕见的地震时,城市抗震防灾的规划编制应达到的基本目标是(　　　)
    A. 城市一般功能及生命系统基本正常
    B. 城市功能不瘫痪
    C. 重要的工矿企业能正常或很快恢复生产
    D. 要害系统和生命线工程不遭受严重破坏
    E. 不发生严重的次生灾害

96. 根据《城乡规划法》,在申请办理建设工程规划许可证时,应当提交的材料有(　　　)
    A. 控制性详细规划　　　　　　B. 修建性详细规划
    C. 近期建设规划　　　　　　　D. 建设工程方案的总平面图
    E. 规划条件

97. 根据《城市地下空间开发利用管理规定》,下列叙述中正确的是(　　　)
    A. 城市地下空间是指城市规划区内地表以下的空间
    B. 城市地下空间的工程建设必须符合城市地下空间规划
    C. 城市地下空间规划是城市规划的重要组成部分
    D. 附着地面建筑进行地下工程建设,应单独向城乡规划主管部门申请办理建设工程规划许可证
    E. 城市地下空间规划需要变更的,须经原批准机关审批

98. 管线综合可以解决的矛盾包括(　　　)
    A. 管线布局的矛盾　　　　　　B. 管线路径的矛盾
    C. 管线施工时间的矛盾　　　　D. 管线空间位置的矛盾
    E. 管线所属单位间的矛盾

99. 根据《行政许可法》,设定和实施行政许可必须遵循的原则是(　　　)
    A. 分级管理的原则　　　　　　B. 权责统一的原则
    C. 便民的原则　　　　　　　　D. 自由裁量的原则
    E. 公开、公平、公正的原则

100. 城乡规划主管部门行使行政处罚权属于(　　　)
    A. 具体行政行为　　　　　　　B. 依职权行政行为
    C. 依申请行政行为　　　　　　D. 单方行政行为
    E. 外部行政行为

真 题 解 析

一、单项选择题(共 80 题,每题 1 分。每题的备选项中,只有 1 个最符合题意)

1. D

【解析】《中华人民共和国国民经济和社会发展第十二个五年规划纲要》提出坚持把建设资源节约型、环境友好型社会作为加快转变经济发展方式的重要着力点。故选 D。

2. D

【解析】 行政法律效力等级是常考知识点,可分以下几条理解:

(1) 宪法＞法律＞行政法规＞地方性法规＞本级和下级地方政府规章;

(2) 省、自治区的人民政府制定规章＞本行政区域内较大城市的人民政府制定的规章;

(3) 部门规章与地方政府规章具有同等法律效力,在各自权限范围内施行,无比较性;

(4) 若地方性法规与部门规章对同一事项的规定不一致时,由国务院提出意见,国务院认为应当适用地方性法规时,应该决定在该地方适用地方性法规的规定,认为应当适用部门规章的,应报请全国人大常委会裁决。

故选 D。

3. C

【解析】 规范总的分两大类:技术规范和社会规范。其中,技术规范调整人与自然之间的关系;社会规范调整人与人之间的关系。故选 C。

4. A

【解析】 行政法治原则对行政主体的要求概括为依法行政。故选 A。

5. B

【解析】 普通行政责任主要包括政治责任、社会责任和道德责任,其不涉及法律责任。故选 B。

6. C

【解析】《城乡规划法》属于权力机关的立法,不属于行政立法,A 选项错误;《城乡规划法》属于城乡规划领域的基本立法,不属于从属性立法,B 选项错误;《城乡规划法》的法律解释所有权归全国人大常委会,D 选项错误。故选 C。

7. A

【解析】《行政许可法》第十六条:行政法规可以在法律设定的行政许可事项范围内,对实施该行政许可作出具体规定。故选 A。

8. A

【解析】《行政许可法》第二条：本法所称行政许可,是指行政机关根据公民、法人或者其他组织的申请,经依法审查,准予其从事特定活动的行为。行政许可是申请型行政行为。故选 A。

9. D

【解析】 法律效力不随任何社会现象的改变而改变,其效力只受法律法规本身的权限。因此 D 选项符合题意。

10. B

【解析】 根据《立法法》,较大的市的人民代表大会及其常务委员会可以制定地方性法规。故选 B。

11. B

【解析】 CJJ/T 97—2003《城市规划制图标准》2.15.2 条:

(1)点的平面定位,单点定位应采用北京坐标系或西安坐标系坐标定位,不宜采用城市独立坐标系定位。

(2)城市规划图的竖向定位应采用黄海高程系海拔数值定位,不得单独使用相对高差进行竖向定位。故选 B。

12. B

【解析】 行政法律关系自受理之日起开始形成。故选 B。

13. C

【解析】 由《城市总体规划实施评估办法》第八条、第十条、第十一条可知,A、B、D 选项正确。而国务院审批的城市,其应该由省级城乡规划主管部门审核后,报住房和城乡建设部备案。故 C 选项错误,符合题意。

14. C

【解析】《城乡规划法》第十二条:国务院城乡规划主管部门会同国务院有关部门组织编制全国城镇体系规划,用于指导省域城镇体系规划、城市总体规划的编制。故选 C。

15. A

【解析】《城乡规划法》第四十条:城市、县人民政府城乡规划主管部门或者省、自治区、直辖市人民政府确定的镇人民政府应当依法将经审定的修建性详细规划、建设工程设计方案的总平面图予以公布。故选 A。

16. D

【解析】 根据《城市、镇控制性详细规划编制审批办法》,县人民政府所在地镇的控制性详细规划,由县人民政府城乡规划主管部门根据镇总体规划的要求组织编制,经县人民政府批准后,报本级人民代表大会常务委员会和上一级人民政府备案。故选 D。

17. C

【解析】 根据《城乡规划法》,国有土地出让、划拨等规划设计条件应依靠控制性详细规划出具。《城市国有土地使用权出让转让规划管理办法》第五条：出让城市国有土地使用权，出让前应当制定控制性详细规划。故选 C。

18. C

【解析】《城乡规划法》第四十八条：控制性详细规划修改涉及城市总体规划、镇总体规划的强制性内容的，应当先修改总体规划。

题目中对滨河道路和绿地系统做出重大调整，涉及规划区范围、规划区内建设用地规模、基础设施和公共服务设施用地、水源地和水系、基本农田和绿化用地、环境保护、自然与历史文化遗产保护以及防灾减灾等内容，应当作为城市总体规划、镇总体规划的强制性内容。所以，应该先修改总体规划。故选 C。

19. C

【解析】《关于规范城乡规划行政处罚裁量权的指导意见》第二条：本意见所称违法建设行为，是指未取得建设工程规划许可证或者未按照建设工程规划许可证的规定进行建设的行为。故选 C。

20. C

【解析】《城市地下空间规划规范》属于通用标准。故选 C。

21. B

【解析】《城乡规划法》第三十六条：按照国家规定需要有关部门批准或者核准的建设项目，以划拨方式提供国有土地使用权的，建设单位在报送有关部门批准或者核准前，应当向城乡规划主管部门申请核发选址意见书。

前款规定以外的建设项目不需要申请选址意见书。显然，B 选项为划拨用地，其他均为出让用地。故选 B。

22. C

【解析】《城市国有土地使用权出让转让规划管理办法》第六条：规划设计条件应当包括：地块面积，土地使用性质，容积率，建筑密度，建筑高度，停车泊位，主要出入口，绿地比例，须配置的公共设施、工程设施，建筑界线，开发期限以及其他要求。故选 C。

23. C

【解析】《行政许可法》第二条规定，本法所称行政许可，是指行政机关根据公民、法人或者其他组织的申请经依法审查，准予其从事特定活动的行为。行政许可的特征：依申请的行政行为、管理型行政行为、外部行政行为、准予从事特定活动的行政行为。故选 C。

24. D

【解析】《城乡规划法》第三十六条：按照国家规定需要有关部门批准或者核准的建设项目，以划拨方式提供国有土地使用权的，建设单位在报送有关部门批准或者核准前，应当向城乡规划主管部门申请核发选址意见书。条款规定向城乡规划主管部门申请核发，镇人民政府无城乡规划主管部门。故选 D。

25. C

【解析】 《行政许可法》第七条：公民、法人或者其他组织对行政机关实施行政许可，享有陈述权、申辩权。显然，变更权属于有权行使许可的政府机构所有，公民、法人或者其他组织不具有变更权。故选 C。

26. D

【解析】 《物权法》第 136 条：建设用地使用权可以在土地的地表、地上或者地下分别设立。新设立的建设用地使用权，不得损害已设立的用益物权。第 137 条：采取划拨方式的应当遵守法律、行政法。第 149 条：住宅建设用地使用权期间届满的，自动续期。

《城市房地产管理法》第二条：在中华人民共和国城市规划区国有土地（以下简称国有土地）范围内取得房地产开发用地的土地使用权，从事房地产开发、房地产交易，实施房地产管理，应当遵守本法。显然，D 项不符合《物权法》。故选 D。

27. D

【解析】 依据 GB 50137—2011《城市用地分类与规划建设用地标准》，R＝R1＋R2＋R3；M＝M1＋M2＋M3；G＝G1＋G2＋G3；S＝S1＋S2＋S3＋S4。故选 D。

28. C

【解析】 《城乡规划法》规定，规划条件应该依据控制性详细规划出具，且控制性详细规划是规划管理的直接依据。故选 C。

29. C

【解析】 《物权法》第三十九条：所有权人对自己的不动产或者动产，依法享有占有、使用、收益和处分的权利。显然，租赁为收益的一种。故选 C。

30. A

【解析】 《开发区规划管理办法》第十条：开发区内土地使用权的出让、转让，必须以建设项目为前提，以经批准的控制性详细规划为依据。故选 A。

31. A

【解析】 《城乡规划法》第三十六条：按照国家规定需要有关部门批准或者核准的建设项目，以划拨方式提供国有土地使用权的，建设单位在报送有关部门批准或者核准前，应当向城乡规划主管部门申请核发选址意见书。故选 A。

32. D

【解析】 《物权法》第一百三十七条：设立建设用地使用权，可以采取出让或者划拨等方式。工业、商业、旅游、娱乐和商品住宅等经营性用地以及同一土地有两个以上意向用地者的，应当采取招标、拍卖等公开竞价的方式出让。故选 D。

33. B

【解析】 B 选项应为审定修建性详细规划。故选 B。

34. D

【解析】 《物权法》第八十九条：建造建筑物，不得违反国家有关工程建设标准，妨碍相邻建筑物的通风、采光和日照。故选 D。

35. B

【解析】《历史文化名城名镇名村保护条例》第十七条：保护规划由省、自治区、直辖市人民政府审批。故选 B。

36. B

【解析】 ACD 选项均为建设工程管理审查的内容。故选 B。

37. C

【解析】 判断用地性质，应该按主要用途性质来确定，如题目中主要用途为 2～15 层的商务办公用房，则用地性质定性为商业服务设施用地；如商务办公和公寓层数相同，则按底层用途确定。故选 C。

38. B

【解析】《村镇规划编制办法》第四条：村镇规划由乡镇人民政府组织编制。故选 B。

39. D

【解析】《城乡规划法》第四十一条：在乡、村庄规划区内进行乡镇企业、乡村公共设施和公益事业建设的，建设单位或者个人应当向乡、镇人民政府提出申请，由乡、镇人民政府报城市、县人民政府城乡规划主管部门核发乡村建设规划许可证。故选 D。

40. B

【解析】《城乡规划法》第十一条：县级以上地方人民政府城乡规划主管部门负责本行政区域内的城乡规划管理工作。第四十二条：城乡规划主管部门不得在城乡规划确定的建设用地范围以外作出规划许可。故选 B。

41. B

【解析】《城乡规划法》第四十一条：在乡、村庄规划区内使用原有宅基地进行农村村民住宅建设的规划管理办法，由省、自治区、直辖市人民政府制定。故选 B。

42. A

【解析】《文物保护法》第二十二条：不可移动文物已经全部毁坏的，应当实施遗址保护，不得在原址重建。不得重建的原因为地方政府和开发商之间的建设影响原址保护及怕出现资金的乱用。故选 A。

43. D

【解析】 GB 50289—1998《城市工程管线综合规划规范》3.0.7 条：工程管线跨越河流时，宜采用管道桥或利用交通桥梁进行架设，可燃、易燃工程管线不宜利用交通桥梁跨越河流。故选 D。

注：本规范已被 GB 50289—2016《城市工程管线综合规划规范》所替代。

44. A

【解析】《历史文化名城名镇名村保护条例》第二十一条：历史文化名城、名镇、名村应当整体保护，保持传统格局、历史风貌和空间尺度，不得改变与其相互依存的自然景观和环境。故选 A。

45. A

【解析】 GB 50180—1993《城市居住区规划设计规范》10.0.2.5 条：各类管线的垂直排序,由浅入深宜为：电信管线、热力管、小于 10kV 电力电缆、大于 10kV 电力电缆、燃气管、给水管、雨水管、污水管。故选 A。

注：本规范已被 GB 50180—2018《城市居住区规划设计标准》所替代。

46. D

【解析】 这种行为破坏了历史文化街区的真实完整性。故选 D。

47. D

【解析】《城市紫线管理办法》第十六条：城市紫线范围内各类建设的规划审批,实行备案制度。故选 D。

48. D

【解析】《城市紫线管理办法》第二条：本办法所称城市紫线,是指国家历史文化名城内的历史文化街区和省、自治区、直辖市人民政府公布的历史文化街区的保护范围界线,以及历史文化街区外经县级以上人民政府公布保护的历史建筑的保护范围界线。本办法所称紫线管理是划定城市紫线和对城市紫线范围内的建设活动实施监督、管理。故选 D。

49. D

【解析】 不建议记忆,只要记住每年要求记忆的几个城市即可。

50. C

【解析】《历史文件名城名镇名村保护条例》第二十七条：对历史文化街区、名镇、名村核心保护范围内的建筑物、构筑物,应当区分不同的情况,采取相应措施,实行分类保护。故选 C。

51. D

【解析】《城市紫线管理办法》第六条：历史建筑的保护范围应当包括历史建筑本身和必要的风貌协调区。故选 D。

52. D

【解析】 全部为建设部颁布指定,均为部门规章。故选 D。

53. D

【解析】 GB 50201—1994《防洪标准》属于专用标准。故选 D。

注：本标准已被 GB 50201—2014《防洪标准》所替代。

54. A

【解析】《防震减灾法》第四十二条：国家依法保护典型地震遗址、遗迹。典型地震遗址、遗迹的保护,应当列入地震灾区的重建规划。故选 A。

55. B

【解析】《城市抗震防灾规划管理规定》第二条：在抗震设防区的城市,编制与实施城市抗震防灾规划,必须遵守本规定。本规定所称抗震设防区,是指地震基本烈度 6 度及 6 度以上地区(地震动峰值加速度≥0.05g 的地区)。故选 B。

56. D

【解析】 根据 GB 50413—2007《城市抗震防灾规划标准》4.4.1 条:城市用地抗震性能评价包括:城市用地抗震防灾类型分区、地震破坏及不利地形影响估计、抗震适宜性评价。故选 D。

57. A

【解析】《市政公用设施抗灾设防管理规定》第二十九条:地震后修复或者建设市政公用设施,应当以国家地震部门审定、发布的地震动参数作为抗震设防的依据。故选 A。

58. D

【解析】《城市黄线管理办法》第二条:城市黄线的划定和规划管理,适用本办法。本办法所称城市黄线,是指对城市发展全局有影响的、城市规划中确定的、必须控制的城市基础设施用地的控制界线。故选 D。

59. A

【解析】《环境保护法》第二十二条:制定城市规划,应当确定保护和改善环境的目标和任务。故选 A。

60. D

【解析】 GB 50289—1998《城市工程管线综合规划规范》2.3.3 条:综合管沟内宜敷设电信电缆管线、低压配电电缆管线、给水管线、热力管线、污雨水排水管线。故选 D。

61. B

【解析】《城市绿线管理办法》第五条:城市绿地系统规划是城市总体规划的组成部分。故选 B。

62. C

【解析】 GB 50337—2003《城市环境卫生设施规划规范》中环境卫生公用设施是指直接为社会公众提供的设施,而污水处理厂、生活垃圾转运站为环境卫生工程设施,且不直接提供服务。故选 C。

注:本规范已被 GB/T 50337—2018《城市环境卫生设施规划标准》所替代。

63. A

【解析】 依据 GB 50201—1994《防洪标准》10.1.1 条:不耐淹的文物古迹等级为国家级的,其防洪标准的重现期为大于等于 100 年。故选 A。

64. D

【解析】《消防法》第十二条:依法应当经公安机关消防机构进行消防设计审核的建设工程未经依法审核或者审核不合格的,负责审批该工程施工许可的部门不得给予施工许可,建设单位、施工单位不得施工;其他建设工程取得施工许可后经依法抽查不合格的,应当停止施工。故选 D。

65. B

【解析】 《城乡规划法》第四十一条:在乡、村庄规划区内进行乡镇企业、乡村公共设施和公益事业建设的,建设单位或者个人应当向乡、镇人民政府提出申请,由乡、镇人民政府报城市、县人民政府城乡规划主管部门核发乡村建设规划许可证。故选 B。

66. B

【解析】 《国家赔偿法》第十三条:赔偿义务机关应当自收到申请之日起两个月内依照本法第四章的规定给予赔偿;逾期不予赔偿或者赔偿请求人对赔偿数额有异议的,赔偿请求人可以自期间届满之日起三个月内向人民法院提起诉讼。故选 B。

67. C

【解析】 《人民防空法》规定城市防空类别,防护标准由国务院、中央军事委员会规定。故选 C。

68. C

【解析】 依据 CJJ/T 85—2002《城市绿地分类标准》可知,街道广场绿地属于街旁绿地。故选 C。

注:本标准已被 CJJ/T 85—2017《城市绿地分类标准》所替代。

69. D

【解析】 依据 CJJ/T 85—2002《城市绿地分类标准》,社区公园属于公园绿地,ABC 选项属于均属于专类公园。故选 D。

70. C

【解析】 此题限定不符合 GB 50289—1998《城市道路交通规划设计规范》,则原则上寻找直接对规范有冲突的选项。GB 50289—1998《城市道路交通规划设计规范》7.3.1.1条:规划人口在 200 万以上的大城市和长度超过 30km 的带形城市应设置快速路。C 选项错误。均查证,ABD 选项均来自相关科研设计论文,不展开解说。

注:本规范已被 GB/T 51328—2018《城市综合交通体系规划标准》所替代。

71. B

【解析】 《关于加强建设用地容积率管理和监督检查的通知》(建筑[2008]227号)虽是两部委联合发文,但文号为住建部文号,仍属于部门规章。故选 B。

72. D

【解析】 《城乡规划法》规定:因依法修改城乡规划给当事人的合法权益造成损失的,应当依法给予赔偿。故选 D。

73. D

【解析】 监察、审计机关对行政机关的监督,属于行政自我监督。故选 D。

74. D

【解析】 行政法律责任:教育与惩罚相结合、责任法定原则、责任自负、主客观一致。故选 D。

75. C

【解析】 C选项不属于违法建设。故选C。

76. C

【解析】 《行政处罚法》第四十二条：举行听证时,调查人员提出当事人违法的事实、证据和行政处罚建议;当事人进行申辩和质证。故选C。

77. C

【解析】 《城乡规划法》第六十八条：城乡规划主管部门作出责令停止建设或者限期拆除的决定后,当事人不停止建设或者逾期不拆除的,建设工程所在地县级以上地方人民政府可以责成有关部门采取查封施工现场、强制拆除等措施。故选C。

78. B

【解析】 《行政复议法》第二条：公民、法人或者其他组织认为具体行政行为侵犯其合法权益,向行政机关提出行政复议申请,行政机关受理行政复议申请、作出行政复议决定,适用本法。故选B。

79. A

【解析】 《行政诉讼法》第二十五条：公民、法人或者其他组织直接向人民法院提起诉讼的,作出具体行政行为的行政机关是被告。故选A。

80. D

【解析】 《行政处罚法》第二十三条：行政机关实施行政处罚时,应当责令当事人改正或者限期改正违法行为。故选D。

二、多项选择题(共20题,每题1分。每题的备选项中,有2~4个选项符合题意。多选、少选、错选都不得分)

81. BCE

【解析】 建设项目报建申请受理则行政法律关系产生,A选项正确;城乡规划主管部门审定报建总图属于行政法律关系的进行,B选项错误;建设项目在地震中消失,属于客体的消灭,属于行政法律关系的消灭,C选项错误;竣工验收资料报送后权利和义务使用完毕,属于行政法律关系的消灭,D选项正确;已经报建项目的依法转让属于行政法律的变更,E选项错误。故选BCE。

82. CDE

【解析】 行政行为生效规则:即时生效、受领生效、告知生效、附条件生效。故选CDE。

83. ABCE

【解析】 《立法法》第七十三条:省、自治区、直辖市和较大的市的人民政府,可以根据法律、行政法规和本省、自治区、直辖市的地方性法规,制定规章。较大的市指:(1)省、自治区的人民政府所在地;(2)经济特区所在的市;(3)经国务院批准的其他城市。故选ABCE。

84．AB

【解析】 行政法治原则具体可分解为：行政合法性原则和行政合理性原则。故选 AB。

85．ACDE

【解析】 GB 50180—1993《城市居住区规划设计规范》5.0.2 条：住宅间距,应以满足日照要求为基础,综合考虑采光、通风、消防、防灾、管线埋设、视觉卫生等要求确定。故选 ACDE。

86．BCDE

【解析】《城乡规划法》第十六条：规划的组织编制机关报送审批省域城镇体系规划、城市总体规划或者镇总体规划,应当将本级人民代表大会常务委员会组成人员或者镇人民代表大会代表的审议意见和根据审议意见修改规划的情况一并报送。

《城乡规划法》第二十六条：组织编制机关应当充分考虑专家和公众的意见,并在报送审批的材料中附具意见采纳情况及理由。而城市总体规划需要对规划单位的界定,是上报中必须包含的。

题目问的是需要一并报送的,明显指的是规划内容以外的,而 A 选项是规划本身的内容。故选 BCDE。

87．BCD

【解析】《城乡规划法》第四十六条：省域城镇体系规划、城市总体规划、镇总体规划的组织编制机关,应当组织有关部门和专家定期对规划实施情况进行评估,并采取论证会、听证会或者其他方式征求公众意见。故选 BCD。

88．BCE

【解析】 依据 GB/T 50805—2012《城市防洪工程设计规范》可知,洪水类型有河(江)洪、海潮、山洪、泥石流。故选 BCE。

89．ACD

【解析】 对外交通用地包括货物堆场用地；仓储、工业等用地也包括了堆放物资和原材料所需的"堆场"用地。故选 ACD。

90．AC

【解析】《城乡规划法》第三十四条：城市、县、镇人民政府应当根据城市总体规划、镇总体规划、土地利用总体规划和年度计划以及国民经济和社会发展规划,制定近期建设规划,报总体规划审批机关备案。故选 AC。

91．BC

【解析】 GB 50289—1998《城市工程管线综合规划规范》2.2.1 条：严寒或寒冷地区给水、排水、燃气等工程管线应根据土壤冰冻深度确定管线覆土深度；热力、电信、电力电缆等工程管线以及严寒或寒冷地区以外的地区的工程管线应根据土壤性质和地面承受荷载的大小确定管线的覆土深度。故选 BC。

92. BCDE

【解析】 《城乡规划法》第十八条：乡规划、村庄规划的内容应当包括：规划区范围,住宅、道路、供水、排水、供电、垃圾收集、畜禽养殖场所等农村生产、生活服务设施、公益事业等各项建设的用地布局、建设要求,以及对耕地等自然资源和历史文化遗产保护、防灾减灾等的具体安排。乡规划还应当包括本行政区域内的村庄发展布局。故选 BCDE。

93. AD

【解析】 《城乡规划法》第三十六条：按照国家规定需要有关部门批准或者核准的建设项目,以划拨方式提供国有土地使用权的项目,建设单位在报送有关部门批准或者核准前,应当向城乡规划主管部门申请核发选址意见书。前款规定以外的建设项目不需要申请选址意见书。因此 AD 选项符合题意。

94. BCDE

【解析】 《行政许可法》第十八条：设定行政许可,应当规定行政许可的实施机关、条件、程序、期限。故选 BCDE。

95. BDE

【解析】 《城市抗震防灾规划管理规定》第八条：城市抗震防灾规划编制应当达到下列基本目标：

（一）当遭受多遇地震时,城市一般功能正常；

（二）当遭受相当于抗震设防烈度的地震时,城市一般功能及生命线系统基本正常,重要工矿企业能正常或者很快恢复生产；

（三）当遭受罕遇地震时,城市功能不瘫痪,要害系统和生命线工程不遭受严重破坏,不发生严重的次生灾害。

由以上规定可知,B、D、E 选项符合题意。

96. BD

【解析】 《城乡规划法》第四十条：申请办理建设工程规划许可证,应当提交使用土地的有关证明文件、建设工程设计方案等材料。需要建设单位编制修建性详细规划的建设项目,还应当提交修建性详细规划。故选 BD。

97. ABCE

【解析】 《城市地下空间开发利用管理规定》第二条：本规定所称的城市地下空间,是指城市规划区内地表以下的空间。第五条：城市地下空间规划是城市规划的重要组成部分。第九条：城市地下空间规划需要变更的,须经原批准机关审批。第十条：城市地下空间的工程建设必须符合城市地下空间规划,服从规划管理。第十一条：附着地面建筑进行地下工程建设,应随地面建筑一并向城市规划行政主管部门申请办理选址意见书、建设用地规划许可证、建设工程规划许可证。故选 ABCE。

98. ABCD

【解析】 E 选项管线所属单位间的矛盾无法通过管线综合解决。故选 ABCD。

99. CE

【解析】《行政许可法》第五条：设定和实施行政许可,应当遵循公开、公平、公正的原则。第六条：实施行政许可,应当遵循便民的原则,提高办事效率,提供优质服务。故选 CE。

100. ABDE

【解析】 行政处罚属于消极行政行为,行政机关可以单方作出的对外部的具体行政行为,不需要获得对方的同意。不属于依申请的行政行为。故选 ABDE。

2017 年度全国注册城乡规划师职业资格考试真题与解析

城乡规划管理与法规

真 题

一、单项选择题(共80题,每题1分。每题的备选项中,只有1个最符合题意)

1. 党的十八大报告强调,必须把( )放在突出位置,融入经济建设、政治建设、文化建设、社会建设各方面和全过程,全面落实"五位一体"总体布局。
   A. 全面深化改革   B. 促进社会和谐
   C. 城乡统筹发展   D. 生态文明建设

2. 构成行政法律关系要素的是( )
   A. 行政法律关系主体和客体
   B. 行政法律关系内容
   C. 行政法律关系的形式
   D. 行政法律关系产生、变更和消失的原因

3. 当同一机关按照相同程序就同一领域问题制定了两个以上的法律规范时,在实施的过程中,其等级效力是( )
   A. 同具法律效力   B. 指导性规定优先
   C. 后法优于前法   D. 特殊优于一般

4. "凡属宪法、法律规定只能由法律规定的事项,必须在法律明确授权的情况下,行政机关才有权在其制定的行政规范中作出规定",在行政法学中属于( )
   A. 法律优位   B. 行政合理性   C. 行政应急性   D. 法律保留

5. 在下列的连线中,不符合法律规范组成要素的是( )
   A. 制定和实施城乡规划应当遵循先规划后建设的原则——制定
   B. 县级以上地方人民政府城乡规划主管部门负责本行政区域内的城乡规划管理工作——处理
   C. 规划条件未纳入国有土地使用权出让合同的,该国有土地使用权出让合同无效——制裁
   D. 城乡规划组织编制机关委托不具有相应资质等级的单位编制城乡规划的,由上级人民政府责令改正,通报批评——制裁

6. 以行政法调整对象的范围来分类,《城乡规划法》属于( )
   A. 一般行政法   B. 特别行政法
   C. 行政行为法   D. 行政程序法

7. 根据行政立法程序,住房和城乡建设部颁布的法律规范性文件,从效力等级区分,属于( )
   A. 行政法规   B. 单行条例   C. 部门规章   D. 地方政府规章

8. 行政合理性原则是行政法制原则的重要组成部分,下列不属于行政合理性原则的是(   )

    A. 平等对待   B. 比例原则   C. 特事特办   D. 没有偏私

9. 公共行政的核心原则是(   )

    A. 廉洁政府   B. 越权无效   C. 综合调控   D. 公民第一

10. 下列有关公共行政的叙述中,不正确的是(   )

    A. 立法机关的管理活动不属于公共行政

    B. 公共行政客体既包括企业和事业单位,也包括个人

    C. 公共行政是指政府处理公共事务的管理活动

    D. 行政是一种组织的职能

11. 划分抽象行政行为和具体行政行为的标准是(   )

    A. 行政行为的主体不同   B. 行政行为的客体不同

    C. 行政行为的方式和作用不同   D. 行政行为的结果不同

12. 下列行政行为中,不属于具体行政行为的是(   )

    A. 制定城乡规划   B. 核发规划许可证

    C. 对违法建设作出处罚决定   D. 对违法行政人员进行处分

13. 根据《城乡规划法》,下列规划体系中,不正确的是(   )

    A. 城镇体系规划——全国城镇体系规划、省域城镇体系规划、市域城镇体系规划、县域城镇体系规划、镇域城镇体系规划

    B. 城市规划——城市总体规划、城市详细规划(控制性详细规划、修建性详细规划)

    C. 镇规划——镇总体规划、镇详细规划(控制性详细规划、修建性详细规划)

    D. 乡村规划——乡规划(包括本行政区域内的村庄发展布局)、村庄规划

14. 下列规划的审批中,不属于国务院审批的是(   )

    A. 全国城镇体系规划

    B. 省、自治区人民政府所在地城市的总体规划

    C. 省级风景名胜区的总体规划

    D. 直辖市城市总体规划

15. 根据《城乡规划法》及部门规章,下列不属于城市总体规划强制性内容的是(   )

    A. 城市人口规模   B. 城市防护绿地

    C. 城市湿地   D. 历史建筑的风貌协调区

16. 城市总体规划、镇总体规划的强制性内容不包括(   )

    A. 规划区范围   B. 基础设施和公共服务设施用地

    C. 城市性质   D. 基本农田

17. 根据《城市、镇控制性详细规划编制审批办法》,控制性详细规划应当自批准之日起( )个工作日内,通过政府信息网站以及当地主要新闻媒体等方式公布。

    A. 15   B. 20   C. 30   D. 45

18. 下列对城市规划绿线、黄线、蓝线、紫线划定的叙述中,不正确的是( )

    A. 城市绿线在编制城镇体系规划时划定

    B. 城市黄线在制定城市总体规划和详细规划时划定

    C. 城市蓝线在编制城市规划时划定

    D. 城市紫线在编制城市规划时划定

19. 某市总体规划图标示的风玫瑰图上叠加绘制了虚线玫瑰,按照《城市规划制图标准》规定,虚线玫瑰是( )

    A. 污染系数玫瑰   B. 污染频率玫瑰

    C. 冬季风玫瑰   D. 夏季风玫瑰

20. 下列规划行政行为与行政行为生效规则相符合的是( )

	规划行政行为	行政行为生效规则
A.	城市人大常委会批准《城市规划条例》	附条件生效
B.	上级政府批准城市总体规划	及时生效
C.	规划部门核发建设工程规划许可证	告知生效
D.	规划部门对违法建设作出行政处罚	告知生效

21. 根据《近期建设规划工作暂行办法》,近期建设规划的强制性内容不包括( )

    A. 城市近期发展规模

    B. 城市近期建设重点

    C. 对历史文化名城的保护措施

    D. 对城市河流水系、城市绿化、城市广场的治理和建设意见

22. 根据有关法律法规的规定,下列说法不正确的是( )

    A. 城市总体规划实施情况评估工作,原则上应当每两年进行一次

    B. 风景名胜区应自设立之日起2年内编制完成总体规划

    C. 历史文化名城保护规划应在批准公布之日起2年内编制完成

    D. 风景名胜区总体规划到期届满前2年,应组织专家进行评估,作出是否重新编制规划的决定

23. 在修改控制性详细规划时,组织编制机关应对修改的必要性进行论证( ),并向原审批机关提出专题报告,经原审批机关同意后,方可编制修改方案。

    A. 对规划实施情况进行评估

    B. 采取论证会或者其他方式征求公众意见

    C. 征求规划地段内利害关系人的意见

    D. 征求本级人民代表大会的意见

24. 行政许可的原则不包括( )

    A. 合法原则　　　　　　　　　B. 公开、公平、公正原则

    C. 效率原则　　　　　　　　　D. 便民原则

25. 下列属于城乡规划行政许可的是( )

    A. 审批城乡规划编制单位的资质　　B. 审批房地产开发企业的资质

    C. 建设工程竣工后的规划文件核实　D. 规定出让地块的规划条件

26. 城乡规划主管部门依法核发建设用地规划许可证、建设工程规划许可证、乡村建设规划许可证属于( )的行政行为。

    A. 依职权　　　　B. 依申请　　　　C. 不作为　　　　D. 作为

27. 根据《行政许可法》,下列叙述不正确的是( )

    A. 行政法规可以在法律设定的行政许可事项范围内,对实施该行政许可作出具体规定

    B. 设定行政许可,应当规定行政许可的对象

    C. 地方性法规可以在法律、行政法规的行政许可事项范围内,对实施该行政许可作出具体规定

    D. 规章可以在上位法设定的行政许可事项范围内,对实施该行政许可作出具体规定

28. 根据《城乡规划法》,在城市总体规划、镇总体规划确定的( )范围内之外,不得设立各类开发区和城市新区。

    A. 规划区　　　　B. 建设用地　　　　C. 生态红线　　　　D. 开发边界

29. 对城市发展全局有影响的,城市规划中确定的,必须控制的城市基础设施用地的控制连接线,应当依据住房和城乡建设部发布的( )来划定。

    A.《城市蓝线管理办法》　　　　　B.《城市紫线管理办法》

    C.《城市黄线管理办法》　　　　　D.《城市绿线管理办法》

30. 根据《城市总体规划实施评估办法》,城市总体规划实施评估工作的组织机关是( )

    A. 城市规划委员会　　　　　　　B. 本级人民代表大会

    C. 城市人民政府　　　　　　　　D. 城市人民政府城乡规划主管部门

31. 下列不属于控制性详细规划编制基本内容的是( )

    A. 土地利用性质　　　　　　　　B. 容积率

    C. 黄线、绿线、紫线、蓝线及控制要求　D. 划定限建区

32. 经依法审定的修建性详细规划、建设工程设计方案总平面图确需修改的,应当采取听证会等形式,听取( )的意见。

    A. 城乡规划主管部门　　　　　　B. 社会群众代表

    C. 直接和相关责任人　　　　　　D. 利害关系人

33. 根据《城乡规划法》,不属于核发建设项目选址意见书具体行政行为主体的

是（　　）

  A. 国务院城乡规划主管部门　　　　B. 省级城乡规划主管部门

  C. 市城乡规划主管部门　　　　　　D. 县级城乡规划主管部门

34. 根据《土地管理法》，下列土地分类正确的是（　　）

  A. 农用地、城乡用地和开发用地

  B. 农用地、城乡用地和工矿用地

  C. 农用地、建设用地和未利用地

  D. 农用地、一般建设用地和军事用地

35. "建设用地的使用权可以在土地的地表、地上或者地下分别设立"是由（　　）规定的。

  A.《土地管理法》　　　　　　　　B.《物权法》

  C.《城乡规划法》　　　　　　　　D.《人民防空法》

36. 某乡镇企业向该县人民政府城乡规划主管部门提出建设申请，经审核后核发了乡村建设规划许可证，结果被认定为程序违法，其正确的程序应当是（　　）

  A. 乡镇企业应当向县人民政府城乡规划主管部门提出建设申请，经审核后由乡镇人民政府核发乡村建设规划许可证

  B. 乡镇企业应当向乡镇人民政府提出建设申请，由乡镇人民政府报县人民政府城乡规划主管部门核发乡村建设规划许可证

  C. 乡镇企业应当向乡镇人民政府提出建设申请，经过村民会议或者村民代表会议讨论同意后，由乡镇人民政府核发乡村建设规划许可证

  D. 乡镇企业应当向县人民政府城乡规划主管部门提出建设申请，报县人民政府审查批准并核发乡村建设规划许可证

37. 根据《物权法》，业主的住宅改变为经营性用房的，除遵守法律、法规以及管理规定外，应当经（　　）同意。

  A. 有利害关系的业主　　　　　　B. 业主大会

  C. 业主委员会　　　　　　　　　D. 过半数业主

38. 根据《城市房地产管理法》，以划拨方式取得土地使用权的，除法律、行政法规另有规定外，使用期限为（　　）

  A. 70 年　　　　　B. 50 年　　　　　C. 40 年　　　　　D. 没有期限

39. 根据《城乡规划法》，以划拨方式取得土地使用权的建设项目，建设单位在办理（　　）后，方可向县级以上地方人民政府土地主管部门申请用地。

  A. 选址意见书　　　　　　　　　B. 建设用地规划许可证

  C. 建设工程规划许可证　　　　　D. 规划条件

40. 某开发商以出让方式获取某地块的建设用地使用权，由于（　　），根据《城市房地产管理法》，受到无偿收回建设用地使用权的处罚。

  A. 未确定建设用地规划许可证

    B. 擅自改变土地的用途

    C. 超过土地使用权出让合同约定的动工开发期限,满2年未动工开发

    D. 未取得建设工程规划许可证开工建设

41. 根据《城乡规划法》,以出让方式提供国有土地使用权的建设项目,需要向城乡规划主管部门办理手续,下列规划管理程序中,不正确的是(　　)

    A. 地块出让前——①依据控制性详细规划提供条件;②核发项目选址意见书

    B. 用地申请——①提交建设项目批准、核准、备案文件;②提交土地出让合同;③提供建设单位用地申请表

    C. 用地审核——①现场踏勘和征询意见;②核验规划条件;③审定建设工程总平面图;④审定建设用地范围

    D. 行政许可——①领导签字批准;②核发建设用地规划许可证

42. 根据《城市用地分类与规划建设用地标准》,用地包括(　　)两部分。

    A. 建设用地分类和非建设用地分类

    B. 城乡用地分类和城市用地分类

    C. 城市建设用地分类和乡村建设用地分类

    D. 现状建设用地分类和规划建设用地分类

43. 根据《城市用地分类与规划建设用地标准》,人均居住用地是指城市内的居住用地面积除以(　　)内的常住人口。

    A. 城市规划区范围   B. 城市建成区范围

    C. 城乡居民点建设用地   D. 城市建设用地

44. 根据《历史文化名城名镇名村保护条例》,对历史文化名城、名镇、名村的保护应当(　　)

    A. 整体保护   B. 重点保护   C. 分类保护   D. 异地保护

45. 根据《城乡规划法》,没有授权(　　)核发建设工程规划许可证。

    A. 省、自治区人民政府城乡规划主管部门

    B. 城市人民政府城乡规划主管部门

    C. 县人民政府城乡规划主管部门

    D. 省、自治区、直辖市人民政府确定的镇人民政府

46. 根据《城乡规划法》,城市的建设和发展,应当优先安排(　　)

    A. 居民住宅的建设和统筹安排进城务工人员的生活

    B. 基础设施以及公共服务设施的建设

    C. 社区绿化设施的建设

    D. 地下空间开发和利用设施的建设

47. 根据《物权法》,使用权期间届满,自动续期的建设用地是(　　)

    A. 餐饮用地   B. 一类工业用地

C. 社会停车场用地   D. 住宅用地

48. 根据《城乡规划法》,城乡规划主管部门不得在城乡规划确定的( )以外作出规划许可。

    A. 行政   B. 规划区

    C. 建设用地范围   D. 建成区

49. 根据《城市居住区规划设计规范》,下列叙述中不正确的是( )

    A. 老年人居住建筑设置与否视具体情况而定

    B. 老年人居住建筑的日照标准不应低于冬至日日照 2 小时的标准

    C. 老年人居住建筑宜靠近相关服务设施

    D. 老年人居住建筑宜靠近公共绿地

50. 根据《城市工程管线综合规划规范》,下列有关城市工程管线地下敷设的叙述中,不正确的是( )

    A. 在严寒地区应根据土壤冰冻深度确定给排水管线覆土深度

    B. 应根据土壤性质和地面承受荷载的大小确定热力管线的覆土深度

    C. 当工程管线交叉敷设时,供水管线宜让雨水排水管线

    D. 各种管线不应在垂直方向上重叠直埋敷设

51. 根据《城市电力规划规范》,在大、中城市的繁华商务区规划新建的变电所,宜采用( )结构。

    A. 全户外式   B. 箱体式

    C. 附属式   D. 小型户内式

52. 根据《水法》,开发利用水资源,应当首先满足城乡居民用水,统筹兼顾农业、工业用水和( )需要。

    A. 绿化景观   B. 城乡建设施工

    C. 城市环境卫生公共设施   D. 航运

53. 根据《城市工程管线综合规划规范》,下列关于综合管沟内敷设的叙述中,不正确的是( )

    A. 相互无干扰的工程管线可以设置在管沟的同一小室

    B. 相互有干扰的工程管线应敷设在管沟的不同小室

    C. 电信电缆管线与高压输电电缆管线必须分开设置

    D. 综合管沟内不宜敷设热力管线

54. 根据《物权法》,下列关于建设用地使用权的叙述中,不正确的是( )

    A. 建设用地使用权应向登记机构登记设立

    B. 新设立的建设用地使用权,不得损害已设立的用益物权

    C. 设立建设用地使用权,可以采取出让或者划拨等方式

    D. 建设用地使用权人无权将建设用地使用权转让、互换、出资、赠予或者抵押,但法律另有规定的除外

55. 根据《城乡规划法》,应当制定乡规划、村庄规划的区域,由(   )确定。

    A. 省人民政府城乡规划主管部门

    B. 市人民政府城乡规划主管部门

    C. 县级以上地方人民政府

    D. 乡镇人民政府

56. 根据《城乡规划法》,在乡、村庄规划区内使用原有宅基地进行农村村民住宅建设的规划管理办法,由(   )制定。

    A. 省、自治区、直辖市

    B. 省、自治区、直辖市人民政府城乡规划主管部门

    C. 城市、县人民政府

    D. 乡镇人民政府

57. 根据《城乡规划法》,临时用地的规划管理的具体办法,由(   )制定。

    A. 国务院城乡规划主管部门

    B. 省、自治区、直辖市人民政府

    C. 城市、县人民政府城乡规划主管部门

    D. 乡镇人民政府

58. 下列城乡规划技术标准规范中,属于通用标准的是(   )

    A.《城市居住区规划设计规范》

    B.《城市用地分类与规划建设用地标准》

    C.《城市道路交通规划设计规范》

    D.《历史文化名城保护规划规范》

59. 《城市用地竖向规划规范》对城市主要建设用地适宜规划坡度做了规定,其中最大坡度可达 25% 的建设用地是(   )

    A. 工业用地   B. 铁路用地

    C. 居住用地   D. 公共设施用地

60. 城市公共厕所的设置应符合《城市环境卫生设施规划规范》的要求,下列叙述中不符合规定的是(   )

    A. 在满足环境及景观要求条件下,城市绿地内可以设置公共厕所

    B. 一般公共设施用地公厕的配建密度高于居住用地

    C. 公共厕所宜与其他环境卫生设施合建

    D. 小城市公共厕所的设置宜采用公共厕所设置标准的下限

61. 根据《城市抗震防灾规划管理规定》,下列叙述中正确的是(   )

    A. 在抗震防灾区的城市,抗震防灾规划的范围应当与中心城区一致

    B. 规定所称抗震设防区,是指地震基本烈度 6 度及 6 度以上地区

    C. 规定所称地震设防区,是指地震地质条件复杂的地区

    D. 规定所称抗震设防区,是指地震活动峰值加速度大于等于 $0.1g$ 的地区

62. 《城市地下空间开发利用管理规定》所称的地下空间,是指城市(　　)内地表以下的空间。

    A. 规划区　　　　　　　　　　B. 建设用地范围

    C. 建成区　　　　　　　　　　D. 适建区

63. 下列哪一组城市全部为国家历史文化名城(　　)

    A. 上海、北海、临海、海南、威海　　B. 南京、南阳、南通、南昌、济南

    C. 金华、银川、铜陵、铁岭、无锡　　D. 绍兴、嘉兴、宜兴、泰兴、兴城

64. 根据《文物保护法》,下列叙述中正确的是(　　)

    A. 迁移或者拆除省级以上文物保护单位的,批准前需取得国务院文物主管部门的同意

    B. 全国重点文物保护单位一律不得迁移

    C. 不可移动文物已经全部毁坏的,一律不得在原址重建

    D. 历史文化名城和历史文化街区、村镇的保护办法,由国家文物局制定

65. 根据《历史文化名城保护规划规范》,历史文化街区内文物古迹和历史建筑的用地面积宜达到保护区内总建筑用地的(　　)以上。

    A. 25%　　　　　B. 35%　　　　　C. 50%　　　　　D. 60%

66. 根据《历史文化名城保护规划规范》,在"建设控制地带"以外的环境协调区,其主要保护的是(　　)

    A. 建筑物的性质　　　　　　　　B. 建筑物的高度

    C. 原有道路格局　　　　　　　　D. 自然地形地貌

67. 当城市干道红线超过 30m 时宜在城市干道布置的管线是(　　)

    A. 排水管线　　　　　　　　　　B. 给水管线

    C. 电力管线　　　　　　　　　　D. 热力管线

68. 根据《文物保护法》,对不可移动文物的修缮、保养、迁移,必须遵守(　　)

    A. 完好如初的原则

    B. 使用原材料、原工艺、原风格保护的原则

    C. 保护文物本体及周边环境的原则

    D. 不改变文物原状的原则

69. 根据《自然保护区条例》,自然保护区的范围不包括(　　)

    A. 有大量历史文物古迹的林区

    B. 珍稀濒危野生动植物物种的天然集中分布区域

    C. 典型的自然地理区域

    D. 具有特殊保护价值的海域、岛屿

70. 根据《自然保护区条例》,进入国家级自然保护区核心区域,必须经(　　)有关自然保护区行政主管部门批准。

    A. 国务院　　　B. 省政府　　　C. 市政府　　　D. 县政府

71. 城乡规划行政监督检查是城乡规划主管部门的(   ),不需要征得行政相对方的同意。

    A. 行政司法行为   B. 强制行政行为

    C. 依申请的行政行为   D. 多方行政行为

72. 根据《城乡规划法》,下列关于规划条件的叙述中,不正确的是(   )

    A. 未规定规划条件的地块,不得出让国有土地使用权

    B. 建设单位应当按照规划条件进行建设

    C. 建设单位应当及时将依法变更后的规划条件报有关人民政府土地主管部门备案

    D. 城市、县人民政府城乡规划主管部门应当及时将依法变更后的规划条件通报上级土地主管部门

73. 根据《保守国家秘密法》,以下不属于国家秘密密级的是(   )

    A. 绝密事项   B. 机密事项

    C. 保密事项   D. 秘密事项

74. 下列连线中,行政行为的听证程序与听证分类不正确的是(   )

    A. 直辖市《城乡规划条例》送审之前——立法听证

    B. 相对人对行政处罚的申请听证——抽象行政行为听证

    C. 对规划实施情况的评估——决策听证

    D. 确需修改已经审定的总平面图——具体行政行为听证

75. 行政诉讼审理的核心是审查具体行政行为的(   )

    A. 合法性   B. 合理性   C. 适当性   D. 统一性

76. 编制城市规划,属于(   )行政行为。

    A. 具体   B. 抽象   C. 依申请   D. 羁束

77. 根据《行政处罚法》,违法行为构成犯罪的,应当依法追究刑事责任,不得以(   )代替刑事处罚。

    A. 行政拘留   B. 行政诉讼   C. 行政处罚   D. 刑事诉讼

78. 根据《行政处罚法》,下列不属于行政处罚的是(   )

    A. 警告   B. 罚款

    C. 羁束   D. 没收违法所得

79. 根据《城乡规划法》,城乡规划主管部门对违法建设作出限期拆除的决定时,当事人拒不拆除的,建设工程所在地县级以上地方人民政府可以(   )

    A. 没收实物

    B. 没收违法所得

    C. 申请法院强制拆除

    D. 责成有关部门采取查封施工现场、强制拆除等措施

80. 根据《城乡规划违法违纪行为处分办法》,对行政机关有违法违纪行为的有

关责任人员,由( )按照管理权限依法给予处分。

  A. 城市政府或者检察机关   B. 人民法院或者监察机关

  C. 任免机关或者检察机关   D. 任免机关或者监察机关

二、多项选择题（共20题,每题1分。每题的备选项中,有2~4个选项符合题意。多选、少选、错选都不得分）

81. 在我国,行政权力主要包括( )

  A. 立法参与权   B. 法律解释权   C. 委托立法权

  D. 司法行政权   E. 行政管理权

82. 城乡规划具有重要的公共政策属性,这是因为其( )

  A. 对城市建设和发展具有导向功能

  B. 对城市建设中的各种社会利益具有调控功能

  C. 对城市空间资源具有分配功能

  D. 体现了城市政府的政治职能

  E. 体现了政府对管理城市社会公共事务中所发挥的作用

83. 根据《城乡规划法》,审批机关批准( )前,应当组织专家和有关部门进行审查。

  A. 省域城镇体系规划   B. 城市总体规划

  C. 近期建设规划   D. 镇总体规划

  E. 乡规划、村庄规划

84. 根据《城乡规划法》,省域城镇体系规划的内容应当包括( )

  A. 城镇空间布局和规模控制

  B. 重大基础设施的布局

  C. 公共服务设施用地布局

  D. 为保护生态环境、资源等必须严格控制的区域

  E. 各类专项规划

85. 规划部门组织编制控制性详细规划的行为,按行政行为分类属于( )

  A. 抽象行政行为   B. 具体行政行为

  C. 内部行政行为   D. 外部行政行为

  E. 依职权的行政行为

86. "建设单位在取得建设工程规划许可证后,必须按照许可证的要求进行建设"的规定,应当属于行政行为效力的( )

  A. 确定力   B. 拘束力   C. 执行力

  D. 公定力   E. 强制力

87. 根据《行政许可法》,下列行为中可以不设定规划行政许可的是( )

  A. 老旧居住小区需要改造的

B. 居住区建成后户主签订房屋租赁合同的

C. 按照实际需求增加日供水量的

D. 业主委员会能够自行协商决定的

E. 行政机关采用事后监督能解决的

88. 根据《城乡规划法》,制定和实施城乡规划,应当遵循的原则是（　　）

A. 城乡统筹　　　　　　　　　　B. 合理布局

C. 先地下后地上　　　　　　　　D. 先规划后建设

E. 节约土地和集约发展

89. 下表中不符合《城市用地分类与规划建设用地标准》规定的是（　　）

	用 地 名 称	城市用地分类
A.	机场净空范围用地	机场用地
B.	公安机关用地	安保用地
C.	铁路客货运站用地	区域交通设施用地
D.	管道运输用地	区域交通设施用地
E.	水库	非建设用地

90. 在城市规划中,城市布局是指城市土地利用结构的空间组织及形式和形态,下列属于城市布局的是（　　）

A. 城市辖区划分　　　　　　　　B. 城市功能划分

C. 居住用地和自然环境的关系　　D. 交通枢纽规划与城市路网

E. 城市社区划分

91. 建设工程总平面设计包括（　　）

A. 场地四周测量坐标　　　　　　B. 拆废旧建筑的范围

C. 主要建筑物的坐标　　　　　　D. 规划地块人口规模

E. 指北针和比例尺

92. 根据《城镇老年人设施规划规范》,下列配建属于老年人设施的是（　　）

A. 老年公寓　　　　　　　　　　B. 养老院

C. 老年大学　　　　　　　　　　D. 老年活动中心

E. 老年服务中心

93. 城镇污水处理厂位置的选址宜符合一定的条件,下列要求中不正确是（　　）

A. 在城市水源的下游并符合对水系的防护要求

B. 在城市冬季最小频率风向的上风向

C. 应有方便的交通、运输和水电条件

D. 与城市工业区保持一定的卫生防护距离

E. 靠近污水、污泥的排放和利用地段

94. 依据《城市地下空间开发利用管理规定》,下列叙述中不正确的是(   )

    A. 城市地下空间是指市域范围内地表以下的空间

    B. 国务院建设行政主管部门和全国人防办负责全国城市地下空间的开发利用管理工作

    C. 城市地下空间规划是城市规划的重要组成部分

    D. 城市地下空间建设规划报上一级人民政府审批

    E. 编制城市地下空间开发利用规划,包括总体规划和建设规划两个阶段

95. 根据《城市抗震防灾规划管理规定》,作为编制详细规划的依据,下列属于城市总体规划强制性内容的是(   )

    A. 城市抗震防灾现状   B. 城市抗震能力评价

    C. 城市抗震设防标准   D. 建设用地评价与要求

    E. 抗震防灾措施

96. 下列属于《行政法》中救济制度范围的是(   )

    A. 行政复议   B. 行政管理   C. 行政赔偿

    D. 行政检查   E. 行政处分

97. 县级以上人民政府及其城乡规划主管部门应当依法对城乡规划监督检查,包括城乡规划的(   )

    A. 编制   B. 公布   C. 审批

    D. 实施   E. 修改

98. 根据《物权法》,物权受到侵害的,权利人可以通过(   )等途径解决。

    A. 和解   B. 变更   C. 调解

    D. 仲裁   E. 诉讼

99. 城乡规划主管部门违反《城乡规划法》规定作出许可的,上级人民政府城乡规划主管部门有权(   )

    A. 责令撤销该行政许可   B. 责令没收违法收入

    C. 责令当事人停止建设   D. 责令当事人限期改正

    E. 直接撤销该行政许可

100. 建设项目选址规划管理的主要管理内容包括(   )

    A. 建设项目基本情况

    B. 建设项目与城乡协调

    C. 考虑项目是指公用设施配套和交通运输条件

    D. 核定建设用地使用权审批手续

    E. 核定建设用地范围

真 题 解 析

一、单项选择题（共 80 题，每题 1 分。每题的备选项中，只有 1 个最符合题意）

1. D

【解析】 "五位一体"是党的十八大报告的"新提法"之一。经济建设、政治建设、文化建设、社会建设、生态文明建设——着眼于全面建成小康社会、实现社会主义现代化和中华民族伟大复兴。故选 D。

2. A

【解析】 行政法律关系要素包括行政法律关系主体和行政法律关系客体。故选 A。

3. C

【解析】 当同一制定机关按照相同程序就同一领域问题制定了两个以上法律规范时，后来法律规范的效力高于先前制定的法律规范即"后法优于前法"。故选 C。

4. D

【解析】 法律保留原则：凡属宪法、法律规定只能由法律规定的事项，必须在法律明确授权的情况下，行政机关才有权在其所制定的行政规范中作出规定。故选 D。

5. A

【解析】 A 属于处理，属于要遵守的处理中的义务关系。故选 A。

6. B

【解析】 以行政法调整对象的范围为标准，行政法可分为一般行政法与部门行政法。一般行政法是对一般的行政关系和监督行政关系加以调整的法律规范的总称，如行政法基本原则、行政组织法、国家公务员法、行政行为法、行政程序法、行政监督法、行政救济法等。一般行政法调整的行政关系和监督行政关系范围广，覆盖面大，具有更多的共性，为所有行政主体所必须遵守。部门行政法是对部门行政关系加以调整的法律规范的总称，如经济行政法、军事行政法、教育行政法、公安行政法、民政行政法、卫生行政法等。在行政法学上，人们通常在行政法总论中研究一般行政法，而在行政法分论中研究部门行政法。所以，特别行政法的提法是相对一般行政法而言的。故选 B。

7. C

【解析】 部门规章：是指国务院各部门根据法律、行政法规等在本部门权限范围内制定的规范性法律文件。故选 C。

8. C

【解析】 行政行为合理性原则包括：平等对待、比例原则、没有偏私、正常判断。

故选 C。

9. D

【解析】 依法治国的核心：依法行政；依法行政的核心：依法执法；行政程序法的核心原则：参与原则；行政程序法的核心制度：听证制度；行政体制的核心部分：行政权力结构；公共行政的核心原则：公民第一。故选 D。

10. B

【解析】 公共行政的对象又称公共行政客体,即公共行政主体所管理的公共事务。公共事务包括：国家事务、共同事务、地方事务和公民事务。故选 B。

11. A

【解析】 根据行政主体是否特定划分具体行政行为和抽象行政行为。故选 A。

12. A

【解析】 制定城乡规划无特定的对象,具有抽象行政行为的普遍适用和后及力,属于抽象行政行为。故选 A。

13. A

【解析】 依据《城乡规划法》,城镇体系规划只有全国城镇体系规划和省域城镇体系规划。故选 A。

14. C

【解析】 省级风景名胜区的总体规划由省、自治区、直辖市人民政府审批。国家级的风景名胜区报国务院审批。故选 C。

15. A

【解析】 城市人口和规模是预测数据,无法作为强制性内容。故选 A。

16. C

【解析】 城市性质是城市主要的职能,是宏观研究和限定,不是强制性内容。故选 C。

17. B

【解析】 《城市、镇控制性详细规划编制审批办法》第十七条：控制性详细规划应当自批准之日起 20 个工作日内,通过政府信息网站以及当地主要新闻媒体等便于公众知晓的方式公布。故选 B。

18. A

【解析】 城镇体系规划是宏观规划,划定城市四线,应该在城市总体中心城区规划、详细规划等划定。故选 A。

19. A

【解析】 风玫瑰图中应以细实线绘制风频玫瑰图,以细虚线绘制污染系数玫瑰图。故选 A。

20. A

【解析】 B 选项属于附条件生效,CD 选项属于受领生效。故选 A。

21. D

【解析】 D选项属于指导性的内容,意见肯定不是强制性内容。

22. C

【解析】 历史文化名城需要尽快保护,一旦申请完成后1年内要编制完成,避免窗口期的大量建设。故选C。

23. C

【解析】 《城乡规划法》第四十八条:修改控制性详细规划的,组织编制机关应当对修改的必要性进行论证,征求规划地段内利害关系人的意见,并向原审批机关提出专题报告,经原审批机关同意后,方可编制修改方案。故选C。

24. C

【解析】 效率原则属于依法行政的基本原则。而行政许可的原则为:合法原则;公开、公平、公正原则;便民原则;救济原则;信赖原则;监督原则。故选C。

25. A

【解析】 B选项不属于城乡规划领域的行政许可,C、D两选项属于许可后和许可前的审查,不属于行政许可,没有赋予新的权益。故选A。

26. B

【解析】 无申请不许可。故选B。

27. B

【解析】 设立行政许可,应当规定行政许可的实施机关、条件、程序、期限。而对象是无法规定,许可是任何符合条件的对象都可以,不能在一部法律中规定许可只针对某某对象的。故选B。

28. B

【解析】 《城乡规划法》第三十条:在城市总体规划、镇总体规划确定的建设用地范围以外,不得设立各类开发区和城市新区。故选B。

29. C

【解析】 本办法所称城市黄线,是指对城市发展全局有影响的、城市规划中确定的、必须控制的城市基础设施用地的控制界线。故选C。

30. C

【解析】 《城市总体规划实施评估办法》第二条:城市人民政府是城市总体规划实施评估工作的组织机关。故选C。

31. D

【解析】 划定禁建区、限建区、适建区和已建区属于城市总体规划的内容。故选D。

32. D

【解析】 《城乡规划法》第五十条:经依法审定的修建性详细规划、建设工程设计方案的总平面图不得随意修改;确需修改的,城乡规划主管部门应当采取听证会等形式,听取利害关系人的意见;因修改给利害关系人合法权益造成损失的,应当依法给予补偿。故选 D。

33. A

【解析】 国务院城乡规划主管部门不负责两证一书的具体行政行为。《城乡规划法》第十一条:县级以上地方人民政府负责本行政区域内的城乡规划管理工作。故选 A。

34. C

【解析】 国家编制土地利用总体规划,规定土地用途,将土地分为农用地、建设用地和未利用地。严格限制农用地转为建设用地,控制建设用地总量,对耕地实行特殊保护。故选 C。

35. B

【解析】 《物权法》第一百三十六条:建设用地使用权可以在土地的地表、地上或者地下分别设立。新设立的建设用地使用权,不得损害已设立的用益物权。故选 B。

36. B

【解析】 《城乡规划法》第四十一条:在乡、村庄规划区内进行乡镇企业、乡村公共设施和公益事业建设的,建设单位或者个人应当向乡、镇人民政府提出申请,由乡、镇人民政府报城市、县人民政府城乡规划主管部门核发乡村建设规划许可证。故选 B。

37. A

【解析】 《物权法》第七十七条:业主不得违反法律、法规以及管理规约,将住宅改变为经营性用房。业主将住宅改变为经营性用房的,除遵守法律、法规以及管理规约外,应当经有利害关系的业主同意。故选 A。

38. D

【解析】 《城市房地产管理法》第二十二条:依照本法规定以划拨方式取得土地使用权的,除法律、行政法规另有规定外,没有使用期限的限制。故选 D。

39. B

【解析】 《城乡规划法》第三十七条:建设单位在取得建设用地规划许可证后,方可向县级以上地方人民政府土地主管部门申请用地,经县级以上人民政府审批后,由土地主管部门划拨土地。故选 B。

40. C

【解析】 《城市房地产管理法》第二十五条:以出让方式取得土地使用权进行房地产开发的,必须按照土地使用权出让合同约定的土地用途、动工开发期限开发土地。超过出让合同约定的动工开发日期满一年未动工开发的,可以征收相当于土地使用权出让金百分之二十以下的土地闲置费;满两年未动工开发的,可以无偿收回土地使用权;但是,因不可抗力或者政府、政府有关部门的行为或者动工开发必需的前期工作造成动工开发迟延的除外。故选 C。

41. A

【解析】 《城乡规划法》第三十六条：按照国家规定需要有关部门批准或者核准的建设项目，以划拨方式提供国有土地使用权的，建设单位在报送有关部门批准或者核准前，应当向城乡规划主管部门申请核发选址意见书。前款规定以外的建设项目不需要申请选址意见书。题目问的是以出让方式提供使用权的建设项目，所以不需要核发选址意见书，因此选项 A 符合题意。

42. A

【解析】 用地包括建设用地和非建设用地。故选 A。

43. D

【解析】 根据 GB 50137—2011《城市用地分类与规划建设用地标准》2.0.6 条，人均居住用地是指城市内的居住用地面积除以城市建设用地内的常住人口。故选 D。

44. A

【解析】 《历史文化名城名镇名村保护条例》第二十一条：历史文化名城、名镇、名村应当整体保护，保持传统格局、历史风貌和空间尺度，不得改变与其相互依存的自然景观和环境。故选 A。

45. A

【解析】 《城乡规划法》第四十条：在城市、镇规划区内进行建筑物、构筑物、道路、管线和其他工程建设的，建设单位或者个人应当向城市、县人民政府城乡规划主管部门或者省、自治区、直辖市人民政府确定的镇人民政府申请办理建设工程规划许可证。故选 A。

46. B

【解析】 《城乡规划法》第二十九条：城市的建设和发展，应当优先安排基础设施以及公共服务设施的建设，妥善处理新区开发与旧区改建的关系，统筹兼顾进城务工人员生活和周边农村经济社会发展、村民生产与生活的需要。故选 B。

47. D

【解析】 《物权法》第一百四十九条：住宅建设用地使用权期间届满的，自动续期。非住宅建设用地使用权期间届满后的续期，依照法律规定办理。故选 D。

48. C

【解析】 《城乡规划法》第四十二条：城乡规划主管部门不得在城乡规划确定的建设用地范围以外作出规划许可。故选 C。

49. A

【解析】 老年人居住建筑在小区中属于应设置的，而不是视情况来设置，老年人居住建筑日照标准不低于冬至日 2 小时，老年人居住建筑一般靠近相关服务设施和公共绿地。故选 A。

50. D

【解析】 根据 GB 50289—2016《城市工程管线综合规划规范》4.1.1 条：严寒或

寒冷地区给水、排水、再生水、直埋电力及湿燃气等工程管线应根据土壤冰冻深度确定管线覆土深度;非直埋电力、通信、热力及干燃气等工程管线以及严寒或寒冷地区以外地区的工程管线应根据土壤性质和地面承受荷载的大小确定管线的覆土深度。4.1.6条:各种工程管线不应在垂直方向上重叠敷设。故选 D。

51. D

【解析】 GB/T 50293—2014《城市电力规划规范》7.2.4.4条:在大、中城市的超高层公共建筑区、中心商务区及繁华金融、商贸街区规划新建的变电所,宜采用小型户内式结构。故选 D。

52. D

【解析】 《水法》第二十一条:开发、利用水资源,应当首先满足城乡居民生活用水,并兼顾农业、工业、生态环境用水以及航运等需要。故选 D。

53. D

【解析】 GB 50289—2016《城市工程管线综合规划规范》2.3.2条:综合管沟内直敷设电信电缆管线、低压配电电缆管线、给水管线、热力管线、污雨水排水管线。2.3.3条:综合管沟内相互免干扰的工程管线可设置在管沟的同一个小室;相互有干扰的工程管线应分别设在管沟的不同小室。电信电缆管线与高压输电电缆管线必须分开设置;给水管线与排水管线可在综合管沟一侧布置,排水管线应布置在综合管沟的底部。故选 D。

54. D

【解析】 《物权法》第一百四十三条:建设用地使用权人有权将建设用地使用权转让、互换、出资、赠予或者抵押,但法律另有规定的除外。故选 D。

55. C

【解析】 根据《城乡规划法》,县级以上地方人民政府根据本地农村经济社会发展水平,按照因地制宜、切实可行的原则,确定应当制定乡规划、村庄规划的区域。在确定区域内的乡、村庄,应当依照本法制定规划,规划区内的乡、村庄建设应当符合规划要求。故选 C。

56. A

【解析】 《城乡规划法》第四十一条:在乡、村庄规划区内使用原有宅基地进行农村村民住宅建设的规划管理办法,由省、自治区、直辖市制定。故选 A。

57. B

【解析】 《城乡规划法》第四十四条:临时建设和临时用地规划管理的具体办法,由省、自治区、直辖市人民政府制定。故选 B。

58. D

【解析】 A——专用标准;B——基础标准;C——专用标准;D——通用标准。故选 D。

59. C

【解析】 居住用地能适应的坡度最大,居住用地坡度可以达25%。CJJ 83—2016《城乡建设用地竖向规划规范》5.0.1条,居住用地应选择向阳、通风条件好的用地,自然坡度应小于25%。故选C。

60. D

【解析】 GB 50337—2003《城市环境卫生设施规划规范》3.2.1条:根据城市性质和人口密度,城市公共厕所平均设置密度应按每平方公里规划建设用地3～5座选取;人均规划建设用地指标偏低、居住用地及公共设施用地指标偏高的城市,旅游城市及小城市宜偏上限选取。

3.2.4条:公共厕所位置应符合下列要求:

(1)设置在人流较多的道路沿线、大型公共建筑及公共活动场所附近。

(2)独立式公共厕所与相邻建筑物间宜设置不小于3m宽绿化隔离带。

(3)附属式公共厕所应不影响主题建筑的功能,并设置直接通至室外的单独出入口。

(4)公共厕所宜与其他环境卫生设施合建。

(5)在满足环境及景观要求条件下,城市绿地内可以设置公共厕所。

由以上的条款规定可知,D选项符合题意。

注:本规范已被GB/T 50337—2018《城市环境卫生设施规划标准》所替代。

61. B

【解析】 《城市抗震防灾规划管理规定》第二条:本规定所称抗震设防区,是指地震基本烈度6度及6度以上地区(地震动峰值加速度≥0.05g的地区)。第三条:城市抗震防灾规划是城市总体规划中的专业规划。在抗震设防区的城市,编制城市总体规划时必须包括城市抗震防灾规划。城市抗震防灾规划的规划范围应当与城市总体规划相一致。故选B。

62. A

【解析】 《城市地下空间开发利用管理规定》所称的城市地下空间,是指城市规划区内地表以下的空间。故选A。

63. B

【解析】 不建议记忆,记住每年要求记忆的几个城市即可。

64. A

【解析】《文物保护法》第十四条:历史文化名城和历史文化街区、村镇的保护办法,由国务院制定。故D选项错误。第二十二条:不可移动文物已经全部毁坏的,应当实施遗址保护,不得在原址重建。但是,因特殊情况需要在原址重建的,由省、自治区、直辖市人民政府文物行政部门报省、自治区、直辖市人民政府批准。故C选项错误。第二十条:无法实施原址保护,必须迁移异地保护或者拆除的,应当报省、自治区、直辖市人民政府批准;迁移或者拆除省级文物保护单位的,批准前须征得国务院文物行政部门同意。全国重点文物保护单位不得拆除；需要迁移的,须由省、自治区、直辖市人民政府报国务院批准。故 B 选项错误,A 选项正确。

65. D

【解析】 GB 50357—2005《历史文化名城保护规划规范》4.1.1 条:历史文化街区内文物古迹和历史建筑的用地面积宜达到保护区内总建筑用地的 60% 以上。故选 D。

注:本规范已被 GB/T 50357—2018《历史文化名城保护规划标准》所替代。

66. D

【解析】 GB 50357—2005《历史文化名城保护规划规范》2.0.10 条:环境协调区是指在建设控制地带范围以外,划定以保护自然地形地貌为主要内容的区域。故选 D。

67. B

【解析】 GB 50289—2016《城市工程管线综合规划规范》2.2.5 条:道路红线宽度超过 30m 的城市干道宜两侧布置给水配水管线和燃气配气管线;道路红线宽度超过 50m 的城市干道应在道路两侧布置排水管线。故选 B。

68. D

【解析】《文物保护法》第二十一条:对不可移动文物的修缮、保养、迁移,必须遵守不改变文物现状的原则。故选 D。

69. A

【解析】《自然保护区条例》第二条:本条例所称自然保护区,是指对有代表性的自然生态系统、珍稀濒危野生动植物物种的天然集中分布区、有特殊意义的自然遗迹等保护对象所在的陆地、陆地水体或者海域,依法划出一定面积予以特殊保护和管理的区域。自然保护区的定义是强调自然属性,A 选项中历史文物古迹属于人文类,不属于自然保护区的范围。故选 A。

70. B

【解析】《自然保护区条例》第二十七条:禁止任何人进入自然保护区的核心区。因科学研究的需要,必须进入核心区从事科学研究观测、调查活动的,应当事先向自然保护区管理机构提交申请和活动计划,并经自然保护区管理机构批准;其中,进入国家级自然保护区核心区的,应当经省、自治区、直辖市人民政府有关自然保护区行政主管部门批准。故选 B。

71. B

【解析】 城乡规划行政监督检查是城乡规划主管部门的依职权的行政行为,不需要征得行政相对方的同意,具有强制性。故选 B。

72. D

【解析】《城乡规划法》第四十三条:建设单位应当按照规划条件进行建设;确需变更的,必须向城市、县人民政府城乡规划主管部门提出申请。变更内容不符合控制性详细规划的,城乡规划主管部门不得批准。城市、县人民政府城乡规划主管部门应当及时将依法变更后的规划条件通报同级土地主管部门并公示。建设单位应当及时将依法变更后的规划条件报有关人民政府土地主管部门备案。故选 D。

73. C

【解析】《保守国家秘密法》第十条：国家秘密的密级分为绝密、机密、秘密三级。绝密级国家秘密是最重要的国家秘密，泄露会使国家安全和利益遭受特别严重的损害；机密级国家秘密是重要的国家秘密，泄露会使国家安全和利益遭受严重的损害；秘密级国家秘密是一般的国家秘密，泄露会使国家安全和利益遭受损害。故选 C。

74. B

【解析】 相对人对行政处罚不服申请听证属于具体行政行为听证。故选 B。

75. A

【解析】 行政诉讼法规定，人民法院审理行政案件，对具体行政行为是否合法进行审查。故选 A。

76. B

【解析】 编制城市规划属于抽象行政行为，不针对特定对象，且具有普遍性和后及力。故选 B。

77. C

【解析】《行政处罚法》第七条：公民、法人或者其他组织因违法受到行政处罚，其违法行为对他人造成损害的，应当依法承担民事责任。违法行为构成犯罪的，应当依法追究刑事责任，不得以行政处罚代替刑事处罚。故选 C。

78. C

【解析】《行政处罚法》主要规定了以下七种行政处罚：（1）警告；（2）罚款；（3）没收违法所得，没收非法财产；（4）责令停产停业；（5）暂扣或者吊销许可证，暂扣或者吊销执照；（6）行政拘留；（7）法律、行政法规规定的其他行政处罚。故选 C。

79. D

【解析】《城乡规划法》第六十八条：城乡规划主管部门作出责令停止建设或者限期拆除的决定后，当事人不停止建设或者逾期不拆除的，建设工程所在地县级以上地方人民政府可以责成有关部门采取查封施工现场、强制拆除等措施。故选 D。

80. D

【解析】《城乡规划违法违纪行为处分办法》第二条：有城乡规划违法违纪行为的单位中负有责任的领导人员和直接责任人员，以及有城乡规划违法违纪行为的个人，应当承担纪律责任。属于下列人员的（以下统称有关责任人员），由任免机关或者监察机关按照管理权限依法给予处分。故选 D。

二、多项选择题（共 20 题，每题 1 分。每题的备选项中，有 2~4 个选项符合题意。多选、少选、错选都不得分）

81. ACDE

【解析】 在国家权力结构中，我国行政权力主要包括以下四种：（1）立法参与权；(2)委托立法权；(3)行政管理权；(4)司法行政权。故选 ACDE。

82. ACE

【解析】 城乡规划对城市建设中宏观调控的社会利益具有调整功能,而非对各种社会利益均具有调控,B 选项错误。城乡规划体现政府的社会职能,不是体现政治职能,所以 D 选项错误。故选 ACE。

83. ABD

【解析】《城乡规划法》第二十七条:省域城镇体系规划、城市总体规划、镇总体规划批准前,审批机关应当组织专家和有关部门进行审查。故选 ABD。

84. ABD

【解析】《城乡规划法》第十三条:省、自治区人民政府组织编制省域城镇体系规划,报国务院审批。省域城镇体系规划的内容应当包括:城镇空间布局和规模控制,重大基础设施的布局,为保护生态环境、资源等需要严格控制的区域。故选 ABD。

85. ADE

【解析】 编制控制性详细规划不属于针对特定的对象和事情,且具有后及力,属于抽象行政行为。编制后对所有人都适用,不仅是针对组织内部产生法律效力,所以是外部行政行为;是依据法授予的权力,所以属于依职权的行政行为。故选 ADE。

86. AB

【解析】 行政行为的效力包括:确定力、拘束力、执行力、公定力。

必须按照行政许可的内容进行建设,其蕴含的是行政主体和行政相对方均不能否定行政行为的内容,不得随意。其次,对行政相对方来说,必须遵守和服从已经生效的行政行为。以上就表现为确定力和拘束力。而在行政行为过程中,只要行政许可没有撤销或者失效,大家就公认行政许可有效,这就是公定力。故选 AB。

87. BCDE

【解析】《行政许可法》第十三条:本法第十二条所列事项,通过下列方式能够予以规范的,可以不设行政许可:

(一)公民、法人或者其他组织能够自主决定的;

(二)市场竞争机制能够有效调节的;

(三)行业组织或者中介机构能够自律管理的;

(四)行政机关采用事后监督等其他行政管理方式能够解决的。

故选 BCDE。

88. ABDE

【解析】《城乡规划法》第四条:制定和实施城乡规划,应当遵循城乡统筹、合理布局、节约土地、集约发展和先规划后建设的原则,改善生态环境,促进资源、能源节约和综合利用,保护耕地等自然资源和历史文化遗产,保持地方特色、民族特色和传统风貌,防止污染和其他公害,并符合区域人口发展、国防建设、防灾减灾和公共卫生、公共安全的需要。故选 ABDE。

89. ABC

【解析】 公安机关用地属于行政办公用地,铁路客货运站用地属于交通枢纽用地,机场净空范围内的用地属于用地本身的性质,与是否在机场净空范围没有关系。故选 ABC。

90. BCD

【解析】 GB/T 50280—1998《城市规划基本术语标准》中:城市布局是指城市物质环境的空间安排,如城市功能分区、各区与自然环境(山、河、湖、绿地系统)的关系,以及主要交通枢纽、城市路网与城市用地的关系等。AE 选项不是土地利用安排,可以排除,故选 BCD。

91. ABCE

【解析】 总平面设计包括的内容:(1)地形和地物测量坐标网、坐标值;场地施工坐标网,坐标值;场地四周测量坐标和施工坐标。(2)建筑物、构筑物(人防工程、地下车库、油库、贮水池等隐蔽工程以虚线表示)的位置,其中主要建筑物、构筑物的坐标(或相互关系尺寸)、名称(或编号)、层数、室内设计标高。(3)拆废旧建筑的范围边界,相邻建筑物的名称和层数。(4)道路、铁路和排水沟的主要坐标(或相互关系尺寸)。(5)绿化及景观设施布置。(6)风玫瑰及指北针。(7)主要技术经济指标和工程量表。同时要说明尺寸单位、比例、测绘单位、日期、工程系统名称、场地施工坐标网与测量坐标网的关系、补充图例及其他必要的说明。故选 ABCE。

92. BDE

【解析】 GB 50437—2007《城镇老年人设施规划规范》3.1.2 条:老年公寓和老年大学属于宜配建项目。故选 BDE。

93. BD

【解析】 GB 50318—2017《城市排水工程规划规范》7.3.1 条:城市污水处理厂位置的选择宜符合下列要求:(1)在城市水系的下游并应符合供水水源防护要求;(2)在城市夏季最小频率风向的上风侧;(3)与城市规划居住、公共设施保持一定的卫生防护距离;(4)靠近污水、污泥的排放和利用地段;(5)应有方便的交通、运输和水电条件。故选 BD。

94. ABD

【解析】《城市地下空间开发利用管理规定》第二条:编制城市地下空间规划,对城市规划区范围内的地下空间进行开发利用,必须遵守本规定。本规定所称的城市地下空间,是指城市规划区内地表以下的空间。因此 A 选项错误。第四条:国务院建设行政主管部门负责全国的城市地下空间的开发利用管理工作。因此 B 选项错误。第五条:城市地下空间规划是城市规划的重要组成部分。各级人民政府在组织编制城市总体规划时,应根据城市发展的需要,编制城市地下空间开发利用规划。各级人民政府在编制城市详细规划时,应当依据城市地下空间开发利用规划对城市地下空间开发利用作出具体规定。CE 选项正确;第九条:城市地下空间规划作为城市规划的组成部分,依据《城乡规划法》的规定进行审批和调整。城市地下空间建设规划由城市人民政府城市规划行政主管部门负责审查后,报城市人民政府批准。城市地下空间规划需要变更的,须经原批准机关审批。因此 D 选项错误。故选 ABD。

95. CDE

【解析】 《城市抗震防灾规划管理规定》第十条:城市抗震防灾规划中的抗震设防标准、建设用地评价与要求、抗震防灾措施应当列为城市总体规划的强制性内容,作为编制城市详细规划的依据。故选 CDE。

96. ACD

【解析】 行政救济制度包括行政复议程序、行政赔偿程序、行政监督检查程序。故选 ACD。

97. ACDE

【解析】 《城乡规划法》第五十一条:县级以上人民政府及其城乡规划主管部门应当加强对城乡规划编制、审批、实施、修改的监督检查。故选 ACDE。

98. ACDE

【解析】 《物权法》第三十二条:物权受到侵害的,权利人可以通过和解、调解、仲裁、诉讼等途径解决。故选 ACDE。

99. AE

【解析】 《城乡规划法》第五十七条:城乡规划主管部门违反本法规定作出行政许可的,上级人民政府城乡规划主管部门有权责令其撤销或者直接撤销该行政许可。因撤销行政许可给当事人合法权益造成损失的,应当依法给予赔偿。故选 AE。

100. ABC

【解析】 题目中 DE 两选项为建设用地许可证的管理内容。故选 ABC。

2018 年度全国注册城乡规划师职业资格考试真题与解析

城乡规划管理与法规

真 题

一、单项选择题（共 80 题，每题 1 分。每题的备选项中，只有 1 个最符合题意）

1. 习近平同志在党的十九大报告中指出："我们要在继续推动发展的基础上，着力解决好（　　）的问题"
   A. 发展不平衡不充分
   B. 发展质量和效益
   C. 满足人民在经济、政治、文化、社会、生态等方面日益增长的需要
   D. 推动人的全面发展、社会全面进步

2. 下列关于行政行为的连线中，不正确的是（　　）
   A. 编制城市规划——具体行政行为
   B. 进行行政处分——内部行政行为
   C. 进行行政处罚——依职权的行政行为
   D. 行政监督——单方行政行为

3. 在下列情况中，规划管理的行政相对人不能申请行政复议的是（　　）
   A. 对市政府批准的控制性详细规划不服的
   B. 对规划部门不批准用地规划许可不服的
   C. 对规划部门撤销本单位规划设计资质不服的
   D. 认为规划部门选址不当的

4. 下列关于行政行为的特征表述中，不正确的是（　　）
   A. 行政行为是执行法律的行为，必须有法律的依据
   B. 行政主体在行使公共权力的过程中，追求的是国家和社会的公共利益的集合（如收税），维护和分配都应该是无偿的
   C. 行政行为一旦作出，行政主体、行政相对人和其他国家机关任何个人或团体都必须服从
   D. 行政行为由行政主体作出时必须与行政相对人协商或征得对方意见

5. 根据行政管理学原理，下列说法不正确的是（　　）
   A. 行政机关是行使国家权力的机关
   B. 行政机关是实现国家管理职能的机关
   C. 行政机关就是国家行政机构
   D. 行政机关是行政法律关系中的主体

6. 指出下列法律法规体系中对法律效力理解不正确的是（　　）
   A. 法律的效力高于法规和规章

B. 行政法规的效力高于地方性法规和规章

C. 地方性法规的效力高于地方政府规章

D. 部门规章的效力高于地方政府规章

7. 下列关于行政处罚的基本原则中,不正确的是(　　　)

　　A. 处罚法定原则

　　B. 一事不再罚原则

　　C. 行政处罚不能取代其他法律责任的原则

　　D. 处罚与教育相结合的原则

8. 公共行政的核心原则是(　　　)

　　A. 公民第一　　　　B. 行政权力　　　　C. 讲究效率　　　　D. 能力建设

9. 城乡规划主管部门实施城市规划管理的权力来自(　　　)

　　A. 国家政府职能　　　　　　　　　B. 规划部门职能

　　C. 行政管理公权　　　　　　　　　D. 法律法规授权

10. 依据《行政诉讼法》,公民、法人或者其他组织对具体行政行为在法定期间不提起诉讼又不履行的,行政机关可以申请人民法院(　　　),或者依法强制执行。

　　A. 进行裁决　　　B. 进行判决　　　C. 直接执行　　　D. 强制执行

11. 根据《行政处罚法》,下列关于听证程序的规定中,不正确的是(　　　)

　　A. 当事人要求听证的,应当在行政机关告知后七日内提出

　　B. 行政机关应当在听证七日前,通知当事人举行听证的时间、地点

　　C. 除涉及国家秘密、商业秘密或者个人隐私外,听证公开举行

　　D. 当事人认为主持人与本案有直接利害关系的,有权申请回避

12. 依据《历史文化名城名镇名村保护条例》,对历史文化名城、名镇、名村应当采取(　　　)

　　A. 分类保护　　　B. 重点保护　　　C. 分级保护　　　D. 整体保护

13. 《环境保护法》规定,建设项目防止污染的设施必须与主体工程(　　　)

　　A. 同时设计、同时施工、同时验收

　　B. 同时设计、同时施工、同时竣工

　　C. 同时设计、同时验收、同时投产使用

　　D. 同时设计、同时施工、同时投产使用

14. 根据《城市房地产管理法》,土地使用权出让必须符合(　　　)的规定。

　　A. 土地利用总体规划、城市规划、国民经济和社会发展规划

　　B. 土地利用总体规划、城市总体规划、控制性详细规划

　　C. 土地利用总体规划、控制性详细规划、年度建设用地规划

　　D. 土地利用总体规划、城市规划、年度建设用地规划

15. 根据《土地管理法》,各省、自治区、直辖市规定的基本农田应当占本行政区域内的耕地的比例不得低于(　　　)

A. 75%　　　　　B. 80%　　　　　C. 85%　　　　　D. 90%

16. 《城市房地产管理法》的适用范围包括(　　)

　　A. 所有从事房地产开发、房地产交易,实施房地产管理

　　B. 城市行政区内的房地产开发、房地产交易

　　C. 城市建成区内的土地使用权转让,房地产开发、房地产交易

　　D. 城市规划区国有土地范围内取得房地产开发用地的土地使用权,从事房地产开发、房地产交易,实施房地产管理

17. 根据《自然保护区条例》,下列选项中不正确的是(　　)

　　A. 自然保护区分为国家级自然保护区和地方级自然保护区

　　B. 自然保护区可以分为核心区、缓冲区和实验区

　　C. 在自然保护区的缓冲区和实验区可以开展旅游活动

　　D. 自然保护区的核心区禁止任何单位和个人进入

18. 根据《水法》,下列关于水资源的表述中,不正确的是(　　)

　　A. 国家对水资源实行分类管理

　　B. 开发利用水资源,应当服从防洪的总体安排

　　C. 开发利用水资源,应当首先满足城乡居民生活用水

　　D. 对城市中直接从地下取水的单位,征收水资源费

19. 根据行政法学知识,下列关于行政的说法中,不正确的是(　　)

　　A. "法无明文禁止,即可作为"属于积极行政

　　B. "法无明文禁止,即可作为"属于消极行政

　　C. "法无明文禁止,即可作为"属于服务行政

　　D. "没有法律规范就没有行政"属于消极行政

20. 《建筑法》中规定的申领施工许可证的前置条件不包括(　　)

　　A. 已经办理建设用地批准手续

　　B. 已经取得建设工程规划许可证

　　C. 有项目批准或者核准的文件

　　D. 建设资金已经落实

21. 根据《风景名胜区规划规范》,下列选项中不正确的是(　　)

　　A. 风景区的对外交通设施要求快速便捷,应布置于风景区中心的边缘

　　B. 风景区的道路应避免深挖高填

　　C. 在景点和景区内不得安排高压电缆穿过

　　D. 在景点和景区范围内,不得布置暴露于地表的大体量给水和污水处理设施

22. 根据《城市综合交通体系规划编制导则》,城市综合交通体系规划的期限应当与(　　)相一致。

　　A. 城市战略发展规划　　　　　　　　B. 城市总体规划

　　C. 城市近期建设规划　　　　　　　　D. 控制性详细规划

23. 城市规划行政主管部门工作人员在城市规划编制单位资质管理工作中玩忽职守、滥用职权、徇私舞弊,尚未构成犯罪的,由其所在单位或上级主管机关给予(   )

    A. 反馈　　　　　　　　　　　B. 责令停职检查
    C. 取消执法资格　　　　　　　D. 行政处分

24. 根据《物权法》,下列关于建设用地使用权的表述中,不正确的是(   )

    A. 设立建设用地使用权,可以采取出让或者划拨等方式
    B. 设立建设用地使用权的,应当向登记机构申请建设用地使用权登记
    C. 建设用地使用权自登记时设立
    D. 建设用地使用权不得在地表以下设立

25. 下列对应关系连线中,不正确的是(   )

    A.《城市道路管理条例》——行政法规
    B.《城市绿线管理办法》——行政规章
    C.《建制镇规划建设管理办法》——行政法规
    D.《山西省平遥古城保护条例》——地方性法规

26. 对历史建筑应当实施原址保护的规定出自(   )

    A.《文物保护法》
    B.《城乡规划法》
    C.《历史文化名城名镇名村保护条例》
    D.《城市紫线管理办法》

27. 根据《城市居住区规划设计规范》,下列关于城市居住区的规定表述中,不正确的是(   )

    A. 在原设计建筑外增加任何设施不应使相邻住宅原有日照标准降低
    B. 条式住宅,多层之间侧间距不得小于6m;高层与各种层的住宅之间不宜小于13m
    C. 老年人居住建筑不应低于大寒日日照2小时标准
    D. 住宅间距,应以满足日照要求为基础

28. 根据《城市规划术语标准》,日照标准是指根据各地区的气候条件和(   )要求确定的,居住区域建筑正面向阳房间在规定的日照标准日获得的日照量。

    A. 经济条件　　　B. 居住卫生　　　C. 居住性质　　　D. 建筑性质

29. 根据《城市抗震防灾规划管理规定》,下列选项中不正确的是(   )

    A. 位于地震基本烈度7度地区的大城市应当按照甲类模式编制防灾减灾规划
    B. 位于地震基本烈度6度地区的大城市应当按照乙类模式编制防灾减灾规划
    C. 位于地震基本烈度7度地区的中等城市应按照乙类模式编制防灾减灾规划

D. 位于地震基本烈度 6 度地区的中等城市应按照丙类模式编制防灾减灾规划

30. 下列关于城市规划组织编制主体的表述中,不正确的是( )

A. 村庄集镇规划组织编制主体是县级人民政府

B. 城市总体规划组织编制主体是城市人民政府

C. 直辖市城市总体规划由直辖市人民政府负责组织编制

D. 县级人民政府所在地镇的总体规划,由县级人民政府负责组织编制

31. 根据《城市地下空间开发利用管理规定》,对城市地下空间开发建设时,违反城市地下空间的规划及法定实施管理程序的,应由( )进行处罚

A. 建设行政主管部门

B. 城市规划行政主管部门

C. 地下空间开发建设指挥部门

D. 城市人防办公室

32. 当城市道路红线宽度超过 40m 时,不宜在城市干道两侧布置的管线是( )

A. 排水管线　　　B. 配水管线　　　C. 电力管线　　　D. 热力管线

33. 下列选项中不属于省域城镇体系规划应当包括的内容是( )

A. 综合评价土地资源、水资源、能源等城镇发展支撑条件和制约因素

B. 综合分析经济社会发展目标和产业发展趋势

C. 明确资源利用与资源生态环境保护的目标、要求

D. 确定保护城市的生态环境、自然和人文景观以及历史文化遗产的原则和措施

34. 城市抗震防灾规划中不属于城市总体规划的强制内容的是( )

A. 城市抗震防灾能力评价　　　　B. 城市抗震设防标准

C. 建设用地评价与要求　　　　　D. 抗震防灾措施

35. 下列选项中不适合综合管廊敷设条件的是( )

A. 不宜开挖路面的地段　　　　　B. 道路与铁路的交叉口

C. 管线复杂的道路交叉口　　　　D. 地质条件复杂的道路交叉口

36. 根据《城市环境卫生设施规划规范》,生活垃圾卫生填埋场距大、中城市规划建成区应大于( )

A. 3km　　　　　B. 5km　　　　　C. 8km　　　　　D. 10km

37. 根据《城市规划编制单位资质管理规定》,城乡规划编制单位取得资质后,不再符合相应资质条件的,由原资质许可机关责令( )

A. 停业整顿　　　B. 限期改正　　　C. 降低资质等级　　　D. 交回资质证书

38. 中国传统村落保护发展规划编制完成后,经组织专家技术审查,并经村民会议或者村民代表会议讨论同意,应报( )审批。

A. 乡、镇人民政府　　　　　　　B. 县人民政府

C. 市人民政府　　　　　　　　　　　D. 省人民政府

39.《城市环境卫生设施规划规范》对公共厕所的设置有明确的要求,下列选项中不正确的是(　　　)

　　A. 公共厕所应设置在人流较多的道路沿线

　　B. 独立式公共厕所与相邻建筑物间宜设置不小于3m宽的绿化隔离带

　　C. 城市绿地内不应设置公共厕所

　　D. 附属式公共厕所不应影响主体建筑的功能

40. 下列选项中,不符合《城市道路交通规划设计规范》的是(　　　)

　　A. 内环路应设置在老城区城市中心区的外围

　　B. 外环路宜设置在城市用地的边界外1～2km

　　C. 河网地区城市道路宜平行或垂直于河道布置

　　D. 山区城市道路应平行等高线设置

41. 根据《城市地下空间开发利用管理规定》,下列说法错误的是(　　　)

　　A. 城市地下空间建设规划,由城市人民政府审查、批准

　　B. 城市地下空间需要变更的,须经原审批机关审批

　　C. 城市地下空间的工程建设必须符合城市地下空间规划,服从规划管理

　　D. 地下工程施工应推行工程监理制度

42. 根据《城市居住区规划设计规范》,下列关于居住区内绿地的基本要求中,不正确的是(　　　)

　　A. 新区建设绿地率不低于30％,旧区改建不低于25％

　　B. 应根据居住区不同的规划布局形式,设置相应的中心绿地

　　C. 旧区改造可酌情降低指标,但不得低于相应指标的60％

　　D. 组团内公共绿地的总指标应不低于0.5m²/人

43. 根据《城乡规划编制单位资质管理规定》,下列表述中不正确的是(　　　)

　　A. 高等院校的城乡规划编制单位中专职从事城乡规划编制的人员不得低于技术人员总数的60％

　　B. 乙级、丙级城乡规划编制单位取得资质证书满2年后,可以申请高一级别的城乡规划编制单位资质

　　C. 乙级城乡规划编制单位可以在全国承担镇、20万现状人口以下城市总体规划的编制

　　D. 丙级城乡规划编制单位可以在全国承担镇总体规划(县人民政府所在地镇除外)的编制

44. 下列选项中,不属于县域村镇体系规划编制强制性内容的是(　　　)

　　A. 各镇区建设用地规模　　　　　　B. 确定重点发展的中心镇

　　C. 中心村建设用地标准　　　　　　D. 县域防灾减灾工程

45. 依据《城市蓝线管理办法》,下列选项中不正确的是(　　)

　　A. 编制城市总体规划,应当划定城市蓝线

　　B. 编制控制性详细规划,应当划定城市蓝线

　　C. 城市蓝线划定后,报规划审批机关备案

　　D. 划定城市蓝线,其控制范围应当界定清晰

46. 根据《城市总体规划实施评估办法(试行)》,可根据实际情况,确定开展评估工作的具体时间,并报(　　)

　　A. 城市人民政府建设主管部门

　　B. 本级人民代表大会常务委员会

　　C. 城市总体规划的审批机关

　　D. 城市规划专家委员会

47. 根据《城市用地竖向规划规范》中有关城市主要建设用地适宜规划坡度的表述,下列说法正确的是(　　)

　　A. 城市道路用地的最小坡度为 0.2%,最大坡度为 8%

　　B. 工业用地的最小坡度为 0.2%,最大坡度为 8%

　　C. 铁路用地的最小坡度为 0.2%,最大坡度为 2%

　　D. 仓储用地的最小坡度为 0.6%,最大坡度为 10%

48. 依据《城市紫线管理办法》,国家历史文化名城的城市紫线由人民政府在组织编制(　　)时划定。

　　A. 省域城镇体系规划　　　　　　B. 市域城镇体系规划

　　C. 城市总体规划　　　　　　　　D. 历史文化名城保护规划

49. 根据《城市绿线管理办法》,城市绿地系统规划是(　　)的组成部分。

　　A. 省域城镇体系规划　　　　　　B. 城市总体规划

　　C. 近期建设规划　　　　　　　　D. 控制性详细规划

50. 根据《建制镇规划建设管理办法》,下列选项中不正确的是(　　)

　　A. 国家行政建制设立的镇,均应执行《建制镇规划建设管理办法》

　　B. 建制镇规划区的具体范围,在建制镇总体规划中划定

　　C. 灾害易发生地区的建制镇,在建制镇总体规划中要制定防灾措施

　　D. 建制镇人民政府的建设行政主管部门负责建制镇的建设管理工作

51. 镇区和村庄的规划规模应按人口数量划分为(　　)

　　A. 大、中、小型三级　　　　　　B. 特大、大、中、小四级

　　C. 超大、大、中、小四级　　　　D. 超大、特大、大、中、小五级

52. 根据《城市、镇控制性详细规划编制审批办法》,中心区、(　　)、近期建设地区,以及拟进行土地储备或者土地出让的地区,应当优先编制控制性详细规划。

　　A. 新城区　　　　　　　　　　　B. 旧城改造地区

　　C. 大专院校集中地区　　　　　　D. 公共建筑集中地区

53. 在城市规划区内以行政划拨方式提供国有土地使用权的建设项目,市规划管理部门核发建设用地规划许可证,应当依据(　　)

    A. 城市总体规划　　　　　　　　B. 城市分区规划

    C. 控制性详细规划　　　　　　　D. 修建性详细规划

54. 根据《城市、镇控制性详细规划编制审批办法》,下列不属于控制性详细规划基本内容的是(　　)

    A. 土地使用性质及其兼容性等用地功能控制要求

    B. 容积率、建筑高度、建筑密度、绿地率等用地标准

    C. 划定禁建区、限建区范围

    D. 基础设施、公共服务设施、公共安全设施的用地规模、范围及具体控制要求,地下管线控制要求

55. 根据《城市、镇控制性详细规划编制审批办法》,下列表述中不正确的是(　　)

    A. 城市人民政府城乡规划主管部门组织编制城市控制性详细规划

    B. 县人民政府组织编制县人民政府所在地镇控制性详细规划

    C. 城市控制性详细规划由本级人民政府审批

    D. 镇控制性详细规划可以根据实际情况,适当调整或者减少控制要求和指标

56. 根据《开发区规划管理办法》,无权限批准设立开发区的是(　　)

    A. 省人民政府　　　　　　　　　B. 自治区人民政府

    C. 直辖市人民政府　　　　　　　D. 副省级城市人民政府

57. 根据《城乡建设用地竖向规划规范》,城乡建设用地竖向规划应符合一定的规定,下列选项中不正确的是(　　)

    A. 应满足各项工程建设场地及工程管线敷设的高程要求

    B. 应满足城乡道路、交通运输的技术要求

    C. 应满足城市防洪、防涝的要求

    D. 应满足区域内土石方平衡的要求

58. 下表中建筑气候区与对应的日照标准符合《城市居住规划设计规范》的是(　　)

	建筑气候区	大城市	中小城市
A.	Ⅰ、Ⅱ、Ⅲ	大寒日	冬至日
B.	Ⅳ	大寒日	冬至日
C.	Ⅴ、Ⅵ	大寒日	冬至日
D.	Ⅶ	大寒日	冬至日

59. 根据《省域城镇体系规划编制审批办法》,下列选项中不属于省域城镇体系规划强制性内容的是(　　)

    A. 限制建设区、禁止建设区的管制要求

B. 规定实施的政策措施

C. 重要资源和生态环境保护目标

D. 区域性重大基础设施布局

60. 在 2002 年 9 月 1 日起实施的《城市绿地分类标准》,哪类绿地名称取消,不再使用（　　）

  A. 公共绿地   B. 公园绿地   C. 生产绿地   D. 附属绿地

61. 根据《城市设计管理办法》,城市设计分为（　　）

  A. 总体城市设计和详细城市设计

  B. 总体城市设计和重点地区城市设计

  C. 重点地区城市设计和详细城市设计

  D. 总体城市设计和详细城市设计

62. 根据《市政公用设施抗灾设防管理规定》,下列选项中不正确的是（　　）

  A. 市政公用设施抗灾防震设防实行预防为主、平灾结合的方针

  B. 任何单位和个人不得擅自降低抗灾设防标准

  C. 对抗震设防区超过 5000m² 的地下停车场等地下工程设施,建设单位应当在初步设计阶段组织专家进行抗震专项论证

  D. 灾区人民政府建设主管部门进行恢复重建时,应该坚持基础设施先行原则

63. 根据《城市总体规划审查工作规则》,不属于城市总体规划审查的重点内容是（　　）

  A. 城市的人口规模和用地规模

  B. 城市基础设施建设和环境保护

  C. 城市的空间布局和功能分区

  D. 城市近期建设项目的具体落实

64. 根据《城市道路绿化规划与设计规范》,种植乔木的分车绿带宽度不得小于（　　）m。

  A. 1.5   B. 2   C. 2.5   D. 3

65. 根据《住房和城乡建设部城乡规划督察员工作规程》,下列选项中不正确的是（　　）

  A. 当地重大城市规划事项的确定经过城乡规划督导员的同意

  B.《督导意见书》必须跟踪督办

  C.《督导建议书》视情况由督查组长决定是否跟踪督办

  D. 督察员开展工作时,应主动出示"中华人民共和国城乡规划监督检查证"

66. 指出在以下几组历史文化名城中,哪一组均含世界文化遗产（　　）

  A. 北京、上海、平遥、丽江、泰安、邯郸

  B. 广州、泉州、苏州、杭州、扬州、温州

C. 西安、洛阳、长沙、歙县、临海、龙泉

D. 拉萨、集安、敦煌、曲阜、大同、承德

67. 根据《文物保护法》,对不可移动文物实施原址保护的,其工作内容不包括(   )

A. 事先确定保护措施

B. 根据文物保护单位的级别报相应的文物行政部门批准

C. 将保护措施列入可行性研究报告或者设计任务书

D. 编制保护规划

68. 根据《历史文化名城名镇名村保护条例》,下列选项中不正确的是(   )

A. 保护规划应当自历史文化名城、名镇、名村批准公布之日起1年内编制完成

B. 历史文化名城的保护规划由国务院审批

C. 历史文化名镇、名村保护规划由省、自治区、直辖市人民政府审批

D. 依法批准的保护规划,确需修改的,保护规划的组织编制机关应当向原审批机关提出专题报告

69. 根据《县域村镇体系规划编制暂行办法》的规定,下列选项中不正确的是(   )

A. 承担县域村镇体系规划编制的单位,应当具有甲级规划编制资质

B. 县域村镇体系规划应当与县级人民政府所在地总体规划一同编制

C. 县域村镇体系规划也可以单独编制

D. 编制县域村镇体系规划,应当坚持政府组织、部门合作、公众参与、科学决策的原则

70. 根据《历史文化名城保护规划规范》,下列有关历史城区道路交通的表述中,不正确的(   )

A. 历史城区道路系统要保持或延续原有道路格局

B. 历史城区道路规划的密度指标可在国家标准规定的上限范围内选取

C. 历史城区道路宽度可在国家标准规定的上限内选取

D. 对富有特色的街巷,应保持原有的空间尺度

71. 下列有关风景名胜区的选项中,不正确的是(   )

A. 风景名胜区与自然保护区不得重合

B. 规划分为总体规划和详细规划

C. 风景名胜区由国务院批准公布

D. 风景名胜区应提交风景名胜区规划

72. 依据《风景名胜区条例》,下列选项中不正确的是(   )

A. 国家级风景名胜区总体规划由省、自治区人民政府建设主管部门或者直辖市人民政府风景名胜区主管部门组织编制

B. 省级风景名胜区总体规划由县人民政府组织编制

C. 国家级风景名胜区总体规划由国务院建设主管部门审批,报国务院备案

D. 省级风景名胜区的总体规划由省、自治区、直辖市人民政府审批,报国务院建设主管部门备案

73. 依据《城乡规划法》,制定和实施城乡规划,应当遵循城乡统筹、合理布局、节约用地、集约发展和(   )的原则。

A. 保护生态环境
B. 先规划后建设
C. 保护耕地
D. 保持地方特色

74. 根据《建设项目选址规划管理办法》,以下选项中不属于建设项目选址依据的是(   )

A. 经批准的可行性研究报告

B. 经批准的项目建议书

C. 建设项目与城市规划布局的协调

D. 建设项目与城市交通、通信、能源、市政、防灾规划的衔接与协调

75. 根据《城乡规划法》,城市总体规划的编制应当(   )

A. 与国民经济和社会发展规划相衔接

B. 与土地利用总体规划相衔接

C. 与区域发展规划相衔接

D. 与省域城镇体系规划相衔接

76. 根据《城乡规划法》,下列有关城市总体规划修改的表述中,不正确的是(   )

A. 上级人民政府制定的城乡规划发生变更,提出修改规划要求的

B. 行政区划调整确需修改规划的

C. 因直辖市、省、自治区人民政府批准重大建设工程确需修改规划的

D. 经评估确需修改规划的

77. 根据《城乡规划法》,在城市总体规划确定的(   )范围以外,不得设立各类开发区和城市新区。

A. 旧城区
B. 建设用地
C. 规划区
D. 中心城区

78. 根据《城乡规划法》,下列选项中不正确的是(   )

A. 经依法审定的修建性详细规划、建设工程设计方案的总平面图不得随意修改

B. 控制性详细规划修改涉及城市总体规划、镇总体规划强制性内容的,应当先修改总体规划

C. 修改城市总体规划前,组织编制机关应向原审批机关报告

D. 修改涉及镇总体规划强制性内容的,应当先向原审批机关提出专题报告,方可编制修改方案

79. 根据《城乡规划法》,对城乡规划主管部门违反本法规定作出行政许可的,下列表述中不正确的是(   )

A. 上级人民政府城乡规划主管部门有权责令作出许可的城乡规划主管部

门撤销该行政许可

    B. 上级人民政府城乡规划主管部门有权直接撤销该行政许可

    C. 上级人民政府派出的城乡规划督察员有权责令停止建设

    D. 因撤销行政许可给当事人合法权益造成损失的,应当依法给予赔偿

80. 根据《城市房地产管理法》,下列选项中与城市规划管理职能有关的是(　　)

    A. 房地产转让　　　　　　　　　　B. 房地产抵押

    C. 房地产租赁　　　　　　　　　　D. 房地产中介服务

二、多项选择题(共 20 题,每题 1 分。每题的备选项中,有 2～4 个选项符合题意。多选、少选、错选都不得分)

81. 依据中共中央、国务院办公厅《党政领导干部生态环境损害责任追究办法(试行)》,下列(　　)情形属于应当追究相关地方党委和政府主要领导成员的责任。

    A. 作出的决策与生态环境和资源方面政策、法律法规相违背的

    B. 本地区发生主要领导成员职责范围内的严重环境污染和生态破坏事件,或者对严重环境污染和生态破坏(灾害)事件处置不力的

    C. 作出的决策严重违反城乡、土地利用、生态环境保护等规划的

    D. 生态环境保护意识不到位的

    E. 对公益诉讼裁决和资源环境保护督察整改要求执行不力的

82. 依据《中共中央　国务院关于加快推进生态文明建设的意见》,"积极实施主体功能区规划"战略中提出的"多规合一"是指经济社会发展、(　　)等规划。

    A. 国土规划　　　B. 城乡规划　　　C. 区域规划　　　　D. 土地利用规划

    E. 生态环境保护规划

83. 下列法律属于程序法范畴的是(　　)

    A. 刑法　　　　　B. 刑事诉讼法　　　C. 民法通则　　　D. 行政诉讼法

    E. 行政复议法

84. 根据《行政许可法》,设定行政许可,应当规定行政许可的(　　)

    A. 实施机关　　　B. 收费标准　　　C. 条件　　　　D. 程序

    E. 期限

85. 下列哪些法律规定了应采取拍卖、招标或者双方协议的方式确定土地使用权出让。(　　)

    A.《物权法》　　　B.《城乡规划法》　C.《建筑法》　　　　D.《土地管理法》

    E.《城市房地产管理法》

86. 我国行政法的渊源有很多,除宪法和法律除外,还包括(　　)

    A. 有权司法解析　　　　　　　　　B. 行为准则

    C. 国际条约与协定　　　　　　　　D. 国务院的规定

    E. 社会规范

87. 追究行政法律责任的原则不包括( )

    A. 劝诫的原则   B. 责任自负原则

    C. 责任法定原则   D. 主客观一致原则

    E. 处分与训诫的原则

88. 下列具有立法主体资格的人民政府有( )

    A. 设区城市   B. 直辖市人民政府

    C. 经国务院批准的较大的市   D. 省、自治区人民政府

    E. 人口在 100 万人以上的城市

89. 《土地管理法》中规定的"临时用地"是( )

    A. 建设项目施工需要的临时使用的国有土地

    B. 地质勘查需要临时使用的集体土地

    C. 建设临时厂房需要租用的集体土地

    D. 建设临时报刊亭占用道路旁边的用地

    E. 建设项目施工场地临时使用的集体土地

90. 根据《节约能源法》,建筑主管部门对于不符合建筑节能标准的可采取的措施有( )

    A. 不得批准开工建设

    B. 已经开工建设的,责令停止施工,限期改正

    C. 拒不停止施工的,进行强制拆除

    D. 已经建成的,不得销售或者使用

    E. 吊销建设工程规划许可证

91. 根据《风景名胜区条例》,风景名胜区总体规划应当确定的内容包括( )

    A. 风景名胜区的范围   B. 禁止开发和限制开发的范围

    C. 风景名胜区的性质   D. 风景名胜区的游客容量

    E. 重大项目建设布局

92. 根据《城市规划编制办法》,以下选项中属于土地使用强制性指标的是( )

    A. 容积率   B. 建筑色彩   C. 建筑高度   D. 建筑体量

    E. 建筑密度

93. 《城乡规划法》中规定的法律责任主体包括( )

    A. 人民政府   B. 人民政府城乡规划主管部门

    C. 人民政府有关部门   D. 建设施工单位

    E. 城乡规划编制单位

94. 根据《城市综合交通体系规划编制导则》,以下选项中正确的是( )

    A. 城市综合交通体系规划范围应当与城市总体规划相一致

    B. 城市综合交通体系规划期限应当与城市总体规划相一致

    C. 城市综合交通体系规划成果编制应与城市总体规划成果编制相衔接

D. 城市综合交通体系规划是指导城市综合交通发展的基础性规划

E. 城市综合交通体系规划是城市总体规划的主要组成部分

95. 城市控制性详细规划调整应当（　　　）

    A. 取得规划批准机关的同意

    B. 报本级人大常委会和上级人民政府备案

    C. 向社会公开

    D. 听取有关单位和公众的意见

    E. 划定限建区

96. 下列选项中属于市政管线工程规划主要内容的是（　　　）

    A. 协调各工程管线布局

    B. 确定工程管线的敷设方式

    C. 确定管线管径大小设计

    D. 确定工程管线敷设的排列顺序和位置

    E. 确定交叉口周围用地性质

97. 根据《城市用地分类与规划建设用地标准》，规划人均城市建设用地指标的应依据（　　　），按照相关规定综合确定。

    A. 现状人均城市建设用地指标   B. 现状人口规模

    C. 城市（镇）所在气候区   D. 规划人口规模

    E. 城市土地资源

98. 下列选项中，不属于《村庄规划用地分类指南》中用地分类的是（　　　）

    A. 对外交通设施用地   B. 生产绿地

    C. 村庄生产仓储用地   D. 工业用地

    E. 村庄道路用地

99. 根据《城市给水工程规划规范》，下列选项中，符合"给水系统安全性"说法的是（　　　）

    A. 工程设施不应设置在不良地质地区

    B. 地表水取水构筑物应设置在河岸及河床稳定的地段

    C. 工程设施的防洪排涝等级应不低于所在城市设防的相应等级

    D. 市区的配水管网应布置成环状

    E. 供水工程主要工程设施供电等级应为二级负荷

100. 根据《住房和城乡建设部城乡规划督察员工作规程》，督察员的主要工作方式包括（　　　）

    A. 听取有关单位和人员对监督事项问题的说明

    B. 撤销城乡规划主管部门违反《城乡规划法》的行政许可

    C. 进入涉及监督事项的现场了解情况

    D. 调阅或复制涉及监督事项的文件和资料

    E. 对超越资质等级许可承担编制城乡规划行为进行处罚

真 题 解 析

一、单项选择题(共80题,每题1分。每题的备选项中,只有1个最符合题意)

1. A

【解析】 习近平同志在党的十九大报告中指出:"我们要在继续推动发展的基础上,着力解决好发展不平衡不充分问题,大力提升发展质量和效益,更好满足人民在经济、政治、文化、社会、生态等方面日益增长的需要。更好推动人的全面发展、社会全面进步"。故选A。

2. A

【解析】 编制城市规划属于抽象行政行为,故选A。

3. A

【解析】 行政复议的行政行为必须是具体行政行为,而控制性详细规划编制属于抽象行政行为,因此公民不得对控制性详细规划提出行政复议。故选A。

4. D

【解析】 行政法律关系内容设定具有单方面性,行政主体享有国家赋予的、以国家强制力为保障的行政权,其意思表示具有先定力,行政主体单方面的意思表示,就能设定、变更或消灭权利和义务,从而决定一个行政法律关系的产生、变更和消灭。无须征得相对人的同意。故选D。

5. A

【解析】 行政机关是国家行政机构,不是权力机关,国家权力机关是人民代表大会,全国人民代表大会是最高国家权力机关,地方各级人民代表大会是地方各级国家权力机关。故选A。

6. D

【解析】 部门规章与地方政府规章具有同等法律效力,在各自的范围内适用。故选D。

7. B

【解析】 行政处罚的基本原则包括:处罚法定原则,公正、公开的原则,处罚与教育相结合的原则,受到行政处罚者的权利救济原则,行政处罚不能取代其他法律责任的原则。故选B。

8. A

【解析】 "公民第一"的原则是公共行政的核心原则。故选A。

9. D

【解析】《城乡规划法》第十一条:国务院城乡规划主管部门负责全国的城乡规

划管理工作。县级以上地方人民政府城乡规划主管部门负责本行政区域内的城乡规划管理工作。行政管理权是法律法规的授权。故选D。

10. D

【解析】《行政诉讼法》第九十七条：公民、法人或者其他组织对行政行为在法定期间不提起诉讼又不履行的,行政机关可以申请人民法院强制执行,或者依法强制执行。故选D。

11. A

【解析】《行政处罚法》第四十二条：行政机关作出责令停产停业、吊销许可证或者执照、较大数额罚款等行政处罚决定之前,应当告知当事人有要求举行听证的权利;当事人要求听证的,行政机关应当组织听证。当事人不承担行政机关组织听证的费用。听证依照以下程序组织:(一)当事人要求听证的,应当在行政机关告知后三日内提出;(二)行政机关应当在听证的七日前,通知当事人举行听证的时间、地点;(三)除涉及国家秘密、商业秘密或者个人隐私外,听证公开举行;(四)听证由行政机关指定的非本案调查人员主持;当事人认为主持人与本案有直接利害关系的,有权申请回避。故选A。

12. D

【解析】 第二十一条:历史文化名城、名镇、名村应当整体保护,保持传统格局、历史风貌和空间尺度,不得改变与其相互依存的自然景观和环境。故选D。

13. D

【解析】《环境保护法》第二十六条:建设项目中防治污染的措施,必须与主体工程同时设计、同时施工、同时投产使用。故选D。

14. D

【解析】《城市房地产管理法》第十条:土地使用权出让,必须符合土地利用总体规划、城市规划和年度建设用地规划。故选D。

15. B

【解析】《土地管理法》第三十四条:各省、自治区、直辖市划定的基本农田应当占本行政区域内耕地的百分之八十以上。故选B。

16. D

【解析】《城市房地产管理法》第二条:在中华人民共和国城市规划区国有土地(以下简称国有土地)范围内取得房地产开发用地的土地使用权,从事房地产开发、房地产交易,实施房地产管理,应当遵守本法。故选D。

17. C

【解析】《自然保护区条例》第二十八条:禁止在自然保护区的缓冲区开展旅游和生产经营活动。故选C。

18. A

【解析】《水法》第二十条:开发、利用水资源,应当坚持兴利与除害相结合,兼顾上下游、左右岸和有关地区之间的利益,充分发挥水资源的综合效益,并服从防洪的总体安排。因此 B 选项正确。第二十一条:开发、利用水资源,应当首先满足城乡居民生活用水,并兼顾农业、工业、生态环境用水以及航运等需要。因此 C 选项正确。第四十八条:直接从江河、湖泊或者地下取用水资源的单位和个人,应当按照国家取水许可制度和水资源有偿使用制度的规定,向水行政主管部门或者流域管理机构申请领取取水许可证,并缴纳水资源费,取得取水权。因此 D 选项正确。第十二条:国家对水资源实行流域管理与行政区域管理相结合的管理体制。故选 A。

19. B

【解析】 "没有法律规范就没有行政",称之为消极行政。"法无明文禁止,即可作为",称之为积极行政或称为"服务行政"。因此 B 选项符合题意。

20. C

【解析】《建筑法》第八条:申请领取施工许可证,应当具备下列条件:

(一)已经办理该建筑工程用地批准手续;

(二)在城市规划区的建筑工程,已经取得规划许可证;

(三)需要拆迁的,其拆迁进度符合施工要求;

(四)已经确定建筑施工企业;

(五)有满足施工需要的施工图纸及技术资料;

(六)有保证工程质量和安全的具体措施;

(七)建设资金已经落实;

(八)法律、行政法规规定的其他条件。

国有土地使用权出让不需要项目批准或者核准文件,因此不需要该批准。故选 C。

21. A

【解析】 GB 50298—1999《风景名胜区规划规范》4.5.3 条:对外交通应要求快速便捷,布置于风景区以外或边缘地区,故 A 选项符合题意。

注:本规范已被 GB/T 50298—2018《风景名胜区总体规划标准》所替代。

22. B

【解析】《城市综合交通体系规划编制导则》1.4.1 条:城市综合交通体系规划期限应当与城市总体规划相一致。故选 B。

23. D

【解析】《城市规划编制单位资质管理规定》第三十三条:市规划行政主管部门的工作人员在城市规划编制单位资质管理工作中玩忽职守、滥用职权、徇私舞弊的,给予行政处分;构成犯罪的,依法追究刑事责任。故选 D。

24. D

【解析】《物权法》第一百三十六条:建设用地使用权可以在土地的地表、地上或者地下分别设立。因此 D 选项符合题意。

25. C

【解析】《城市绿线管理办法》是建设部颁布的,属于部门规章,因此也是行政规章。而《建制镇规划建设管理办法》是住建部颁布的部门规章,不属于行政法规。故选C。

26. C

【解析】《历史文化名城名镇名村保护条例》第三十四条规定,建设工程选址,应当尽可能避开历史建筑;因特殊情况不能避开的,应当尽可能实施原址保护。故选C。

27. C

【解析】 GB 50180—1993《城市居住区规划设计规范》5.0.2.1条:老年人居住建筑不应低于冬至日日照2小时标准。故选C。

注:本规范已被 GB 50180—2018《城市居住区规划设计标准》所替代。

28. B

【解析】 GB/T 50280—1998《城市规划基本术语标准》5.0.16条:日照标准是指根据各地区的气候条件和居住卫生要求确定的,居住区域建筑正面向阳房间在规定的日照标准日获得的日照量,编制居住区规划确定居住区建筑间距的主要依据。故选B。

29. D

【解析】《城市抗震防灾规划管理规定》第十一条:城市抗震防灾规划应当按照城市规模、重要性和抗震防灾的要求,分为甲、乙、丙三种模式:(一)位于地震基本烈度7度及7度以上地区(地震动峰值加速度≥0.10g 的地区)的大城市应当按照甲类模式编制;(二)中等城市和位于地震基本烈度6度地区(地震动峰值加速度等于0.05g 的地区)的大城市按照乙类模式编制;(三)其他在抗震设防区的城市按照丙类模式编制。由以上分析可知,D选项错误。故选D。

30. A

【解析】《城乡规划法》第二十二条:乡、镇人民政府组织编制乡规划和村庄规划,报上级人民政府审批。因此A选项错误。故选A。

31. B

【解析】《城市地下空间开发利用管理规定》第三十条:进行城市地下空间的开发建设,违反城市地下空间的规划及法定实施管理程序规定的,由县级以上人民政府城市规划主管部门依法处罚。故选B。

32. D

【解析】 GB 50289—2016《城市工程管线综合规划规范》4.1.5条:沿城市道路规划的工程管线应与道路中心线平行,其主干线应靠近分支管线多的一侧。工程管线不宜从道路一侧转到另一侧。

道路红线宽度超过40m的城市干道宜两侧布置配水、配气、通信、电力和排水管线。故选D。

33．D

【解析】 依据《省域城镇体系规划编制审批办法》第二十四条，AB选项属于省域城镇体系规划纲要的内容；C选项属于规划成果的内容；D选项属于总体规划的内容。故选D。

34．A

【解析】《城市抗震防灾规划管理规定》第十条：城市抗震防灾规划中的抗震设防标准、建设用地评价与要求、抗震防灾措施应当列为城市总体规划的强制性内容，作为编制城市详细规划的依据。故选A。

35．D

【解析】 GB 50289—2016《城市工程管线综合规划规范》4.2.1条：当遇下列情况之一时，工程管线宜采用综合管廊敷设：(1)交通流量大或地下管线密集的城市道路以及配合地铁、地下道路、城市地下综合体等工程建设地段；(2)高强度集中开发区域、重要的公共空间；(3)道路宽度难以满足直埋或架空敷设多种管线的路段；(4)道路与铁路或河流的交叉处或管线复杂的道路交叉口；(5)不宜开挖路面的地段。

由以上规范分析可知，D选项符合题意。

36．B

【解析】 GB 50337—2003《城市环境卫生设施规划规范》4.5.2条：生活垃圾卫生填埋场距大、中城市规划建成区应大于5km，距小城市规划建成区应大于2km，距居民点应大于0.5km。故选B。

注：本规范已被GB/T 50337—2018《城市环境卫生设施规划标准》所替代。

37．B

【解析】《城市规划编制单位资质管理规定》第三十三条：城乡规划编制单位取得资质后，不再符合相应资质条件的，由原资质许可机关责令限期改正；逾期不改的，降低资质等级或者吊销资质证书。故选B。

38．B

【解析】 根据国务院《历史文化名城名镇名村保护条例》、住房和城乡建设部《历史文化名城名镇名村街区保护规划编制审批办法》（住房和城乡建设部令第20号）和《关于切实加强中国传统村落保护的指导意见》（建村〔2014〕61号）等法律法规及文件要求。中国传统村落保护发展规划由乡镇人民政府组织编制，报县级人民政府审批，规划审批前应通过住房和城乡建设部、文化部、国家文物局、财政部组织的技术审查。故选B。

39．C

【解析】 GB 50337—2003《城市环境卫生设施规划规范》3.2.4条：公共厕所位置应符合下列要求：(1)设置在人流较多的道路沿线、大型公共建筑及公共活动场所附近。(2)独立式公共厕所与相邻建筑物间宜设置不小于3m宽绿化隔离带。(3)附属式公共厕所应不影响主体建筑的功能,并设置直接通至室外的单独出入口。(4)公共厕所宜与其他环境卫生设施合建。(5)在满足环境及景观要求条件下,城市绿地内可以设置公共厕所。故选C。

40. B

【解析】 GB 50220—1995《城市道路交通规划设计规范》7.2条:(1)内环路应设置在老城区或市中心区的外围;(2)外环路宜设置在城市用地的边界内1～2km处,当城市放射的干路与外环路相交时,应规划好交叉口上的左转交通;(3)河网城市道路宜平行或垂直于河道布置;(4)山区城市道路网应平行等高线设置,并应考虑防洪要求。因此B选项错误。

注:本规范已被GB/T 51328—2018《城市综合交通体系规划标准》所替代。

41. A

【解析】《城市地下空间开发利用管理规定》第九条:城市地下空间建设规划由城市人民政府城市规划行政主管部门负责审查后,报城市人民政府批准。因此A选项错误。

42. C

【解析】 GB 50180—1993《城市居住区规划设计规范》7.0.5条:居住区公共绿地指标,旧区改造可酌情降低指标,但不得低于相应指标的70%。故选C。

43. A

【解析】《城乡规划编制单位资质管理规定》第十条:高等院校的城乡规划编制单位中专职从事城乡规划编制的人员不得低于技术人员总数的70%。因此A选项错误。

44. B

【解析】 根据《县域村镇体系规划编制暂行办法》第二十四条:县域村镇体系规划的强制性内容包括:(1)县域内按空间管制分区确定的应当控制开发的地域及其限制措施;(2)各镇区建设用地规模,中心村建设用地标准;(3)县域基础设施和社会公共服务设施的布局,以及农村基础设施与社会公共服务设施的配置标准;(4)村镇历史文化保护的重点内容;(5)生态环境保护与建设目标,污染控制与治理措施;(6)县域防灾减灾工程,包括:村镇消防、防洪和抗震标准,地震等自然灾害防护规定。由以上分析可知,B选项符合题意。故选B。

45. C

【解析】《城市蓝线管理办法》第五条:编制各类城市规划,应当划定城市蓝线;第六条:划定城市蓝线,应遵循控制范围界定清晰等原则。故A、B、D选项正确。城市蓝线在编制各类城市规划时由审批机关审批,不需要再备案。故选C。

46. C

【解析】《城市总体规划实施评估办法(试行)》第六条:城市总体规划实施情况评估工作,原则上应当每2年进行一次。各地可以根据本地的实际情况,确定开展评估工作的具体时间,并上报城市总体规划的审批机关。故选C。

47. A

【解析】 CJJ 83—2016《城市用地竖向规划规范》4.0.4 条：城市道路用地的最小坡度为 0.2%，最大坡度为 8%，故 A 选项正确。工业用地最小坡度为 0.2%，最大坡度为 10%；铁路用地的最小坡度为 0，最大坡度为 2%；仓储用地的最小坡度为 0.2%，最大坡度为 10%。因此 B、C、D 选项错误，故选 A。

48. D

【解析】《城市紫线管理办法》第三条：在编制城市规划时应当划定保护历史文化街区和历史建筑的紫线。国家历史文化名城的城市紫线由城市人民政府在组织编制历史文化名城保护规划时划定。其他城市的城市紫线由城市人民政府在组织编制城市总体规划时划定。故选 D。

49. B

【解析】《城市绿线管理办法》第五条：城市绿地系统规划是城市总体规划的组成部分。故选 B。

50. A

【解析】《建制镇规划建设管理办法》第三条：本办法所称建制镇，是指国家按行政建制设立的镇，县、城关镇虽然也是按行政建制设立的镇，但并不适用该管理办法。故选 A。

51. B

【解析】 根据 GB 50188—2007《镇规划标准》，镇区、村庄分别按规划人口的规模分为特大、大、中、小型四级。故选 B。

52. B

【解析】《城市、镇控制性详细规划编制审批办法》第十三条：中心区、旧城改造地区、近期建设地区，以及拟进行土地储备或者土地出让的地区，应当优先编制控制性详细规划。故选 B。

53. C

【解析】《城乡规划法》第三十七条：在城市、镇规划区内以划拨方式提供国有土地使用权的建设项目，经有关部门批准、核准、备案后，建设单位应当向城市、县人民政府城乡规划主管部门提出建设用地规划许可申请，由城市、县人民政府城乡规划主管部门依据控制性详细规划核定建设用地的位置、面积、允许建设的范围，核发建设用地规划许可证。故选 C。

54. C

【解析】 划定禁建区、限建区范围属于城乡总体规划的内容，不属于控制性详细规划基本内容。故选 C。

55. B

【解析】《城乡规划法》第二十条：镇人民政府根据镇总体规划的要求，组织编制镇的控制性详细规划，报上一级人民政府审批。县人民政府所在地镇的控制性详细规划,由县人民政府城乡规划主管部门根据镇总体规划的要求组织编制,经县人民政府批准后,报本级人民代表大会常务委员会和上一级人民政府备案。故选 B。

56. D

【解析】 《开发区规划管理办法》第二条:本办法所称开发区是指由国务院和省、自治区、直辖市人民政府批准在城市规划区内设立的经济技术开发区、保税区、高新技术产业开发区、国家旅游度假区等实行国家特定优惠政策的各类开发区。故选 D。

57. D

【解析】 根据 CJJ 83—2016《城乡建设用地竖向规划规范》。城乡建设用地竖向规划应符合下列规定:(1)低影响开发的要求;(2)城乡道路、交通运输的技术要求和利用道路路面纵坡排除超标雨水的要求;(3)各项工程建设场地及工程管线敷设的高程要求;(4)建筑布置及景观塑造的要求;(5)城市排水防涝、防洪以及安全保护、水土保持的要求;(6)历史文化保护的要求;(7)周边地区的竖向衔接要求。故选 D。

58. B

【解析】 根据 GB 50180—1993《城市居住区规划设计规范》5.0.2 条,故选 B。

建筑气候规划	Ⅰ、Ⅱ、Ⅲ、Ⅶ气候区		Ⅳ气候区		Ⅴ、Ⅵ气候区
	大城市	中小城市	大城市	中小城市	
日照标准日	大寒日		冬至日		
日照时数/h	≥2	≥3	≥1		
有效日照时间带/h	8～16		9～15		
日照时间计算起点	底层窗台面				

59. B

【解析】 《省域城镇体系规划编制审批办法》第二十六条:限制建设区、禁止建设区的管制要求,重要资源和生态环境保护目标,省域内区域性重大基础设施布局等,应当作为省域城镇体系规划的强制性内容。故选 B。

60. A

【解析】 根据 CJJ/T 85—2017《城市绿地分类标准》城市绿地分为:公园绿地、生产绿地、防护绿地、附属绿地。故选 A。

61. B

【解析】 《城市设计管理办法》第七条:城市设计分为总体城市设计和重点地区城市设计。故选 B。

62. C

【解析】 《市政公用设施抗灾设防管理规定》第十四条:对于超过一万平方米的地下停车场等地下工程设施,建设单位应当在初步设计阶段组织专家进行抗震专项论证。故选 C。

63. D

【解析】 《城市总体规划审查工作规则》第三条规定,规划审查的重点:城市性质;发展目标;规模;空间布局和功能分区;交通;基础设施建设和环境保护;协调发展;实施;是否达到建设部制定的《城市规划编制办法》规定的基本要求;国务院要求的其他审查事项。故选 D。

64. A

【解析】 CJJ 75—1997《城市道路绿化规划与设计规范》3.2.1.1 条:种植乔木的分车绿带宽度不得小于 1.5m。故选 A。

65. A

【解析】 《住房和城乡建设部城乡规划督察员工作规程》第十条:(一)《督察意见书》必须跟踪督办,《督察建议书》由督察组组长视情况决定是否跟踪督办。因此 B、C 选项正确。第十二条:督察员开展工作时应主动出示"中华人民共和国城乡规划监督检查证"。因此 D 选项正确。城乡规划督察员只负责监督,不负责审批,因此 A 选项错误。故选 A。

66. D

【解析】 本题 D 选项符合题意。莫高窟(甘肃敦煌市),布达拉宫包括大昭寺、罗布林卡(西藏拉萨市),承德避暑山庄和周围寺庙(河北承德市),孔庙、孔林、孔府(山东曲阜市),云冈石窟(山西大同市),高句丽王城、王陵及贵族墓葬(辽宁桓仁县与吉林集安市)。

67. D

【解析】 《文物保护法》第二十条:建设工程选址,应当尽可能避开不可移动文物;因特殊情况不能避开的,文物保护单位应当尽可能实施原址保护。实施原址保护的,建设单位应当事先确定保护措施,根据文物保护单位的级别报相应的文物行政部门批准,并将保护措施列入可行性研究报告或者设计任务书。故选 D。

68. B

【解析】 《历史文化名城名镇名村保护条例》第十七条:保护规划由省、自治区、直辖市人民政府审批。故选 B。

69. A

【解析】 根据《县域村镇体系规划编制暂行办法》第八条:承担县域村镇体系规划编制的单位,应当具有乙级以上的规划编制资质。故选 A。

70. C

【解析】 GB 50357—2005《历史文化名城保护规划规范》3.4.2 条规定,历史城区道路规划的密度指标可在国家标准规定的上限范围内选取,历史城区道路宽度可在国家标准规定的下限内选取。故选 C。

注:本规范已被 GB/T 50357—2018《历史文化名城保护规划标准》所替代。

71. C

【解析】 《风景名胜区条例》第十条：设立国家级风景名胜区,由省、自治区、直辖市人民政府提出申请,国务院建设主管部门会同国务院环境保护主管部门、林业主管部门、文物主管部门等有关部门组织论证,提出审查意见,报国务院批准公布。

设立省级风景名胜区,由县级人民政府提出申请,省、自治区人民政府建设主管部门或者直辖市人民政府风景名胜区主管部门,会同其他有关部门组织论证,提出审查意见,报省、自治区、直辖市人民政府批准公布。因此 C 选项错误。故选 C。

72. C

【解析】 《风景名胜区条例》第十九条：国家级风景名胜区的总体规划,由省、自治区、直辖市人民政府审查后,报国务院审批。因此 C 选项错误。故选 C。

73. B

【解析】 《城乡规划法》第四条：制定和实施城乡规划,应当遵循城乡统筹、合理布局、节约土地、集约发展和先规划后建设的原则,改善生态环境,促进资源、能源节约和综合利用,保护耕地等自然资源和历史文化遗产,保持地方特色、民族特色和传统风貌,防止污染和其他公害,并符合区域人口发展、国防建设、防灾减灾和公共卫生、公共安全的需要。故选 B。

74. A

【解析】 根据《建设项目选址规划管理办法》第六条第二款,建设项目规划选址的主要依据有：(1)经批准的项目建议书；(2)建设项目与城市规划布局的协调；(3)建设项目与城市交通、通信、能源、市政、防灾规划的衔接与协调；(4)建设项目配套的生活设施与城市生活居住及公共设施规划的衔接与协调；(5)建设项目对于城市环境可能造成的污染影响,以及与城市环境保护规划和风景名胜、文物古迹保护规划的协调。故选 A。

75. B

【解析】 《城乡规划法》第五条：城市总体规划、镇总体规划以及乡规划和村庄规划的编制,应当依据国民经济和社会发展规划,并与土地利用总体规划相衔接。故选 B。

76. C

【解析】 《城乡规划法》第四十七条：有下列情形之一的,组织编制机关方可按照规定的权限和程序修改省域城镇体系规划、城市总体规划、镇总体规划：(一)上级人民政府制定的城乡规划发生变更,提出修改规划要求的；(二)行政区划调整确需修改规划的；(三)因国务院批准重大建设工程确需修改规划的；(四)经评估确需修改规划的；(五)城乡规划的审批机关认为应当修改规划的其他情形。故选 C。

77. B

【解析】 《城乡规划法》第三十条：在城市总体规划、镇总体规划确定的建设用地范围以外,不得设立各类开发区和城市新区。故选 B。

78. D

【解析】 《城乡规划法》第四十七条：修改省域城镇体系规划、城市总体规划、镇总体规划前，组织编制机关应当对原规划的实施情况进行总结，并向原审批机关报告；修改涉及城市总体规划、镇总体规划强制性内容的，应当先向原审批机关提出专题报告，经同意后，方可编制修改方案。D选项错误，应得到原审批机关同意后方可编制修改方案。故选D。

79. C

【解析】 《城乡规划法》第五十七条：城乡规划主管部门违反本法规定作出行政许可的，上级人民政府城乡规划主管部门有权责令其撤销或者直接撤销该行政许可。因撤销行政许可给当事人合法权益造成损失的，应当依法给予赔偿。由以上分析可知，C选项错误。故选C。

80. A

【解析】 房地产转让涉及各种的产权变更，与城市规划管理职能有关。《城市房地产管理法》第四十三条：以出让方式取得土地使用权的，转让房地产后，受让人改变原土地使用权出让合同约定的土地用途的，必须取得原出让方和市、县人民政府城市规划行政主管部门的同意，签订土地使用权出让合同变更协议或者重新签订土地使用权出让合同，相应调整土地使用权出让金。故选A。

二、**多项选择题**(共20题，每题1分。每题的备选项中，有2～4个选项符合题意。多选、少选、错选都不得分)

81. ABCE

【解析】 《党政领导干部生态环境损害责任追究办法(试行)》第五条：有下列情形之一的，应当追究相关地方党委和政府主要领导成员的责任：(一)贯彻落实中央关于生态文明建设的决策部署不力，致使本地区生态环境和资源问题突出或者任期内生态环境状况明显恶化的；(二)作出的决策与生态环境和资源方面政策、法律法规相违背的；(三)违反主体功能区定位或者突破资源环境生态红线、城镇开发边界，不顾资源环境承载能力盲目决策造成严重后果的；(四)作出的决策严重违反城乡、土地利用、生态环境保护等规划的；(五)地区和部门之间在生态环境和资源保护协作方面推诿扯皮，主要领导成员不担当、不作为，造成严重后果的；(六)本地区发生主要领导成员职责范围内的严重环境污染和生态破坏事件，或者对严重环境污染和生态破坏(灾害)事件处置不力的；(七)对公益诉讼裁决和资源环境保护督察整改要求执行不力的；(八)其他应当追究责任的情形。有上述情形的，在追究相关地方党委和政府主要领导成员责任的同时，对其他有关领导成员及相关部门领导成员依据职责分工和履职情况追究相应责任。故选ABCE。

82. BDE

【解析】 《中共中央 国务院关于加快推进生态文明建设的意见》要求，全面落实主体功能区规划,健全财政、投资、产业、土地、人口、环境等配套政策和各有侧重的绩效考核评价体系。推进市县落实主体功能定位,推动经济社会发展、城乡、土地利用、生态环境保护等规划"多规合一"。故选 BDE。

83．BDE

【解析】 行政法可分为实体法和程序法。实体法,是规范行政法律关系主体的地位、资格、权能等实体内容行政法规范的总称。程序法,则是规定如何实现实体性行政法规所规定的权利和义务的行政法规范的总称。我国的程序法一般包括《刑事诉讼法》《民事诉讼法》《行政诉讼法》《行政复议法》《仲裁法》等。故选 BDE。

84．ACDE

【解析】《行政许可法》第十八条:设定行政许可,应当规定行政许可的实施机关、条件、程序、期限。故选 ACDE。

85．AE

【解析】《物权法》第一百三十八条:采取招标、拍卖、协议等出让方式设立建设用地使用权的,当事人应当采取书面形式订立建设用地使用权出让合同。《城市房地产管理法》第十三条:土地使用权出让,可以采取拍卖、招标或者双方协议的方式。故选 AE。

86．ACD

【解析】 行政法的渊源有:宪法、法律、行政法规、地方性法规、自治法规、行政规章、有权法律解释、司法解释、国际条约与协定、其他行政法的渊源。国务院的规定就是行政法规。故选 ACD。

87．AE

【解析】 追究行政法律责任的原则有:(1)教育与惩罚相结合的原则;(2)责任法定原则;(3)责任自负原则;(4)主客观一致的原则。故选 AE。

88．ABD

【解析】《立法法》第八十二条:省、自治区、直辖市和设区的市、自治州的人民政府,可以根据法律、行政法规和本省、自治区、直辖市的地方性法规,制定规章。故选 ABD。

89．ABE

【解析】《土地管理法》第五十七条:建设项目施工和地质勘查需要临时使用国有土地或者农民集体所有的土地的,由县级以上人民政府土地行政主管部门批准。故选 ABE。

90．ABD

【解析】《节约能源法》第三十五条:建筑工程的建设、设计、施工和监理单位应当遵守建筑节能标准。不符合建筑节能标准的建筑工程,建设主管部门不得批准开工建设,已经开工建设的应当责令停止施工、限期改正;已经建成的,不得销售或者使用。故选 ABD。

91. BDE

【解析】 根据《风景名胜区条例》，风景名胜区总体规划应当包括下列内容：（一）风景资源评价；（二）生态资源保护措施、重大建设项目布局、开发利用强度；（三）风景名胜区的功能结构和空间布局；（四）禁止开发和限制开发的范围；（五）风景名胜区的游客容量；（六）有关专项规划。故选 BDE。

92. ACE

【解析】 《城市规划编制办法》第四十二条：控制性详细规划确定的各地块的主要用途、建筑密度、建筑高度、容积率、绿地率、基础设施和公共服务设施配套规定应当作为强制性内容。故选 ACE。

93. ABCE

【解析】 《城乡规划法》中规定的法律责任主体有人民政府、人民政府城乡规划主管部门、人民政府有关部门、城乡规划编制单位、建设单位。故选 ABCE。

94. ABCE

【解析】 根据《城市综合交通体系规划编制导则》1.4.1条：城市综合交通体系规划范围应当与城市总体规划相一致。A 选项正确。1.4.2条：城市综合交通体系规划期限应当与城市总体规划相一致。B 选项正确。2.1.3条：规划成果编制应与城市总体规划成果编制相衔接。C 选项正确。1.2.1条：城市综合交通体系规划是城市总体规划的重要组成部分，是指导城市综合交通发展的战略性规划。D 选项错误，E 选项正确。故选 ABCE。

95. ABCD

【解析】 《城乡规划法》第四十八条：修改控制性详细规划的，组织编制机关应当对修改的必要性进行论证，征求规划地段内利害关系人的意见，并向原审批机关提出专题报告，经原审批机关同意后，方可编制修改方案。修改后的控制性详细规划，应当依照本法第十九条、第二十条规定的审批程序报批。控制性详细规划修改涉及城市总体规划、镇总体规划的强制性内容的，应当先修改总体规划。故选 ABCD。

96. ABD

【解析】 GB 50289—2016《城市工程管线综合规划规范》3.0.1条：城市工程管线综合规划的主要内容应包括：协调各工程管线布局；确定工程管线的敷设方式；确定工程管线敷设的排列顺序和位置，确定相邻工程管线的水平间距、交叉工程管线的垂直间距；确定地下敷设的工程管线控制高程和覆土深度等。故选 ABD。

97. ACD

【解析】 GB 50137—2011《城市用地分类与规划建设用地标准》4.2.1条：规划人均城市建设用地面积指标应根据现状人均城市建设用地面积指标、城市（镇）所在的气候区以及规划人口规模确定。故选 ACD。

98. BD

【解析】 依据《村庄规划用地分类指南》，选项中生产绿地、工业用地不属于《村庄规划用地分类指南》中的分类。故选 BD。

99. ABCD

【解析】 GB 50282—2016《城市给水工程规划规范》6.2.1条：城市给水系统中的工程设施不应设置在易发生滑坡、泥石流、塌陷等不良地质地区,洪水淹没及低洼内涝地区。地表水取水构筑物应设置在河岸及河床稳定的地段。工程设施的防洪及排涝等级不应低于所在城市设防的相应等级。ABC 选项正确。6.2.3条：配水管网应布置成环状,D 选项正确。6.2.6条：城市给水系统主要工程设施供电等级应为一级负荷。E 选项错误。故选 ABCD。

100. ACD

【解析】《住房和城乡建设部城乡规划督察员工作规程》第七条：督察员的主要工作方式：(一)列席城市规划委员会会议、城市人民政府及其部门召开的涉及督察事项的会议；(二)调阅或复制涉及督察事项的文件和资料；(三)听取有关单位和人员对督察事项问题的说明；(四)进入涉及督察事项的现场了解情况；(五)利用当地城乡规划主管部门的信息系统搜集督察信息；(六)巡察督察范围内的国家级风景名胜区和历史文化名城；(七)公开督察员的办公电话,接收对城乡规划问题的举报。故选 ACD。

2019 年度全国注册城乡规划师职业资格考试真题与解析

城乡规划管理与法规

真　题

一、单项选择题(共 80 题,每题 1 分。每题的备选项中,只有 1 个最符合题意)

1.《中共中央关于全面深化改革若干重大问题的决定》提出,要坚持走中国特色城镇化道路,推进(　　)

  A. 高质量的城镇化   B. 以人为核心的城镇化

  C. 城乡协调发展的城镇化   D. 绿色低碳发展的城镇化

2. 下列对国土空间规划编制的近期相关工作要求中,不正确的是(　　)

  A. 同步构建国土空间规划"一张图"实施监督信息系统

  B. 统一采用第三次全国国土调查数据、西安 2000 坐标系和 1985 国家高程基准

  C. 科学评估生态保护红线、永久基本农田、城镇开发边界等重要控制线划定情况,进行必要的调整完善

  D. 开展资源环境承载能力和国土空间开发适宜性评价工作

3. 中共中央、国务院印发的《生态文明体制改革总体方案》提出了建立国家公园体制,改革各部门分头设置(　　)的体制,对上述保护地进行功能重组,合理界定国家公园范围。

  A. 自然保护区、风景名胜区、地质公园、森林公园等

  B. 自然保护区、文化自然遗产、地质公园、森林公园等

  C. 自然保护区、风景名胜区、文化自然遗产、森林公园等

  D. 自然保护区、风景名胜区、文化自然遗产、地质公园、森林公园等

4. 根据《行政处罚法》,地方性法规不能设定的行政处罚种类是(　　)

  A. 警告、罚款   B. 没收违法所得、没收非法财物

  C. 责令停产停业   D. 吊销企业营业执照

5. "建设用地使用权"属于《物权法》中(　　)的范畴。

  A. 共有   B. 相邻关系   C. 所有权   D. 用益物权

6. 根据《水法》,下列关于水资源的叙述中,不正确的是(　　)

  A. 国家对水资源实行流域管理的管理体制

  B. 开发利用水资源,应该服从防洪的总体安排

  C. 开发利用水资源,应当首先满足城乡居民生活用水

  D. 对城市中直接从地下水取水的单位,征收水资源费

7. 根据《消防法》,国务院住房和城乡建设主管部门规定的特殊建设工程,建设单位应当将消防设计文件报送住房和城乡建设主管部门(　　)

  A. 备案   B. 预审   C. 验收   D. 审查

8. 根据《人民防空法》,下列关于人民防空的叙述中,不正确的是( )

  A. 城市是人民防空的要点

  B. 国家对重要经济目标实行分类防护

  C. 人民防空是国防的组成部分

  D. 城市人民政府应当制定人民防空工程建设规划

9. 下列关于临时用地的相关表述中,正确的是( )

  A. 城市规划区内的临时用地,在报批前,应当先经有关城市土地行政主管部门同意

  B. 使用临时用地,应按照合同的约定支付临时使用土地补偿费

  C. 临时用地在使用前应与村民签订用地合同

  D. 临时用地期限一般不超过 5 年

10. 按照行政行为的生效规则,规划部门核发的建设工程规划许可证应该属于( )

  A. 即时生效 B. 受领生效 C. 告知生效 D. 附条件生效

11. 根据《防震减灾法》,对于重大建设工程和可能发生严重次生灾害的建设工程,应当依据( )确定其抗震设防要求。

  A. 地震活动趋势   B. 地震区域图

  C. 地震减灾规划   D. 地震安全性评价结果

12. 根据《物权法》,下列关于建设用地使用权的叙述中,不正确的是( )

  A. 设立建设用地使用权,可以采取出让或者划拨等方式

  B. 设立建设用地使用权,应当向登记机构申请建设用地使用权登记

  C. 建设用地使用权自登记时设立

  D. 建设用地使用权不得在地下设立

13. 下列根据"土地用途"分类的选项中,符合《土地管理法》规定的是( )

  A. 农用地、建设用地、未利用地

  B. 基本农田、建设用地、未利用地

  C. 工业用地、居住用地、公用设施用地

  D. 耕地、林草用地、农田水利用地

14. 根据《土地管理法》,下列关于建设用地的说法中,错误的是( )

  A. 在城市规划区内,城市建设用地应当符合城市规划

  B. 城市总体规划中建设用地规模不得超过土地利用总体规划确定的城市建设用地规模

  C. 城市土地利用计划实行建设用地存量控制

  D. 城市建设用地规模应当符合国家规定的标准

15. 关于设定和实施行政许可应当遵循的原则,下列说法中错误的是(　　)
    A. 公开原则
    B. 公平、公正原则
    C. 便民原则
    D. 协商原则

16. 国务院城乡规划主管部门行文,对"违法建设"行为进行解释,应当属于(　　)
    A. 立法解释
    B. 司法解释
    C. 执法解释
    D. 行政解释

17. 行政层级监督属于(　　)范畴。
    A. 行政内部监督
    B. 权力机关监督
    C. 政治监督
    D. 社会监督

18. 人们的行为规则,在法学上统称为(　　)
    A. 法律
    B. 法规
    C. 道德
    D. 规范

19. 在城乡规划许可中,下列行为属于"行政法律关系"产生的是(　　)
    A. 建设单位申请工程报建
    B. 规划部门受理工程报建后
    C. 规划部门审定总平面图后
    D. 规划部门核发建设工程规划许可证

20. 规划部门依法核发的"一书三证"规定的内容,非依法不得随意变更,在行政法中称为行政行为的(　　)
    A. 确定力
    B. 拘束力
    C. 执行力
    D. 公定力

21. 根据《城乡规划法》,县级以上地方人民政府城乡规划主管部门法定行政管理范畴是(　　)
    A. 城市规划区
    B. 城市建成区
    C. 城市限建区和适建区
    D. 行政区域

22. 根据《城乡规划法》,下列需要申请选址意见书的建设项目是(　　)
    A. 以划拨方式提供国有土地使用权的
    B. 依法出让土地使用权的
    C. 以国家租赁方式提供国有土地使用权的
    D. 取得房地产开发用地的土地使用权的

23. 按照《土地管理法》,下列说法中正确的是(　　)
    A. 农民集体所有的土地,由县级人民政府登记造册,核发证书,确认使用权
    B. 农民集体所有的土地,由县级人民政府土地行政主管部门登记造册,核发证书,确认所有权
    C. 农民集体所有的土地,由镇级人民政府土地行政主管部门登记造册,核发证书,确认所有权
    D. 农民集体所有的土地,由乡人民政府登记造册,核发证书,确认所有权

24. 根据《城乡规划法》,下列选项中不属于城市总体规划强制性内容的是(　　)
    A. 水源地和水系

B. 城市性质

C. 防灾减灾

D. 基础设施和公共服务服务设施用地

25. 根据《环境保护法》,以下需要国家划定生态保护红线、实行严格保护的是（　　）

A. 重点生态功能区、生态环境敏感区和脆弱区等区域

B. 重点生态功能区、水源涵养区和脆弱区等区域

C. 珍稀、濒危的野生动植物自然分布区域、生态敏感区和脆弱区等区域

D. 生态功能区、生态环境敏感区和脆弱区等区域

26. 根据《城乡规划法》,实施规划时应遵循的原则不包括（　　）

A. 统筹兼顾进城务工人员生活和周边农村经济社会发展、村民生产与生活的需要

B. 优先安排基础设施以及公共服务设施的建设

C. 妥善处理新区开发与旧区改建的关系

D. 合理确定建设规模和时序

27. 下列关于"违法建设行为进行行政强制"的行为说法中,正确的是（　　）

A. 是所在地城市人民政府依职权的行政行为

B. 是所在地综合执法部门依职权的行政行为

C. 是所在地规划部门依职权的行政行为

D. 是所在地人民法院的职责

28. 根据《城市道路交通规划设计规范》,小城市乘客平均换乘系数不应大于（　　）

A. 1.3　　　　　B. 1.5　　　　　C. 1.7　　　　　D. 2.0

29. 根据《城乡规划法》,城乡规划主管部门不得在城乡规划确定的（　　）以外作出规划许可。

A. 城市行政区范围　　　　　　　　B. 建设用地范围

C. 规划区范围　　　　　　　　　　D. 建成区范围

30. 下列规划不属于县级人民政府组织编制的是（　　）

A. 县人民政府所在地镇总体规划　　B. 乡规划和村庄规划

C. 历史文化名镇保护规划　　　　　D. 省级风景名胜区规划

31. 根据《历史文化名城名镇名村保护规划编制要求》,下列说法错误的是（　　）

A. 历史文化名城保护规划范围与城市总体规划一致

B. 历史文化名城保护规划应单独编制

C. 历史文化名镇保护规划应单独编制

D. 历史文化名村保护规划应单独编制

32. 根据《乡村建设规划许可实施意见》,下列选项中不正确的是（　　）

A. 乡村建设规划许可适用范围是乡、村庄规划区内

B. 乡村建设规划许可的内容应包括对地块位置、用地范围、用地性质、建筑

面积、建筑高度等的要求

    C. 乡村建设规划许可申请主体为乡人民政府

    D. 乡村建设规划许可申请由城市、县人民政府城乡规划主管部门进行审查

33. 根据《城市、镇控制性详细规划编制审批办法》，下列叙述中不正确的是（   ）

    A. 控制性详细规划是城乡规划主管部门作出的规划行政许可，实施规划管理的依据

    B. 国有土地使用权的划拨、出让应当符合控制性详细规划

    C. 县人民政府所在城镇的控制性详细规划由镇人民政府组织编制

    D. 任何单位和个人都应当遵守经依法批准并公布的控制性详细规划

34. 根据《城市规划编制办法》，对住宅、医院、学校和托幼等建筑进行日照分析，属于（   ）的内容。

    A. 景观设计   B. 控制性详细规划

    C. 修建性详细规划   D. 近期建设规划

35. 根据《城市规划编制办法》，下列叙述中不正确的是（   ）

    A. 城市规划分为总体规划和详细规划两个阶段

    B. 城市详细规划分为控制性详细规划和修建性详细规划

    C. 城市总体规划包括中心区规划和近期建设规划

    D. 历史文化名城的城市总体规划，应当包括专门的历史文化名城保护规划

36. 根据《城市、镇控制性详细规划编制审批办法》应当优先编制控制性详细规划的地区包括（   ）

    A. 中心城区、旧城改造城区、近期建设地区

    B. 中心城区、旧城改造城区、历史文化街区

    C. 中心城区、旧城改造城区、棚户区

    D. 中心城区、旧城改造城区、限建区

37. 根据《城市规划编制办法》，各地块的建筑体量、体型、色彩等城市设计指导原则是（   ）的内容。

    A. 城市分区规划   B. 控制性详细规划

    C. 城市近期建设规划   D. 城市总体规划

38. 根据《城市设计管理办法》，城市、县人民政府城乡规划主管部门负责组织编制本行政区域内总体城市设计、重点地区的城市设计（   ）

    A. 经本级人民政府批准后，报本级人民代表大会常务委员会备案

    B. 经本级人民政府批准后，报上一级人民政府备案

    C. 报本级人民政府审批

    D. 报上级人民政府审批

39. 根据《城市规划制图标准》，城市总体规划图上标示的风玫瑰叠加绘制了虚线玫瑰，虚线玫瑰是（   ）

A. 污染系数玫瑰　B. 污染频率玫瑰　　C. 冬季风玫瑰　　D. 夏季风玫瑰

40. 根据《城市水系规划规范》，下列说法中错误的是（　　　）

　　A. 水系改造应保持现有水系结构的完整性

　　B. 水系改造不得减少现状水域总面积

　　C. 水系改造可以减少水体涨落带的宽度

　　D. 水系改造应符合水系综合利用要求

41. 根据《城市环境卫生设施规划规范》，下列不属于环境卫生公共设施的是（　　　）

　　A. 公共厕所　　　　　　　　　　　　B. 生活垃圾收集点

　　C. 城市污水处理设施　　　　　　　　D. 粪便污水前端处理设施

42. 根据《城市公共设施规划规范》，下列说法中不正确的是（　　　）

　　A. 新建高等院校宜在城市边缘地区选址

　　B. 规划新的大型游乐设施用地应选址在城市边缘地区外围交通方便的地段

　　C. 传染性疾病的医疗卫生设施宜选址在城市边缘地区的下风方向

　　D. 老年人设施布局宜邻近居住区环境较好的地段

43. 根据《城市停车规划规范》，下列说法中不正确的是（　　　）

　　A. 基本车位是指满足车辆拥有者在无出行时车辆长时间停放需求的相对
　　　　固定停车位

　　B. 出行车位是指满足车辆使用者在有出行时车辆临时停放需求的停车位

　　C. 城市中心区的人均机动车停车位的供给水平应高于城市外围地区

　　D. 公共交通服务水平较高地区的人均机动车停车位供给水平不应高于水
　　　　平较低的地区

44. 根据《城市对外交通规划规范》，高速铁路客站应合理设置在（　　　）

　　A. 中心城区内　　　　　　　　　　　B. 城市中心区

　　C. 城市中心区外围　　　　　　　　　D. 城市郊区

45. 根据《城市规划强制性内容暂行规定》，下列选项中不属于城市详细规划强
制性内容的是（　　　）

　　A. 规划地段内各个地块的土地主要用途

　　B. 规划地段内各个地块允许的建设总量

　　C. 规划地段内各个地块允许的人口数量

　　D. 对特定地区地段规划允许的建设高度

46. 根据《城市地下空间开发利用管理规定》，下列说法中错误的是（　　　）

　　A. 城市地下空间规划是城市规划的重要组成部分

　　B. 城市地下空间规划需要变更的，需经原批准机关审批

　　C. 承担城市地下空间规划编制任务的单位，应当符合国家规定的资质要求

　　D. 城市地下空间建设规划应报城市上一级人民政府批准

47. 根据《城市绿线管理办法》，下列选项中不正确的是（　　　）

A. 编制城市总体规划,应当划定城市绿线

B. 城市园林绿化行政主管部门负责城市绿线的划定工作

C. 批准的城市绿线要向社会公布

D. 因建设或其他特殊情况,需要临时占用城市绿线内用地的,必须依法办理相关审批手续

48. 根据《城市绿线管理办法》,绿线是指城市( )范围的控制线。

A. 公园绿地与广场等公共开放空间用地

B. 公园绿地、居住区绿地

C. 公园绿地、居住区绿地、道路绿地

D. 各类绿地

49. 根据《城市防洪规划规范》,下列选项中不正确的是( )

A. 城市用地布局必须满足行洪要求

B. 城市公园绿地、广场、运动场应当布置在城市防洪安全性较高地区

C. 城市规划区内的调洪水库应划入城市蓝线进行严格保护

D. 城市规划区内的堤防应划入城市黄线进行保护

50. 根据《城乡用地评定标准》,下列选项中正确的是( )

A. 对现状建成区用地,可只采用定量计算评判法进行评定

B. 对现状建成区用地,可只采用定性评判法进行评定

C. 对拟定的新区用地,可只采用定量计算评判法进行评定

D. 对拟定的新区用地,可只采用定性评判法进行评定

51. 根据《城乡用地评定标准》,城乡用地评定单元按照建设适宜性分为( )

A. 适于修建用地,改善条件后才能修建的用地,不适宜修建的用地

B. 有利建设用地,可以建设用地,不利建设用地

C. 适宜建设用地,较适宜建设用地,适宜性差建设用地,不适宜建设用地

D. 适宜建设用地,可建设用地,不适宜建设用地,不可建设用地

52. 城市抗震防灾规划分为甲、乙、丙3种模式,下列选项中不属于编制模式划分依据的是( )

　　A. 城市规模　　　B. 城市重要性　　　C. 城市性质　　　D. 抗震防灾要求

53. 《城市地下空间开发利用管理规定》所称的城市地下空间,是指( )内的地下空间。

　　A. 城市规划区　　B. 城市建设区　　　C. 城市中心城区　　D. 城市行政区

54. 根据《城市消防规划规范》,下列说法中错误的是( )

　　A. 历史文化街区应配置大型的消防设施

　　B. 历史文化街区外围宜设置环形消防车通道

　　C. 条件不满足的情况下,应设置水池、水缸、沙池、灭火器等消防设施和器材

　　D. 历史城区应建立消防安全体系,因地制宜地配置消防设施、装备和器材

55. 根据《历史文化名城名镇名村保护条例》，历史文化名城保护规划应由（　　）审批。

  A. 国务院

  B. 国务院建设主管部门会同国务院文物主管部门

  C. 省、自治区、直辖市人民政府

  D. 省、自治区、直辖市城乡规划主管部门

56. 根据《城市用地分类与规划建设用地标准》，"设施较齐全，环境良好，以多、中、高层住宅为主的用地"的用地属于（　）

  A. 一类居住用地   B. 二类居住用地

  C. 三类居住用地   D. 四类居住用地

57. 根据《城市用地分类与规划建设用地标准》，下列选项中属于城乡用地大类的是（　　）

  A. 城市建设用地、乡建设用地

  B. 建设用地、非建设用地

  C. 城乡居民点建设用地、镇建设用地

  D. 城镇建设用地、村庄建设用地

58. 在经济规模当量小于 300 万人的重要城市，常住人口应小于（　　）万人，防洪标准重现期应采用 100～200 年。

  A. 100   B. 150   C. 200   D. 250

59. 根据《城市绿地分类标准》，下列说法中错误的是（　　）

  A. 附属绿地不能单独参与城市建设用地平衡

  B. 位于城市建设用地以内的风景名胜公园，应归类于"其他专类公园"

  C. 小区游园归属于附属用地

  D. 生产绿地应参与城市建设用地平衡

60. 在《城市用地分类与规划建设用地标准》和《镇规划标准》中，一些用地的代码相同，但名称和内涵不同，下表中不正确的一项是（　　）

	类 别 代 码	城市建设用地分类	镇用地分类
A.	S	道路与交通设施用地	对外交通用地
B.	M	工业用地	生产设施用地
C.	U	公共设施用地	工程设施用地
D.	G	绿地与广场	绿地

61. 根据《城市抗震防灾规划管理规定》，下列不属于城市抗震防灾规划中强制性内容的是（　　）

  A. 抗震设防标准   B. 建设用地评价与要求

  C. 抗震防灾措施   D. 抗震设防区划

62. 根据《市政公用设施抗灾设防管理规定》，下列不属于建设单位应当在初步

2019年度全国注册城乡规划师职业资格考试真题与解析·城乡规划管理与法规

设计阶段组织专家进行抗震专项论证的项目是(　　　)

    A. 结构复杂或者采用隔震减震措施的大型城镇桥梁和城市轨道交通桥梁

    B. 超过5000m²的地下停车场等地下工程设施

    C. 直接作为地面建筑或者桥梁基础以及处于可能液化或者软黏土层的隧道

    D. 震后可能发生严重次生灾害的共同沟工程、污水集中处理设施和生活垃圾集中处理设施

63. 根据《停车场建设和管理暂行规定》,下列选项中不正确的是(　　　)

    A. 规划和建设居民住宅权,应根据需要配建相应的停车场

    B. 应当配建停车场而未配建或停车场不足的,应逐步补建或扩建

    C. 停车场分为专用停车场和公共停车场

    D. 改变停车场的使用性质,须经城市建设主管部门批准

64. 根据《城市综合交通体系规划编制导则》,下列选项中不属于步行与自行车系统规划主要内容的是(　　　)

    A. 提出行人、自行车过街设施布局基本要求,以及步行街区布局和范围

    B. 提出行人、自行车流量预测报告

    C. 确定城市自行车设施规划布局原则

    D. 确定步行、自行车交通系统网络布局框架及规划指标

65. 某城市人口大于200万人,拟建设城市快速路,提出了4个设计方案,符合《城市道路交通规划设计规范》的方案是(　　　)

	机动车设计车速/(km/h)	道路网密度/(km/km²)	机动车车道数/条	道路宽度/m
A.	120	0.6～0.7	8～10	50～55
B.	100	0.5～0.6	8	45～50
C.	80	0.4～0.5	6～8	40～45
D.	60	0.3～0.4	6	35～40

66. 根据《城市居住区规划设计标准》,下列说法错误的是(　　　)

    A. 住宅建筑日照标准计算起点为底层窗台面

    B. 老年人居住建筑日照不应低于冬至日日照时数2h

    C. 旧区改造建设项目内新建住宅建筑日照标准不应低于大寒日日照时数1h

    D. 既有住宅建筑进行无障碍改造加装电梯,不应使相邻住宅原有日照标准降低

67. 根据《城市居住区规划设计标准》,下列说法不正确的是(　　　)

    A. 围合居住街坊一般为城市道路

B. 居住区应该采用"小街区,密路网"的交通组织方式

C. 居住区内城市道路间距不应超过 500m

D. 居住区内行人与机动车混行的路段,机动车车速不应超过 10km/h

68. 建筑气候区是住宅布局的考虑因素之一,我国建筑气候区划分为(　　)

    A. 3 类　　　　　　B. 5 类　　　　　　C. 7 类　　　　　　D. 9 类

69. 根据《城市居住区规划设计标准》,居住区用地由(　　)组成。

A. 住宅用地、公建用地、道路用地和公共绿地

B. 住宅用地、公园绿地、道路用地和公共服务设施用地

C. 住宅用地、配套设施用地、公共绿地和城市道路用地

D. 住宅用地、配套设施用地、道路用地和公园绿地

70. 根据《城市排水工程规划规范》,城市污水收集、输送不能采用的方式是(　　)

    A. 管道　　　　　　B. 暗渠　　　　　　C. 明渠　　　　　　D. 综合管廊

71. 根据《城市给水工程规划规范》,下列说法中错误的是(　　)

A. 地下水为城市水源时,取水量不得大于允许开采量

B. 缺水城市再生水利用率不应低于 20%

C. 自备水源可与公共给水系统相连接

D. 非常规水源严禁与公共给水系统连接

72. 根据《城市水系规划规范》,城市水系保护内容应包括(　　)

A. 水域保护、水质保护、滨水空间控制、水生态保护

B. 水质保护、水域保护、滨水空间控制、水环境保护

C. 水域保护、滨水空间控制、水环境保护、水生态保护

D. 水质保护、滨水空间控制、水环境保护、水生态保护

73. 下列说法中,符合《城市给水工程规划规范》的是(　　)

A. 某特大城市综合生活用水量指标为 250L/(人・d)

B. 某中等城市综合生活用水量指标为 120L/(人・d)

C. 居住用地的用水量指标为 200m³/(hm²・d)

D. 工业用地的用水量指标为 160m³/(hm²・d)

74. 下列术语解释中,不符合《城市规划基本术语标准》的是(　　)

	术语名称	术语解释
A.	城市道路系统	城市范围内由不同功能、等级、区位的道路,以一定方式组成的有机整体
B.	城市给水系统	城市给水的取水、水质处理、输水和配水等工程设施以一定方式组成的总体
C.	城市排水系统	城市污水和雨水的收集、输送、处理和排放等工程设施以一定方式组成的总体
D.	城市供热系统	由集中热源、供热管网等设施和热能用户使用设施组成的总体

75. 下列规划术语中,不符合《城市电力规划规范》的是( )
   A. 城市用电负荷——城市内或城市规划片区内,所有用电户在某一时刻实际耗用的有功功率的总和
   B. 城市供电电源——为城市提供电能来源的发电厂和接受市域内电力系统电能的电源变电站的总称
   C. 城市电网——城市区域内,为城市用户供电的各级电网的总称
   D. 开关站——城网中设有高、中压配电进出线,对功率进行再分配的供电设施

76. 《城镇燃气规划规范》规定,城镇中压燃气管道布线不宜敷设在( )
   A. 道路绿化带下   B. 非机动车道下
   C. 人行步道下   D. 机动车道下

77. 根据《城乡建设用地竖向规划规范》,规划地面形式可分为平坡式、台阶式和混合式,下列说法错误的是( )
   A. 用地自然坡度小于5%时,宜规划为平坡式
   B. 用地自然坡度大于8%时,宜规划为台阶式
   C. 用地自然坡度为5%~8%时,宜规划为混合式
   D. 用地自然坡度大于15%时,不宜作为城镇中心区建设用地

78. 根据《城镇老年人设施规划规范》,新建老年人设施场地范围内的绿地率不应低于( )
   A. 30%   B. 35%   C. 40%   D. 45%

79. 某居住区的人口规模约为18000人,住宅数量6000套,则该区域在居住区分级规模上应该是( )
   A. 居住街坊   B. 五分钟生活圈居住区
   C. 十分钟生活圈居住区   D. 十五分钟生活圈居住区

80. 根据《城市排水工程规划规范》,下列说法中错误的是( )
   A. 同一城市应采用统一的排水机制
   B. 除干旱地区外,城市新建地区排水系统应采用分流制
   C. 不具备改造条件的合流制地区可采用截流式合流制排水体制
   D. 除干旱地区外,旧城改造地区的排水系统应采用分流制

二、**多项选择题**(共20题,每题1分。每题的备选项中,有2~4个选项符合题意。多选、少选、错选都不得分)

81.《中共中央 国务院关于建立国土空间规划体系并监督实施的若干意见》中明确,要坚持底线思维,立足资源和环境承载能力,加快构建( )
   A. 生态环保红线   B. 环境质量安全底线
   C. 永久基本农田保护红线   D. 生态功能保障基线

E. 自然资源利用上线

82. 根据《关于统筹推进自然资源资产产权制度改革的指导意见》,宅基地"三权分置"是指(　　)分置。

　　A. 所有权　　　　　B. 资格权　　　　　C. 使用权　　　　　D. 经营权

　　E. 开发权

83. 根据《行政许可法》,下列属于公民、法人或者其他组织的权利是(　　)

　　A. 许可权　　　　　B. 陈述权　　　　　C. 申辩权　　　　　D. 处罚权

　　E. 执行权

84. 根据《行政诉讼法》人民法院审理行政案件,以(　　)为依据。

　　A. 政策　　　　　B. 法律　　　　　C. 行政法规　　　　　D. 地方性法规

　　E. 政府规范性文件

85. 行政合法性原则的内容包括(　　)

　　A. 行政权限合法　　　　　　　　B. 行政主体合法

　　C. 行政行为合法　　　　　　　　D. 行政方式合法

　　E. 行政对象合法

86. 根据《城乡规划法》,近期建设规划的重点内容有(　　)

　　A. 重要基础设施　　　　　　　　B. 公共服务设施

　　C. 中低收入居民住房建设　　　　D. 生态环境保护

　　E. 防震减灾

87. 根据《城乡规划法》,乡规划、村庄规划应当(　　)

　　A. 从农村实际出发　　　　　　　B. 尊重村民意愿

　　C. 体现地方特色　　　　　　　　D. 体现农村特色

　　E. 明确产业发展

88. 《城市紫线管理办法》规定,城市紫线范围内禁止进行(　　)活动。

　　A. 各类基础设施建设

　　B. 违反保护规划的大面积拆除、开发

　　C. 占用或者破坏保护规划确定保留的园林绿地、河湖水系、道路和古树名木等

　　D. 进行影视摄制、举办大型群众活动

　　E. 修建破坏历史街区传统风貌的建筑物和其他设施

89. 根据《土地管理法》,可以以划拨方式取得建设用地的包括(　　)

　　A. 国家机关用地

　　B. 军事用地

　　C. 国家重点扶持产业结构升级项目用地

　　D. 城市基础设施用地

E. 国家重点扶持的能源、交通用地

90. 对历史文化名城实施整体保护是指保持历史文化名城的（　　）

    A. 城市布局   B. 城市结构   C. 传统格局   D. 历史风貌

    E. 空间尺度

91. 在风景名胜区内开展的活动,应当经风景名胜区管理机构审核后,依法报有关主管部门批准的是（　　）

    A. 设置、张贴商业广告

    B. 举办大型游乐等活动

    C. 改变水资源、水环境自然状态的活动

    D. 其他影响生态和景观的活动

    E. 环境保护、防火安全等公益宣传活动

92. 根据《城乡规划法》,组织编制机关可按照规定权限和程序修改城市总体规划的情形有（　　）

    A. 行政区划调整确需修改规划的

    B. 上级人民政府制定的城乡规划发生变更,提出修改规划要求的

    C. 因省、自治区、直辖市人民政府批准重大建设工程确需修改规划的

    D. 经评估确需修改规划的

    E. 城乡规划的审批机关认为应当修改规划的其他情形

93. 根据《城市规划强制性内容暂行规定》,下列规划编制中,必须明确强制性内容的是（　　）

    A. 省域城镇体系规划   B. 城市总体规划

    C. 城市国民经济和发展规划   D. 城市详细规划

    E. 城市景观规划

94. 《城市公共设施规划规范》的适用范围为（　　）

    A. 城镇体系规划   B. 设市城市的城市总体规划

    C. 大、中城市的城市分区规划   D. 建制镇的总体规划

    E. 乡规划

95. 根据《城市工程管线综合规划规范》,在道路红线宽度超过 40m 的城市干道布置工程管线时,宜在道路两侧布置的有（　　）

    A. 配水   B. 通信   C. 热力   D. 排水

    E. 配气

96. 根据《城市绿地分类标准》,下列选项中不属于公园绿地分类的有（　　）

    A. 综合公园   B. 社区公园   C. 游园   D. 带状公园

    E. 街旁绿地

97. 根据《城市排水工程规划规范》,城市污水处理厂选址,除了要便于污水再生利用,符合供水水源防护要求外,还需要考虑的有（　　）

A. 位于城市夏季最小频率风向的上风侧

B. 工程地质及防洪排涝条件良好的地区

C. 与城市居住及公共服务设施用地保持必要的卫生防护距离

D. 交通比较方便

E. 有扩建的可能

98. 根据《城乡用地评定标准》,对城乡用地进行评定时涉及的特殊指标有(　　　)

A. 泥石流　　　　B. 地基承载力　　　C. 地面高程　　　　D. 地下水埋深

E. 矿藏

99. 根据《城市消防规划规范》,下列说法中正确的有(　　　)

A. 无市政消火栓或消防水鹤的城市区域应设置消防水池

B. 无消防车通道的城市区域应设置消防水池

C. 消防供水不足的城市区域应设置消防水池

D. 体育场馆等人员密集场所应设置消防水池

E. 每个消防辖区内,至少应设置一个为消防车提供应急水源的消防水池

100. 根据《城市居住区规划设计标准》,居住区选址必须遵循的强制性条文有(　　　)

A. 不得在有滑坡、泥石流、山洪等自然灾害威胁的地段进行建设

B. 应有利于采用低影响开发的建设方式

C. 存在噪声污染、光污染的地段,应采取相应的降低噪声和光污染的防护措施

D. 土壤存在污染的地段,必须采取有效措施进行无害化处理,并应达到居住用地土壤环境质量要求

E. 应符合所在地经济社会发展水平和文化习俗

真题解析

一、单项选择题(共80题,每题1分。每题的备选项中,只有1个最符合题意)

1. B

【解析】 《中共中央关于全面深化改革若干重大问题的决定》指出,完善城镇化健康发展体制机制,坚持走中国特色新型城镇化道路,推进以人为核心的城镇化。故选 B。

2. B

【解析】 自然资源部《关于全面开展国土空间规划工作的通知》要求,本次规划编制统一采用第三次全国国土调查数据作为规划现状底数和底图基础,统一采用2000 国家大地坐标系和1985 国家高程基准作为空间定位基础,各地要按此要求尽快形成现状底数和底图基础。因此 B 选项错误。故选 B。

3. D

【解析】 《生态文明体制改革总体方案》要求,加强对重要生态系统的保护和永续利用,改革各部门分头设置自然保护区、风景名胜区、文化自然遗产、地质公园、森林公园等的体制,对上述保护地进行功能重组,合理界定国家公园范围。故选 D。

4. D

【解析】 根据《行政处罚法》第十一条:地方性法规可以设定除限制人身自由、吊销企业营业执照以外的行政处罚。故选 D。

5. D

【解析】 根据《物权法》第一百三十五条:建设用地使用权属于用益物权。故选 D。

6. A

【解析】 根据《水法》第十二条:国家对水资源实行流域管理和行政区域管理相结合的管理体制。故选 A。

7. D

【解析】 根据《消防法》第十一条:国务院住房和城乡建设主管部门规定的特殊建设工程,建设单位应当将消防设计文件报送住房和城乡建设主管部门审查,住房和城乡建设主管部门依法对审查的结果负责。故选 D。

8. B

【解析】 根据《人民防空法》第十一条:城市是人民防空的重点。国家对城市实行分类防护。第十三条:城市人民政府应当制定人民防空工程建设规划,并纳入城市总体规划。因此 B 选项符合题意。

9. B

【解析】 根据《土地管理法》第五十七条：建设项目施工和地质勘查需要临时使用国有土地或者农民集体所有的土地的,由县级以上人民政府自然资源主管部门批准。其中,在城市规划区内的临时用地,在报批前,应当先经有关城市规划行政主管部门同意。土地使用者应当根据土地权属,与有关自然资源主管部门或者农村集体经济组织、村民委员会签订临时使用土地合同,并按照合同的约定支付临时使用土地补偿费。临时使用土地的使用者应当按照临时使用土地合同约定的用途使用土地,并不得修建永久性建筑物。临时使用土地期限一般不超过二年。故选 B。

10. B

【解析】 受领是指行政机关将行政行为告知相对方,并为相对方所接受。受领生效,一般适用于特定人为行为对象的行政行为,行政行为的对象明确、具体,一般采用受领的方式交接。建设工程规划许可证属于行政对象具体、明确,且被行政相对方接受,采用当面签字领取的方式交接。故选 B。

11. D

【解析】 根据《防震减灾法》第三十五条：重大建设工程和可能发生严重次生灾害的建设工程,应当按照国务院有关规定进行地震安全性评价,并按照经审定的地震安全性评价报告所确定的抗震设防要求进行抗震设防。故选 D。

12. D

【解析】 根据《物权法》第一百三十六条：建设用地使用权分层设立,建设用地使用权可以在土地的地表、地上或者地下分别设立。故选 D。

13. A

【解析】 《土地管理法》第四条中,国家编制土地利用总体规划规定土地用途,将土地分为农用地、建设用地和未利用地。故选 A。

14. C

【解析】 根据《土地管理法》第二十一条：城市建设用地规模应当符合国家规定的标准,充分利用现有建设用地,不占或者尽量少占农用地。城市总体规划、村庄和集镇规划,应当与土地利用总体规划相衔接,城市总体规划、村庄和集镇规划中建设用地规模不得超过土地利用总体规划确定的城市和村庄、集镇建设用地规模。在城市规划区内、村庄和集镇规划区内,城市和村庄、集镇建设用地应当符合城市规划、村庄和集镇规划。因此 ABD 选项正确。第二十三条：各级人民政府应当加强土地利用计划管理,实行建设用地总量控制。因此 C 选项符合题意。

15. D

【解析】 根据《行政许可法》第五条：设定和实施行政许可,应当遵循公开、公平、公正、非歧视的原则。第六条：实施行政许可,应当遵循便民的原则,提高办事效率,提供优质服务。故选 D。

16. D

【解析】 行政解释指国家行政机关（城乡规划主管部门）在依法行使职权时，对非由其创制的有关法律、法规如何具体应用问题所作的解释。故选 D。

17. A

【解析】 上级行政机关对下级行政机关的日常行政监督，主管机关对其他行政机关的行政监督和专门行政机关的审计监督，行政监察机关对特定范围内的行政行为的监督。这些关系均为行政机关之间的监督关系，属于行政内部监督。故选 A。

18. D

【解析】 人们的行为规则，在法学上统称为规范。故选 D。

19. B

【解析】 行政法律关系的产生是基于行政主体和行政相对人之间的权利和义务关系，因此，代表行政相对人的建设单位提出申请，待代表行政主体的规划局受理后行政法律关系才产生。故选 B。

20. A

【解析】 行政行为的确定力是指有效成立的行政行为具有不可变更力，即非依法不得随意变更、撤销。行政主体非依法定理由和程序不得随意变更行为的内容，或者就同一事项重新作出行政行为。行政相对人不得否认行政行为的内容、随意改变行政行为的内容。要求改变行政行为必须依法提出申请。故选 A。

21. D

【解析】 根据《城乡规划法》第十一条：国务院城乡规划主管部门负责全国的城乡规划管理工作。县级以上地方人民政府城乡规划主管部门负责本行政区域内的城乡规划管理工作。故选 D。

22. A

【解析】 根据《城乡规划法》第三十六条：按照国家规定需要有关部门批准或者核准的建设项目，以划拨方式提供国有土地使用权的，建设单位在报送有关部门批准或者核准前，应当向城乡规划主管部门申请核发选址意见书。前款规定以外的建设项目不需要申请选址意见书。故选 A。

23. A

【解析】 根据《土地管理法》第十一条：农民集体所有的土地，由县级人民政府登记造册，核发证书，确认所有权。故选 A。

24. B

【解析】 根据《城乡规划法》第十七条：规划区范围、规划区内建设用地规模、基础设施和公共服务设施用地、水源地和水系、基本农田和绿化用地、环境保护、自然历史文化遗产保护以及防灾减灾等内容，应当作为城市总体规划、镇总体规划的强制性内容。故选 B。

25. A

【解析】《环境保护法》第二十九条：国家在重点生态功能区、生态环境敏感区和脆弱区等区域划定生态保护红线，实行严格保护。故选 A。

26. D

【解析】《城乡规划法》第二十九条：城市的建设和发展，应当优先安排基础设施以及公共服务设施的建设，妥善处理新区开发与旧区改建的关系，统筹兼顾进城务工人员生活和周边农村经济社会发展、村民生产与生活的需要。故选 D。

27. A

【解析】 行政强制执行分为行政机关自行强制执行和向法院申请强制执行两类。依职权行政行为是指行政机关依据法律授予的职权，无须向对方请求而主动实施的行政行为。依职权行政行为的种类很多，包括行政规划、行政命令、行政征收、行政处罚、行政强制等。因此，对"违法建设行为进行行政强制"的行为是所在地城市人民政府依职权的行政行为。故选 A。

28. A

【解析】 根据 GB/T 51328—2018《城市综合交通体系规划标准》3.2.3 条：大城市乘客平均换乘系数不应大于 1.5；中、小城市不应大于 1.3。故选 A。

29. B

【解析】 根据《城乡规划法》第四十二条：城乡规划主管部门不得在城乡规划确定的建设用地范围以外作出规划许可。故选 B。

30. B

【解析】 根据《城乡规划法》第二十二条：乡、镇人民政府组织编制乡规划、村庄规划，报上一级人民政府审批。村庄规划在报送审批前，应当经村民会议或者村民代表会议讨论同意。故选 B。

31. D

【解析】 根据《历史文化名城名镇名村保护规划编制要求》第三条：历史文化名城、名镇保护规划的规划范围与城市、镇总体规划的范围一致，历史文化名村保护规划与村庄规划的范围一致。历史文化名城、名镇保护规划应单独编制。历史文化名村的保护规划与村庄规划同时编制。凡涉及文物保护单位的，应考虑与文物保护单位保护规划相衔接。因此 D 选项错误。故选 D。

32. C

【解析】《乡村建设规划许可实施意见》规定，乡村建设规划许可的申请主体为个人或建设单位。因此 C 选项错误。故选 C。

33. C

【解析】 根据《城市、镇控制性详细规划编制审批办法》第六条：城市、县人民政府城乡规划主管部门组织编制城市、县人民政府所在地镇的控制性详细规划；其他镇的控制性详细规划由镇人民政府组织编制。故选 C。

34. C

【解析】 根据《城市规划编制办法》第四十三条,修建性详细规划应当包括下列内容:(三)对住宅、医院、学校和托幼等建筑进行日照分析。故选C。

35. C

【解析】 根据《城市规划编制办法》第二十条:城市总体规划包括市域城镇体系规划和中心城区规划。因此C选项错误。故选C。

36. A

【解析】 根据《城市、镇控制性详细规划编制审批办法》第十三条:控制性详细规划组织编制机关应当制订控制性详细规划编制工作计划,分期、分批地编制控制性详细规划。中心城区、旧城改造地区、近期建设地区,以及拟进行土地储备或者土地出让的地区,应当优先编制控制性详细规划。故选A。

37. B

【解析】 根据《城市规划编制办法》第四十一条:控制性详细规划提出各地块的建筑体量、体型、色彩等城市设计指导原则。故选B。

38. C

【解析】 根据《城市设计管理办法》第十七条,城市、县人民政府城乡规划主管部门负责组织编制本行政区域内控制性详细规划,应当包括下列内容:(三)提出各地块的建筑中心区、旧城改造地区、近期建设地区,以及拟进行土地储备或总体城市设计、重点地区的城市设计,并报本级人民政府审批。故选C。

39. A

【解析】 根据CJJ/T 97—2003《城市规划制图标准》2.4.5条:风玫瑰图应以细实线绘制风频玫瑰图,以细虚线绘制污染系数玫瑰图。风频玫瑰图与污染系数玫瑰图应重叠绘制在一起。故选A。

40. C

【解析】 根据GB 50513—2009《城市水系规划规范》5.5.6条:水系改造应有利于提高城市水生态系统的环境质量,增强水系各水体之间的联系,不宜减少水体涨落带的宽度。故选C。

41. C

【解析】 根据GB/T 50337—2018《城市环境卫生设施规划标准》,环境卫生公共设施包括公共厕所、生活垃圾收集点、粪便污水前端处理设施。城市污水处理设施属于环境卫生工程设施。因此C选项符合题意。故选C。

42. B

【解析】 根据GB 50442—2008《城市公共设施规划标准》5.0.4条:规划中宜保留原有的文化娱乐设施,规划新的大型游乐设施用地应选址在城市中心区外围交通方便的地段。故选B。

43. C

【解析】 根据 GB/T 51149—2016《城市停车规划规范》3.0.1 条：城市中心区的人均机动车停车位供给水平不应高于城市外围地区；公共交通服务水平较高的地区的人均机动车停车位供给水平不应高于公共交通服务水平较低的地区。C 选项错误，故选 C。

44. A

【解析】 根据 GB 50925—2013《城市对外交通规划规范》5.3.1 条，高速铁路客站应在中心城区内合理设置。故选 A。

45. C

【解析】 根据《城市规划强制性内容暂行规定》第七条，城市详细规划的强制性内容包括：（一）规划地段各个地块的土地主要用途；（二）规划地段各个地块允许的建设总量；（三）对特定地区地段规划允许的建设高度；（四）规划地段各个地块的绿化率、公共绿地面积规定；（五）规划地段基础设施和公共服务设施配套建设的规定；（六）历史文化保护区内重点保护地段的建设控制指标和规定，建设控制地区的建设控制指标。故选 C。

46. D

【解析】 根据《城市地下空间开发利用管理规定》第九条：城市地下空间建设规划由城市人民政府城市规划行政主管部门负责审查后，报城市人民政府批准，城市地下空间规划需要变更的，须经原批准机关审批。因此 B 选项正确，D 选项错误。第五条：城市地下空间规划是城市规划的重要组成部分，因此 A 选项正确；承担编制任务的单位，应当符合国家规定的资质要求，因此 C 选项正确。故选 D。

47. B

【解析】 根据《城市绿线管理办法》第四条：城市人民政府规划、园林绿化行政主管部门，按照职责分工负责城市绿线的监督和管理工作，因此 B 选项错误；第五条：城市绿地系统规划是城市总体规划的组成部分，应当确定城市绿化目标和布局，规定城市各类绿地的控制原则，因此 A 选项正确；第九条：批准的城市绿线要向社会公布，接受公众监督，因此 C 选项正确。第十一条：因建设或者其他特殊情况，需要临时占用城市绿线内用地的，必须依法办理相关审批手续，因此 D 选项正确。故选 B。

48. D

【解析】 根据《城市绿线管理办法》第二条：本办法所称城市绿线，是指城市各类绿地范围的控制线。故选 D。

49. B

【解析】 根据 GB 51079—2016《城市防洪规划规范》4.0.4 条：城市用地布局必须满足行洪需要，留出行洪通道。严禁在行洪用地空间范围内进行有碍行洪的城市建设活动。因此 A 选项正确。4.0.2.2 条：城市易涝低地可用作生态湿地、公园绿地、广场、运动场等,因此 B 选项错误。7.0.4 条:城市规划区内的调洪水库、具有调蓄功能的湖泊和湿地、行洪通道、排洪渠等地表水体保护和控制的地域界线应划入城市蓝线进行严格保护。因此 C 选项正确。7.0.5 条:城市规划区内的堤防、排洪沟、截洪沟、防洪(潮)闸等城市防洪工程设施的用地控制界线应划入城市黄线进行保护与控制。因此 D 选项正确。故选 B。

50. B

【解析】 根据 CJJ 132—2009《城乡用地评定标准》5.2.1 条,城乡用地评定方法的采用,应结合评定区的构成特点,并应符合下列规定:(1)对现状建成区用地,可只采用定性评判法进行评定;(2)对拟定的新区用地,应采用定性评判与定量计算评判相结合的方法进行评定。故选 B。

51. D

【解析】 根据 CJJ 132—2009《城乡用地评定标准》3.0.3 条,城乡用地评定单元的建设适宜性等级类别、名称,应符合下列规定:Ⅰ类—适宜建设用地;Ⅱ类—可建设用地;Ⅲ类—不宜建设用地;Ⅳ类—不可建设用地。故选 D。

52. C

【解析】 根据《城市抗震防灾规划管理规定》第十一条:城市抗震防灾规划应当按照城市规模、重要性和抗震防灾的要求,分为甲、乙、丙 3 种模式。故选 C。

53. A

【解析】 根据《城市地下空间开发利用管理规定》第二条:编制城市地下空间规划,对城市规划区范围内的地下空间进行开发利用,必须遵守本规定。本规定所称的城市地下空间,是指城市规划区内地表以下的空间。故选 A。

54. A

【解析】 根据 GB 51080—2015《城市消防规划规范》3.0.4 条,历史文化街区应配置小型、适用的消防设施、装备和器材;不符合消防车通道和消防给水要求的街巷,应设置水池、水缸、沙池、灭火器等消防设施和器材。因此 A 选项错误。故选 A。

55. C

【解析】 根据《历史文化名城名镇名村保护条例》第十七条:保护规划由省、自治区、直辖市人民政府审批。保护规划的组织编制机关应当将经依法批准的历史文化名城保护规划和中国历史文化名镇、名村保护规划,报国务院建设主管部门和国务院文物主管部门备案。故选 C。

56. B

【解析】 根据 GB 50137—2011《城市用地分类与规划建设用地标准》规定:"设施较齐全,环境良好,以多、中、高层住宅为主的用地"属于二类居住用地。故选 B。

57. B

【解析】 根据 GB 50137—2011《城市用地分类与规划建设用地标准》2.0.1 条,城乡用地:指市(县)域范围内所有土地,包括建设用地与非建设用地。故选 B。

58. B

【解析】 城市的防护等级及防洪标准应按以下表格确定。

城市防护区的防护等级和防洪标准

防护等级	重要性	常住人口/万人	当量经济规模/万人	防洪标准（重现期/年）
Ⅰ	特别重要	≥150	≥300	≥200
Ⅱ	重要	<150,≥50	<300,≥100	200～100
Ⅲ	比较重要	<50,≥20	<100,≥40	100～50
Ⅳ	一般	<20	<40	50～20

因此 B 选项正确。故选 B。

59. D

【解析】 根据 CJJ 85—2017《城市绿地分类标准》规定，附属绿地附属于城市各类建设，不再重复参与城市建设用地平衡，因此 A 选项正确；位于城市建设用地以内的风景名胜区属于其他专类公园，位于建设用地以外的风景名胜区属于区域绿地中的风景名胜区，因此 B 选项正确；小区的游园属于居住区用地内的配建绿地，属于居住区附属绿地，因此 C 选项正确；生产绿地属于区域绿地，位于城市建设用地以外，不参与城市建设用地的平衡，因此 D 选项符合题意。

60. A

【解析】 在 GB 50137—2011《城市用地分类与规划建设用地标准》中，S—道路与交通设施用地；在《镇规划标准》中，S—道路与广场用地。二者代码相同，但名称和内涵完全不同。故选 A。

61. D

【解析】 根据《城市抗震防灾规划管理规定》第十条：城市抗震防灾规划中的抗震设防标准、建设用地评价与要求、抗震防灾措施应当列为城市总体规划的强制性内容。因此 D 选项符合题意。

62. B

【解析】 根据《市政公用设施抗灾设防管理规定》第十四条：对抗震设防区的下列市政公用设施，建设单位应当在初步设计阶段组织专家进行抗震专项论证：（1）属于《建筑工程抗震设防分类标准》中特殊设防类、重点设防类的市政公用设施；（2）结构复杂或者采用隔震减震措施的大型城镇桥梁和城市轨道交通桥梁，直接作为地面建筑或者桥梁基础以及处于可能液化或者软黏土层的隧道；（3）超过一万平方米的地下停车场等地下工程设施；（4）震后可能发生严重次生灾害的共同沟工程、污水集中处理设施和生活垃圾集中处理设施；（5）超出现行工程建设标准适用范围的市政公用设施。故选 B。

63. D

【解析】《停车场建设和管理暂行规定》第五条：规划和建设居民住宅权，应根据需要配建相应的停车场，应当配建停车场而未配建或停车场不足的，应逐步补建或扩建。因此 A、B 选项正确。第三条：停车场分为公共停车场和专用停车场，C 选项正确。第六条：改变停车场的使用性质，须经当地公安交通管理部门和城市规划部门批准。因此 D 选项错误。故选 D。

64. B

【解析】《城市综合交通体系规划编制导则》3.6.2 条主要内容：（1）确定步行、自行车交通系统网络布局框架及规划指标。（2）提出行人、自行车过街设施布局基本要求。（3）提出步行街区布局和范围。（4）确定城市自行车停车设施规划布局原则。（5）提出无障碍设施的规划原则和基本要求。因此 B 选项符合题意。

65. C

【解析】 根据 GB 50220—1995《城市道路交通规划设计规范》7.1.6 条：人口 $\geqslant$ 200 万，快速路设计车速为 80km/h，道路网密度为 0.4～0.5km/km^2；车道数 6～8 条；道路宽度 40～45m。因此 C 选项正确。故选 C。

注：本规范已被 GB/T 51328—2018《城市综合交通体系规划标准》所替代。

66. D

【解析】 根据 GB 50180—2018《城市居住区规划设计标准》4.0.9 条，住宅建筑的间距应符合表 4.0.9 的规定；对特定情况，还应符合下列规定：（1）老年人居住建筑日照标准不应低于冬至日日照时数 2h；（2）在原设计建筑外增加任何设施不应使相邻住宅原有日照标准降低，既有住宅建筑进行无障碍改造加装电梯除外；（3）旧区改建项目内新建住宅建筑日照标准不应低于大寒日日照时数 1h。

表 4.0.9　住宅建筑日照标准

建筑气候区划	Ⅰ、Ⅱ、Ⅲ、Ⅶ气候区		Ⅳ气候区		Ⅴ、Ⅵ气候区
城区常住人口/万人	$\geqslant$50	<50	$\geqslant$50	<50	无限定
日照标准日	大寒日			冬至日	
日照时数/h	$\geqslant$2		$\geqslant$3		$\geqslant$1
有效日照时间带（当地真太阳时）	8 时～16 时			9 时～15 时	
计算起点	底层窗台面				

注：底层窗台面是指距室内地坪 0.9m 高的外墙位置。

故 D 选项符合题意。

67. C

【解析】 根据 GB 50180—2018《城市居住区规划设计标准》6.0.2 条，居住区的路网系统应与城市道路交通系统有机衔接，并应符合下列规定：（1）居住区应采取"小街区，密路网"的交通组织方式，路网密度不应小于 8km/km^2；城市道路间距不应超过 300m，宜为 150～250m，并应与居住街坊的布局相结合。依据《城市居住区规划设计标准》，围合居住街坊的一般是城市的支路，居住区内的机动车道与人行道混行的,机动车车速不应超过 10km/h。因此 A、B、D 选项正确,C 选项错误。故选 C。

68. C

【解析】 根据 GB 50180—2018《城市居住区规划设计标准》4.0.9 条可知,我国建筑气候区划分为 7 类。故选 C。

69. C

【解析】 GB 50180—2018《城市居住区规划设计标准》2.0.6 条:居住区用地是指居住区的住宅用地、配套设施用地、公共绿地以及城市道路用地的总称。故选 C。

70. C

【解析】 GB 50318—2017《城市排水工程规划规范》3.5.2 条:城市污水收集、输送应采用管道或暗渠,严禁采用明渠。故选 C。

71. C

【解析】 GB 50282—2016《城市给水工程规划规范》8.1.6 条:自备水源或非常规水源给水系统严禁与公共给水系统连接。因此 C 选项符合题意。

72. A

【解析】 GB 50513—2009《城市水系规划规范》4.1.1 条:城市水系的保护应包括水域保护、水质保护、水生态保护和滨水空间控制等内容,根据实际需要,可增加水系历史文化保护和水系景观保护的内容。故选 A。

73. A

【解析】 特大城市综合生活用水量指标一区为 240～450L/(人·d),二区为 170～280L/(人·d),因此 A 选项的 250L/(人·d)符合。中等城市综合生活用水量指标为 130～380L/(人·d),因此 B 选项错误;居住用地的用水量指标为 50～130m³/(hm²·d),因此 C 选项错误;工业用地的用水量为 30～150m³/(hm²·d),因此 D 选项错误。故选 A。

74. A

【解析】 根据 GB/T 50280—1998《城市规划基本术语标准》4.6.4 条,城市道路系统:城市范围内由不同功能、等级、区位的道路,以及不同形式的交叉口和停车场设施,以一定方式组成的有机整体。因此 A 选项符合题意。

75. B

【解析】 根据 GB/T 50293—2014《城市电力规划规范》2.0.4 条,城市供电电源:为城市提供电能来源的发电厂和接受市域外电力系统电能的电源变电站的总称。因此 B 选项符合题意。

76. D

【解析】 根据 GB/T 51098—2015《城镇燃气规划规范》6.2.6 条,城镇中压燃气管道布线,宜符合下列规定:宜沿道路布置,一般敷设在道路绿化带、非机动车道或人行步道下。因此 D 选项符合题意。

77. D

【解析】 根据 CJJ 83—2016《城乡建设用地竖向规划规范》4.0.1条,城乡建设用地选择及用地布局应充分考虑竖向规划的要求,并应符合下列规定:城镇中心区用地应选择地质、排水防涝及防洪条件较好且相对平坦和完整的用地,其自然坡度宜小于20%,规划坡度宜小于15%。因此 D 选项错误。4.0.3条:用地自然坡度小于5%时,宜规划为平坡式;用地自然坡度大于8%时,宜规划为台阶式;用地自然坡度为5%～8%时,宜规划为混合式。因此 A、B、C 选项正确。故选 D。

78. C

【解析】 根据 GB 50437—2007《城镇老年人设施规划规范》5.3.1条,老年人设施场地范围内的绿地率:新建不应低于40%,扩建和改建不应低于35%。故选 C。

79. C

【解析】 根据 GB 50180—2018《城市居住区规划设计标准》2.0.3条,十分钟生活圈居住区:以居民步行十分钟可满足其基本物质与生活文化需求为原则划分的居住区范围;一般由城市干路、支路或用地边界线所围合,居住人口规模为 15 000～25 000 人(5000～8000 套住宅),配套设施齐全的地区。故选 C。

80. A

【解析】 GB 50318—2017《城市排水工程规划规范》3.3.1条:城市排水体制应根据城市环境保护要求、当地自然条件(地理位置、地形及气候)、受纳水体条件和原有排水设施情况,经综合分析比较后确定。同一城市的不同地区可采用不同的排水体制。因此 A 选项错误。3.3.2条:除干旱地区外,城市新建地区和旧城改造地区的排水系统应采用分流制;不具备改造条件的合流制地区可采用截流式合流制排水制。因此 B、C、D 选项正确。故选 A。

二、多项选择题(共20题,每题1分。每题的备选项中,有2～4个选项符合题意。多选、少选、错选都不得分)

81. BDE

【解析】 《中共中央 国务院关于建立国土空间规划体系并监督实施的若干意见》第十九条:加强组织领导。各地区各部门要落实国家发展规划提出的国土空间开发保护要求,发挥国土空间规划体系在国土空间开发保护中的战略引领和刚性管控作用,统领各类空间利用,把每一寸土地都规划得清清楚楚。坚持底线思维,立足资源禀赋和环境承载能力,加快构建生态功能保障基线、环境质量安全底线、自然资源利用上线。故选 BDE。

82. ABC

【解析】 《关于统筹推进自然资源资产产权制度改革的指导意见》中,(四)健全自然资源资产产权体系。探索宅基地所有权、资格权、使用权"三权分置"。故选 ABC。

83. BC

【解析】《行政许可法》第七条：公民、法人或者其他组织对行政机关实施行政许可,享有陈述权、申辩权;有权依法申请行政复议或者提起行政诉讼;其合法权益因行政机关违法实施行政许可受到损害的,有权依法要求赔偿。故选 BC。

84. BCD

【解析】《行政诉讼法》第六十三条:人民法院审理行政案件,以法律和行政法规、地方性法规为依据。地方性法规适用于本行政区域内发生的行政案件。人民法院审理民族自治地方的行政案件,并以该民族自治地方的自治条例和单行条例为依据。人民法院审理行政案件,参照规章。故选 BCD。

85. ABC

【解析】 行政合法性原则包括主体合法、权限合法、行为合法、程序合法四方面的内容。故选 ABC。

86. ABCD

【解析】《城乡规划法》第三十四条:近期建设规划应当以重要基础设施、公共服务设施和中低收入居民住房建设以及生态环境保护为重点内容,明确近期建设的时序、发展方向和空间布局。近期建设规划的规划期限为五年。故选 ABCD。

87. ABCD

【解析】《城乡规划法》第十八条:乡规划、村庄规划应当从农村实际出发,尊重村民意愿,体现地方和农村特色。故选 ABCD。

88. BCE

【解析】《城市紫线管理办法》第十三条:在城市紫线范围内禁止进行下列活动:(1)违反保护规划的大面积拆除、开发;(2)对历史文化街区传统格局和风貌构成影响的大面积改建;(3)损坏或者拆毁保护规划确定保护的建筑物、构筑物和其他设施;(4)修建破坏历史文化街区传统风貌的建筑物、构筑物和其他设施;(5)占用或者破坏保护规划确定保留的园林绿地、河湖水系、道路和古树名木等;(6)其他对历史文化街区和历史建筑的保护构成破坏性影响的活动。故选 BCE。

89. ABDE

【解析】《土地管理法》第五十四条:建设单位使用国有土地,应当以出让等有偿使用方式取得;但是,下列建设用地,经县级以上人民政府依法批准,可以以划拨方式取得:(一)国家机关用地和军事用地;(二)城市基础设施用地和公益事业用地;(三)国家重点扶持的能源、交通、水利等基础设施用地;(四)法律、行政法规规定的其他用地。故选 ABDE。

90. CDE

【解析】《历史文化名城名镇名村保护条例》第二十一条:历史文化名城、名镇、名村应当整体保护,保持传统格局、历史风貌和空间尺度,不得改变与其相互依存的自然景观和环境。故选 CDE。

91. ABCD

【解析】《风景名胜区条例》第二十九条：在风景名胜区内进行下列活动,应当经风景名胜区管理机构审核后,依照有关法律、法规的规定报有关主管部门批准:(一)设置、张贴商业广告;(二)举办大型游乐等活动;(三)改变水资源、水环境自然状态的活动;(四)其他影响生态和景观的活动。故选 ABCD。

92. ABDE

【解析】《城乡规划法》第四十七条,有下列情形之一的,组织编制机关方可按照规定的权限和程序修改省域城镇体系规划、城市总体规划、镇总体规划:(一)上级人民政府制定的城乡规划发生变更,提出修改规划要求的;(二)行政区划调整确需修改规划的;(三)因国务院批准重大建设工程确需修改规划的;(四)经评估确需修改规划的;(五)城乡规划的审批机关认为应当修改规划的其他情形。故选 ABDE。

93. ABD

【解析】《城市规划强制性内容暂行规定》第三条:城市规划强制性内容是省域城镇体系规划、城市总体规划和详细规划的必备内容,应当在图纸上有准确标明,在文本上有明确、规范的表述,并应当提出相应的管理措施。故选 ABD。

94. BC

【解析】 GB 50442—2008《城市公共设施规划规范》1.0.2 条:本规范适用于设市城市的城市总体规划及大、中城市的城市分区规划编制中的公共设施规划。故选 BC。

95. ABDE

【解析】 GB 50289—2016《城市工程管线综合规划规范》4.1.5 条:沿城市道路规划的工程管线应与道路中心线平行,其主干线应靠近分支管线多的一侧。工程管线不宜从道路一侧转到另一侧。道路红线宽度超过 40m 的城市干道宜两侧布置配水、配气、通信、电力和排水管线。故选 ABDE。

96. DE

【解析】 根据 CJJ/T 85—2017《城市绿地分类标准》,公园绿地分为综合公园、社区公园、专类公园、游园。因此 D、E 选项符合题意。

97. ABCE

【解析】 根据 GB 50318—2017《城市排水工程规划规范》4.4.2 条,城市污水处理厂选址,宜根据下列因素综合确定:(1)便于污水再生利用,并符合供水水源防护要求;(2)城市夏季最小频率风向的上风侧;(3)与城市居住及公共服务设施用地保持必要的卫生防护距离;(4)工程地质及防洪排涝条件良好的地区;(5)有扩建的可能。故选 ABCE。

98. ACE

【解析】 CJJ 132—2009《城乡用地评定标准》4.1.1 条:城乡用地评定单元的评定指标体系应由指标类型、一级和二级指标层构成。指标类型应分为特殊指标和基本指标；其中一级特殊指标包括工程地质、地形、水文气象、自然生态和人为影响五个层面；城乡用地评定单元的评定指标体系中特殊二级指标包括泥石流、地面高程、矿藏、地面沉陷等指标。地基承载力、地下水埋深等属于基本指标。故选 ACE。

99. ABC

【解析】 根据 GB 51080—2015《城市消防规划规范》4.3.5 条，当有下列情况之一时，应设置城市消防水池：(1)无市政消火栓或消防水鹤的城市区域；(2)无消防车通道的城市区域；(3)消防供水不足的城市区域或建筑群。4.3.7 条：每个消防站辖区内至少应设置一个为消防车提供应急水源的消防水池，或设置一处天然水源或人工水体的取水点，并应设置消防车取水通道等设施。因此 ABC 选项正确。体育馆人员密集场所应满足消防供水的需要，但不一定要设置消防水池，所以 D 选项错误。当有可以取水的天然水体时，可以不设置消防水池，所以 E 选项错误。故选 ABC。

100. ACD

【解析】 GB 50180—2018《城市居住区规划设计标准》3.0.2 条：居住区应选择在安全、适宜居住的地段进行建设，并应符合下列规定：(1)不得在有滑坡、泥石流、山洪等自然灾害威胁的地段进行建设；(2)与危险化学品及易燃易爆品等危险源的距离，必须满足有关安全规定；(3)存在噪声污染、光污染的地段，应采取相应的降低噪声和光污染的防护措施；(4)土壤存在污染的地段，必须采取有效措施进行无害化处理，并应达到居住用地土壤环境质量的要求。故选 ACD。

2020 年度全国注册城乡规划师职业资格考试真题与解析

城乡规划管理与法规

真　题

一、单项选择题(共 80 题,每题 1 分。每题的备选项中,只有 1 个最符合题意)

1. 国土空间规划是对一定区域国土空间开发保护在空间和时间上作出的安排,下列不属于国土空间规划分类的是(　　)

    A. 城镇体系规划　　　　　　　　B. 总体规划

    C. 详细规划　　　　　　　　　　D. 相关专项规划

2. 下列关于国土空间的表述中,错误的是(　　)

    A. 国家、省、市、县应编制国土空间总体规划

    B. 相关专项规划是指在特定区域(流域)、特定领域,为体现特定功能,对空间开发保护利用作出的专门安排,是涉及空间利用的专项规划

    C. 国土空间总体规划是详细规划的依据

    D. 详细规划是相关专项规划的基础

3. 下列国土空间规划体现战略性的是(　　)

    A. 国土空间规划应自上而下编制各级国土空间规划

    B. 坚持上下结合、社会协同,完善公众参与制度,发挥不同领域专家的作用

    C. 坚持山水林田湖草生命共同体理念

    D. 坚持陆海统筹、区域协调、城乡融合,优化国土空间结构和布局

4. 下列不符合国土空间规划修改条件的是(　　)

    A. 因国家战略调整须修改规划的

    B. 因省级重大建设项目须修改规划的

    C. 因行政区划调整须修改规划的

    D. 经评估,原审批单位认为须修改规划的

5. 下列说法错误的是(　　)

    A. 在城镇开发边界外的建设,实行"约束指标＋分区准入"的管制方式

    B. 在城镇开发边界内的建设,实行"详细规划＋规划许可"的管制方式

    C. 对以国家公园为主体的自然保护地、重要海域和海岛、重要水源地、文物等实行特殊保护制度

    D. 对所有国土空间分区分类实施用途管制

6. 下列属于行政法规的是(　　)

    A.《土地管理法》　　　　　　　　B.《历史文化名城名镇名村保护条例》

    C.《江苏省城乡规划管理条例》　　D.《城市规划编制办法》

7. 行政诉讼中,行政相对人属于(   )

    A. 被告   B. 原告   C. 利害第三方   D. 行政主体

8. 《城乡规划法》规定的"临时建设和临时用地规划管理的具体办法,由省自治区、直辖市人民政府制定",在行政合法性其他原则中称为(   )

    A. 法律优位原则   B. 法律保留原则

    C. 行政应急性原则   D. 行政合理性原则

9. 下列关于"行政程序法的基本制度"的说法中,不正确的是(   )

    A. 没有正式公开的信息,不得作为行政主体行政行为的依据

    B. 告知制度一般只适用于具体行政行为

    C. 职能分离制度调整了行政主体与行政相对人之间的关系

    D. 听证会的费用由国库承担,当事人不应承担听证费用

10. 下列对应关系错误的是(   )

    A.《城市绿地分类标准》——基础标准

    B.《城乡建设用地竖向规划规范》——通用标准

    C.《城市工程管线综合规划规范》——通用标准

    D.《历史文化名城保护规划标准》——专用标准

11. 根据《消防法》,国务院住房和城乡建设主管部门规定的特殊建设工程,建设单位应当将消防设计文件报送住房和城乡建设主管部门(   )

    A. 备案   B. 预审   C. 验收   D. 审查

12. 根据国土空间规划政策规定,《湖南省生态环境保护规划》应该由(   )组织编制。

    A. 湖南省人民政府   B. 湖南省环保厅

    C. 湖南省自然资源厅   D. 湖南省住建厅

13. 下列关于各层次国土空间规划的表述中,错误的是(   )

    A. 全国国土空间规划侧重战略性,由自然资源部组织编制

    B. 市县和乡镇国土空间规划是对本行政区域开发保护作出的具体安排,侧重实施性

    C. 根据实际情况,可将市县与乡镇国土空间规划合并编制

    D. 可以单个乡镇独立编制乡镇国土空间规划,也可以几个乡镇为单元编制乡镇级国土空间规划

14. 根据《自然资源部关于全面开展国土空间规划工作的通知》,下列说法错误的是(   )

    A. 各地不再新编和报批主体功能区规划、土地利用总体规划、城镇体系规划、城市(镇)总体规划、海洋功能区划等

    B. 省级国土规划、城镇体系规划、主体功能区规划、城市(镇)总体规划要按照新的规划编制要求,将既有规划成果融入新编制的同级国土空间规划中

C. 省级国土空间规划和国务院审批的市级国土空间总体规划,自审批机关交办之日起,一般应在 60 天内完成审查工作,上报国务院审批

D. 简化报批流程,取消规划大纲报批环节

15. 下列关于主体功能的说法中,错误的是(　　)

A. 全国主体功能区由国家级主体功能区和省级主体功能区组成

B. 主体功能区是以资源环境能力、经济社会发展水平等为依据,划分出具有某种特定主体功能、实施差别化管控的地域空间单元

C. 全国国土空间规划纲要确定的国家主体功能区,在省级国土空间规划中可确定为相同的主体功能区类型,也可根据实际情况改变

D. 主体功能区的基本分区单位原则上为县级行政区

16. 根据《土地管理法》,下列说法错误的是(　　)

A. 国家实行土地用途管制制度

B. 土地分为农用地、建设用地和未利用地

C. 严格限制农用地转为建设用地,控制耕地总量,对农用地实行特殊保护

D. 使用土地的单位和个人必须严格按照土地利用总体规划确定的用途使用土地

17. 下列关于永久基本农田划定和使用的说法中,正确的是(　　)

A. 由自然资源主管部门组织实施

B. 以乡(镇)为基本单位划定永久基本农田

C. 永久基本农田可以发展林果业

D. 将永久基本农田位置、范围向社会公告是县级人民政府职责

18. 根据我国农村土地改革和土地市场的政策,下列说法错误的是(　　)

A. 农村村民一户只能拥有一处宅基地

B. 农村村民建住宅,不得占用永久基本农田

C. 农村村民住宅用地,由县级人民政府审核批准

D. 农村村民出卖、出租、赠予住宅后,再申请宅基地的,不予批准

19. 根据《市县国土空间总体规划编制指南》,坚持(　　)等原则,明确全域总人口和城镇化水平等。

A. 以水定城　　　B. 以地定城　　　C. 以产定城　　　D. 以人定城

20. 根据《城市设计管理办法》,下列说法不正确的是(　　)

A. 城市设计分为总体城市设计和重点地区城市设计

B. 重点地区城市设计的内容和要求应当纳入控制性详细规划,并落实到控制性详细规划的相关指标中

C. 新城新区应当编制重点地区城市设计

D. 城市设计成果应当自批准之日起 30 个工作日内,通过政府信息网站以及当地主要新闻媒体予以公布

21. 下列不属于省级国土空间规划审查要点的是（　　）

    A. 国土空间开发保护目标

    B. 主体功能区划分、城镇开发边界、生态保护红线、永久基本农田的协调落实情况

    C. 重大交通枢纽、重要线性工程网络、城市安全与综合防灾体系、地下空间、邻避设施等设施布局，城镇政策性住房和教育、卫生、养老、文化体育等城乡公共服务设施布局原则和标准

    D. 乡村空间布局，促进乡村振兴的原则和要求

22. 下列关于村庄规划编制原则的表述中，错误的是（　　）

    A. 坚持先规划后建设

    B. 坚持节约优先、保护优先，实现绿色发展和高质量发展

    C. 坚持村委会主体地位，尊重村民意愿，反映村民诉求

    D. 坚持因地制宜、突出地域特色

23. 下列对村庄规划编制主要任务的表述中，不正确的是（　　）

    A. 研究制定村庄发展、国土空间开发保护、人居环境整治目标，明确各项约束性指标

    B. 村庄规划中，应统筹城乡产业发展，优化城乡产业用地布局，除少量必需的农产品生产加工外，一般还可以安排新增工业用地

    C. 落实永久基本农田和永久基本农田储备区划定成果，落实补充耕地任务，守好耕地红线

    D. 划定宅基地建设范围，严格落实"一户一宅"

24. 根据《关于加强村庄规划促进乡村振兴的通知》，下列对政策支持的说法中，正确的是（　　）

    A. 优化调整村庄用地布局时可改变县级国土空间规划的主要指标

    B. 涉及永久基本农田和生态保护红线调整的，调整结果依法落实到村庄规划中

    C. 机动指标使用可占用永久基本农田和生态保护红线

    D. 各地可在乡镇国土空间规划和村庄规划中预留不超过10%的建设用地机动指标，村民居住、农村公共公益设施、零星分散的乡村文旅设施及农村新产业新业态等用地可申请使用

25. 自然保护地按生态价值和保护强度高低进行分类，下列不属于其分类结果的是（　　）

    A. 海洋公园　　　B. 自然公园　　　C. 自然保护区　　　D. 国家公园

26. 根据《关于在国土空间规划中统筹划定落实三条控制线的指导意见》，下列关于"三条控制线"的说法中，错误的是（　　）

    A. 三条控制线应做到不交叉、不重叠、不冲突

B. 应以资源环境承载能力和国土空间开发适宜性评价为基础划定三线

C. 针对三条控制线不同功能,应建立健全分类管控机制

D. 生态保护红线内原则上禁止人为活动

27. 下列对城市交通的说法中,错误的是(　　)

　　A. 按照运输能力与效率可划分为集约型公共交通与辅助型公共交通

　　B. 出租车属于辅助型公共交通

　　C. BRT属于集约型公共交通

　　D. 集约型公共交通可分为高运量、大运量、中运量

28. 下列对城市综合交通体系规划的说法中,错误的是(　　)

　　A. 城市内部客运交通中由步行与集约型公共交通、自行车交通承担的出行比例不应低于75%

　　B. 城市交通不包括通过城区交通组织,但始点和终点均在城区外围过境交通

　　C. 人均道路与交通设施面积不应小于12m²

　　D. 城市中心区,城市主干路交通高峰时段机动车平均行程车速低限不应低于20km/h

29. 地面机动车停车场用地面积,宜按每个停车位(　　)计。停车楼(库)的建筑面积,宜按每个停车位(　　)计。

　　A. 25～28m²;30～40m²　　　　　　B. 25～30m²;30～40m²

　　C. 30～40m²;30～35m²　　　　　　D. 30～40m²;25～28m²

30. 下列对居住区的说法中,错误的是(　　)

　　A. 住宅用地的比例在高纬度地区偏向指标区间的高值

　　B. 人均居住区用地控制指标在高纬度地区偏向指标区间的高值

　　C. 设施用地在低纬度地区偏向指标区间的高值

　　D. 公共绿地的比例在低纬度地区偏向指标区间的低值

31. 派出所用地属于(　　)

　　A. 居住区用地　　　　　　　　　　B. 公共管理与公共服务设施用地

　　C. 安保用地　　　　　　　　　　　D. 商业服务设施用地

32. 下列对居住区绿地的说法中,错误的是(　　)。

　　A. 15分钟生活圈居住区公共绿地面积不应低于2.0m²/人

　　B. 10分钟生活圈居住区公园最小宽度不应小于50m

　　C. 5分钟生活圈居住区公园最小规模不应小于0.5hm²

　　D. 新建居住街坊内集中绿地不应低于0.5m²/人

33. 下列对居住区技术指标与用地面积计算的说法中,正确的是(　　)

　　A. 居住区范围内所有的公共服务设施用地,应计入居住区用地

　　B. 当周界为城市快速路或高速路时,居住区用地边界应算至道路红线或其

防护绿地边界

  C. 当周界为城市干路或支路时,各级生活圈的居住区用地范围应算至道路边

  D. 居住街坊用地范围应算至周界道路中心线

34. 关于《历史文化名城保护规划标准》,下列说法正确的是( )

  A. 本标准不适用于文物保护单位

  B. 当历史文化街区的保护范围与文物保护单位的保护范围和建设控制地带出现重叠时,应按文物保护单位的要求进行保护

  C. 历史城区应控制机动车停车位的供给,应采取集中、单一的停车布局方式

  D. 有条件的历史城区,应以市政集中供热为主

35. 下列关于历史文化街区具备的条件说法中,不正确的是( )

  A. 应有比较完整的历史风貌

  B. 历史文化街区核心保护范围内的文物保护单位、历史建筑、传统风貌建筑的总建筑面积不应小于核心保护范围内建筑总建筑面积的60%

  C. 构成历史风貌的历史建筑和历史环境要素应是历史存留的原物

  D. 历史文化街区核心保护范围面积不应小于 $1hm^2$

36. 下列对城市用地防洪安全布局的规定中,不正确的是( )

  A. 城市防洪安全性较高的地区应布置城市中心区、居住区、重要的工业仓储区及重要设施

  B. 城市用地布局必须满足行洪需要,留出行洪通道。经批准,在行洪用地空间范围内可进行水系改道、缩小过水断面等景观建设活动

  C. 城市易涝低地可用作生态湿地、公园绿地、广场、运动场等

  D. 当城市受用地限制,只能选择受洪涝灾害威胁的区域时,应采取高标准的防御措施,但防御范围不宜过大

37. 下列关于城市排水工程的说法中,不符合规范要求的是( )

  A. 城市污水收集、输送应采用管道或暗渠,严禁采用明渠

  B. 城市污水处理场应位于主导风向下风向

  C. 除干旱地区外,城市新建地区和旧城改造地区的排水系统应采用分流制

  D. 城市污水处理厂的污泥应进行减量化、稳定化、无害化、资源化的处理和处置

38. 对居住区道路的设置,下列说法不符合要求的是( )

  A. 居住区应采取"小街区、密路网"的交通组织方式,路网密度不应小于 $8km/km^2$

  B. 城市道路间距不应超过300m,宜为 150~250m,并应与居住街坊的布局相结合

  C. 支路的红线宽度,宜为 14~20m

D. 人行道宽度不应小于 2.0m

39. 下列对环境卫生设施的表述中,正确的是(　　)

    A. 生活垃圾收集点的服务半径不宜超过 80m

    B. 新建生活垃圾焚烧厂不宜临近城市生活区布局,其用地边界距城乡居住用地及学校、医院等公共设施用地的距离一般不应小于 500m

    C. 新建生活垃圾卫生填埋场不应位于城市主导发展方向上,且用地边界距20 万人口以上城市的规划建成区不宜小于 5km,距 20 万人口以下城市的规划建成区不宜小于 2km

    D. 堆肥处理设施宜位于城镇开发边界的边缘地带,用地边界距城乡居住用地不应小于 0.5km

40. 下列关于城市紫线、绿线、蓝线、黄线的叙述中,不正确的是(　　)

    A. 城市紫线由城市人民政府在组织编制的历史文化名城保护规划时划定

    B. 编制控制性详细规划需划定城市绿线

    C. 编制各类城市规划,应当划定城市蓝线

    D. 城市黄线应当在制定城市总体规划和详细规划时划定

41. 历史文化名镇名村保护规划的编制、送审、报批、修改有明确的规定,下列不正确的是(　　)

    A. 保护规划应当自历史文化名镇、名村批准公布之日起 1 年内编制完成

    B. 保护规划报送审批前,必须举行听证

    C. 保护规划由省、自治区、直辖市人民政府审批

    D. 依法批准的保护规划,确需修改的,保护规划的组织编制机关应当向原审批机关提出专题报告

42. 风景区构景的基本单元是(　　)

    A. 景物　　　　　B. 景观　　　　　C. 景点　　　　　D. 景群

43. 根据《风景名胜区总体规划标准》,下列选项不正确的是(　　)

    A. 风景区的对外交通设施要求快速便捷,应布置于风景区中心的边缘

    B. 风景区的道路应避免深挖高填

    C. 在景点和景区内不得安排高压电缆穿过

    D. 在景点和景区范围内,不得布置暴露于地表的大体量给水和污水处理设施

44. 都市圈是以中心城市为核心,与周边城镇在日常通勤和功能组织上存在密切联系的一体化地区,一般为(　　)通勤圈

    A. 15min　　　　B. 30min　　　　C. 45min　　　　D. 60min

45. 根据《省级国土空间规划编制指南(试行)》,下列对指标的说法正确的是(　　)

    A. 单位 GDP 使用建设用地下降率属于约束性指标

    B. 城乡建设用地规模属于预期性指标

    C. 国土空间开发强度属于约束性指标

    D. 新增生态修复面积属于约束性指标

46. 根据《关于建立以国家公园为主体的自然保护地体系的指导意见》,编制自然保护地规划时,下列说法错误的是(　　)

    A. 保护机构级别不降低　　　　　B. 保护面积不减少

    C. 保护强度不降低　　　　　　　D. 保护性质不改变

47. 依据中共中央办公厅、国务院办公厅《关于在国土空间规划中统筹划定落实三条控制线的指导意见》,当三条控制线出现矛盾时,应优先保证(　　)的完整性。

    A. 生态保护红线　　　　　　　　B. 永久基本农田

    C. 城镇开发边界线　　　　　　　D. 没作规定

48. 关于《自然资源部办公厅关于加强国土空间规划监督管理的通知》,下列说法错误的是(　　)

    A. 不在国土空间规划体系之外另行编制审批新的土地利用总体规划、城市(镇)总体规划等空间规划

    B. 不再出台不符合新发展理念和"多规合一"要求的空间规划类标准规范

    C. 规划编制实行规划师终身负责制

    D. 不得以城市设计、工程设计或建设方案等非法定方式擅自修改规划、违规变更规划条件

49. 下列不属于城市抗震防灾强制性内容的是(　　)

    A. 城市抗震设防标准　　　　　　B. 抗震防灾目标

    C. 建设用地评价与要求　　　　　D. 抗震防灾措施

50. 下列除哪项工程设施外,应划入城市黄线进行保护与控制(　　)

    A. 堤防　　　　B. 排洪沟　　　　C. 截洪沟　　　　D. 城市片区泵站

51. 根据《省级国土空间规划编制指南(试行)》,下列说法错误的是(　　)

    A. 直辖市国土空间规划编制不适用于《省级国土空间规划编制指南》

    B. 城市圈、都市圈等区域性国土空间规划可参照执行

    C. 省级人民政府组织编制省级国土空间规划

    D. 省级国土空间规划是对全国国土空间规划纲要的落实和深化

52. 根据《省级国土空间规划编制指南(试行)》应对城镇人口规模分级分别确定城镇空间发展策略,下列分级不正确的是(　　)

    A. 300万人口以下　　　　　　　B. 300万~500万人口

    C. 500万~2000万人口　　　　　D. 2000万人口以上

53. 城镇圈是指以多个重点城镇为核心,空间功能和经济活动紧密关联、分工合作可形成小城镇整体竞争力的区域,一般为(　　)通勤圈。

    A. 15分钟　　　　B. 30分钟　　　　C. 45分钟　　　　D. 60分钟

54．根据《省级国土空间规划编制指南(试行)》,下列对术语的表述,错误的是(　　)

　　A．耕地保有量:规划期内必须保有的耕地数量

　　B．国土开发强度:建设用地总规模占行政内陆域面积的比例

　　C．建设用地总规模:城乡建设用地、区域基础设施用地和其他建设用地规模之和

　　D．用水总量:国家确定的规划枯水年流域、区域用水总量控制性约束指标

55．下列不属于我国国家公园试点公园的是(　　)

　　A．三江源公园　　B．祁连山公园　　C．张家界公园　　D．普达措公园

56．目前已经划入自然保护地核心保护区的永久基本农田,(　　)

　　A．应有序退出

　　B．应保留永久基本农田

　　C．根据对生态功能的影响确定是否退出

　　D．由当地县级政府决定是否退出

57．根据《自然资源部办公厅关于加强村庄规划促进乡村振兴的通知》,下列表述正确的是(　　)

　　A．未编制实用性村庄规划,不得核发乡村建设项目规划许可证

　　B．对已经编制的原村庄规划,必须另行编制实用性村庄规划

　　C．所有行政村必须编制实用性村庄规划

　　D．对不具备条件的部分地区,县、乡镇国土空间规划中明确村庄国土空间用途管制规则和建设管控要求,可作为实施国土空间用途管制的依据

58．下列对规划许可管理的说法中,错误的是(　　)

　　A．未取得规划许可,不得实施新建、改建、扩建工程

　　B．不得以集体讨论、会议决定等非法定方式替代规划许可、搞"特事特办"

　　C．规划核实必须两人以上现场审核并全过程记录

　　D．无规划许可证不得通过规划核实,可在组织竣工验收、申请规划核实后补办规划许可证

59．根据《自然资源部办公厅关于国土空间规划编制资质有关问题的函》,下列表述正确的是(　　)

　　A．编制国土空间规划,必须具有乙级以上规划资质

　　B．编制国土空间规划的规划编制单位资质管理规定由住房和城乡建设部制定

　　C．编制国土空间规划,新规定出来后需要满足规划资质要求

　　D．原有城乡规划编制单位资质不具有参考价值

60．根据《资源环境承载能力和国土空间开发适宜性评价指南(试行)》,下列说法不正确的是(　　)

　　A．"双评价"的评价范围应与相应规划编制范围一致

    B. 编制各级国土空间总体规划,应先行开展"双评价",形成成果专题

    C. "双评价"成果应随国土空间总体规划一并论证入库

    D. 县级国土空间总体规划可直接使用市级评价运算结果

61. 下列关于行政复议的说法中,错误的是(   )

    A. 行政复议期间,具体行政行为原则上不停止执行

    B. 乡镇人民政府可以作为行政复议机关

    C. 行政复议的期限一般为知道具体行政行为之日起六十日内

    D. 行政复议的行为必须是具体行政行为

62. 下列对行政行为分类的对应关系错误的是(   )

    A. 编制城市规划属于抽象行政行为

    B. 颁发行政许可证属于具体行政行为

    C. 行政违法处罚属于羁束行政行为

    D. 行政奖励属于作为行政行为

63. 行政机关作为第三者,按照准司法程序审理特定的行政争议或民事争议案件所作出的裁决行为体现了行政机关的(   )

    A. 行政立法权   B. 行政管理权

    C. 行政司法权   D. 行政监督权

64. 下列行政法治监督体系中,不具有法律效力的是(   )

    A. 地方人大对政府的监督

    B. 人民法院受理的行政诉讼

    C. 上级行政机关对下级行政机关的日常行政监督

    D. 信访

65. 下列既是行政监督主体又是行政法制监督主体的是(   )

    A. 地方人大   B. 人民检察院

    C. 纪律检查委员会   D. 监察审计局

66. 下列关于行政许可作用的表述中,错误的是(   )

    A. 属于外部行政行为

    B. 可能会使社会发展减少动力,丧失活力

    C. 可能使被许可人失去积极进取和竞争的动力

    D. 是国家法律规定行为,不具有消极作用

67. 下列对行政复议的说法中,错误的是(   )

    A. 对城市总体规划不服,不得复议

    B. 行政复议处理是行政纠纷

    C. 行政复议结果具有可诉性

    D. 上级行政机关主动撤销下级行政机关违规办理的行政许可也属于行政复议

68. 依据《历史文化名城保护规划标准》,对历史文化街区内的文物保护单位的保护与整治方式为(　　)

    A. 修缮　　　　　B. 维修　　　　　C. 改善　　　　　D. 拆除

69. 某直辖市有一处国家级风景名胜区,在国家级风景名胜区内修建缆车、索道等重大建设工程,项目的选址方案应当报(　　)核准。

    A. 直辖市人民政府风景名胜区主管部门

    B. 直辖市人民政府

    C. 国务院城乡规划主管部门

    D. 国务院

70. 下列关于老年人设施布局与选址的说法中,错误的是(　　)

    A. 老年人设施布局应符合当地老年人口的分布特点,并宜靠近居住人口集中的地区布局

    B. 老年人居住建筑日照标准不应低于大寒日日照时数 2h

    C. 独立占地的老年人设施的建筑密度不宜大于 30%,场地内建筑宜以多层为主

    D. 老年人设施场地范围内的绿地率:新建不应低于 40%,扩建和改建不应低于 35%

71. 下列关于临时用地的相关表述中,正确的是(　　)

    A. 城市规划区内的临时用地,在报批前,应当先经有关城市土地行政主管部门同意

    B. 使用临时用地,应按照合同的约定支付临时使用土地补偿费

    C. 临时用地在使用前应与村民签订用地合同

    D. 临时用地期限一般不超过 5 年

72. 国家对耕地实行特殊保护,严格限制农用地转为(　　)

    A. 生产基地　　　　　　　　　　B. 建设用地

    C. 经济林地　　　　　　　　　　D. 临时用地

73. "城市总体规划、村庄和集镇规划中建设用地规模不得超过土地利用总体规划确定的城市和村庄、集镇建设用地规模"的规定出自(　　)

    A.《土地管理法》

    B.《城乡规划法》

    C.《村庄和集镇规划建设管理条例》

    D.《基本农田保护条例》

74. 下列关于城市给水安全性的表述中,错误的是(　　)

    A. 规划长距离输水管道时,输水管不宜少于 2 根。当城市为多水源给水或具备应急备用水源等条件时,也可采用单管输水

    B. 配水管网应布置成环状

    C. 城市给水系统中的调蓄水量宜为给水规模的 10%～15%

    D. 城市给水系统主要工程设施供电等级应为一级负荷

75. 某村建房的住宅地不够用,需申请占用农用地。农民新建房屋需要宅基地,应该适用下列哪种程序报批?(　　)

    A. 乡村建设规划许可证—农用地转用审批手续—宅基地用地审批手续

    B. 农用地转用审批手续—乡村建设规划许可证—宅基地用地审批手续

    C. 宅基地用地审批手续—农用地转用审批手续—乡村建设规划许可证

    D. 乡村建设规划许可证—宅基地用地审批手续—农用地转用审批手续

76. 下列关于建设用地许可证和用地批准的说法中,错误的是(　　)

    A. 自然资源主管部门统一核发新的建设用地规划许可证,不再单独核发建设用地批准书

    B. 以划拨方式取得国有土地使用权的,建设单位向所在地的市、县自然资源主管部门提出建设用地规划许可申请,经市、县自然资源主管部门批准后同步核发建设用地规划许可证、国有土地划拨决定书

    C. 以出让方式取得国有土地使用权的,建设单位在签订国有建设用地使用权出让合同后,市、县自然资源主管部门向建设单位核发建设用地规划许可证

    D. 建设项目用地预审与选址意见书有效期为三年

77. 根据《资源环境承载能力和国土空间开发适宜性评价指南(试行)》,以下对"双评价"相关数据的说法中,错误的是(　　)

    A. 采用 2000 国家大地坐标系(CGCS2000)

    B. 采用高斯-克吕格投影

    C. 海域、陆域均采用 1985 国家高程基准

    D. 制图规范、精度等参考同级国土空间规划要求

78. 评价水源涵养、水土保持、生物多样性维护、防风固沙、海岸防护等生态系统服务功能重要性,取各项结果的(　　)作为生态系统服务功能重要性等级。

    A. 最高等级　　　　B. 最低等级　　　　C. 平均等级　　　　D. 中位等级

79. 根据《人民防空法》,下列关于人民防空的叙述中,不正确的是(　　)

    A. 城市是人民防空的要点

    B. 国家对重要经济目标实行分类防护

    C. 人民防空是国防的组成部分

    D. 城市人民政府应当制定人民防空工程建设规划

80. 上级机关颁布的命令,下级机关和群众必须服从,否则将受到惩戒,这体现了行政领导的(　　)特点。

    A. 强制性　　　　　　　　　　B. 法定性

    C. 协同性　　　　　　　　　　D. 权威性

二、多项选择题（共20题，每题1分。每题的备选项中，有2～4个选项符合题意。多选、少选、错选都不得分）

81. 根据《中共中央 国务院关于建立国土空间规划体系并监督实施的若干意见》，下列属于国土空间规划体系的是（　　）
    A. 编制审批体系　　　　B. 实施监督体系　　　　C. 法规政策体系
    D. 技术标准体系　　　　E. 评估编制体系

82. 下列属于编制省级国土空间规划重要依据的是（　　）
    A. 主体功能区战略　　　B. 区域协调发展战略　　C. 城乡协调战略
    D. 乡村振兴战略　　　　E. 可持续发展战略

83. 根据《土地管理法》，下列耕地应当根据土地利用总体规划划为永久基本农田的是（　　）
    A. 经自然资源部批准确定的粮、棉、油、糖等重要农产品生产基地内的耕地
    B. 正在实施改造计划以及可以改造的中、低产田
    C. 蔬菜生产基地
    D. 农业科研、教学试验田
    E. 已建成的高标准农田

84. 根据《城市防洪规划规范》确定防洪标准，应考虑下列哪些因素（　　）
    A. 城市的社会和经济地位
    B. 洪水类型及其对城市安全的影响
    C. 城市规划人口规模
    D. 城市历史洪灾成因、自然及技术经济条件
    E. 流域防洪对城市防洪的安排

85. 下列关于公共厕所的表述中，错误的是（　　）
    A. 设置在人流较多的道路沿线、大型公共建筑及公共活动场所附近
    B. 公共厕所应以独立式公共厕所为主，附属式公共厕所为辅，移动式公共厕所为补充
    C. 附属式公共厕所不应影响主体建筑的功能，宜在地面层临道路设置，并单独设置出入口
    D. 公共厕所不宜与其他环境卫生设施合建
    E. 城市公园绿地内可以设置公共厕所

86. 根据《省级国土空间规划编制指南》，规划成果包括（　　）
    A. 多方案论证报告　　　B. 规划文本　　　　　　C. 附表、图件
    D. 说明和专题报告　　　E. "一张图"信息平台

87. 根据《省级国土空间规划编制指南》，专题研究阶段要明确水资源开发利用上限，提出水平衡措施，量水而行，（　　），形成与水资源、水环境、水生态、水安全相

匹配的国土空间布局。

  A. 以水定城   B. 以水定地   C. 以水定人

  D. 以水定产   E. 以水定貌

88. 根据《自然资源部办公厅关于加强村庄规划促进乡村振兴的通知》,下列属于实用性村庄规划编制任务的是(   )

  A. 落实永久基本农田、生态保护红线划定成果

  B. 划定乡村历史文化保护线

  C. 研究制定村庄发展、国土空间开发保护、人居环境整治目标,明确各项约束性指标

  D. 落实划定农村新增工业用地范围

  E. 划定宅基地建设范围,严格落实"一户一宅"

89. 根据《资源环境承载能力和国土空间开发适宜性评价指南(试行)》,评价主要围绕水资源、土地资源、气候资源等要素,针对(   )核心功能进行本底评价。

  A. 生态保护   B. 农业生产   C. 基本农田

  D. 城镇建设   E. 文化遗产

90. 根据"双评价",一般地,将下列区域确定为城镇建设不适宜区(   )

  A. 水资源短缺   B. 地形坡度大于 25° C. 海拔过高

  D. 地质灾害危险性极高的区域

  E. 交通可达性差的区域

91. 根据《土地管理法》,我国将土地分为(   )

  A. 农用地   B. 建设用地   C. 非建设用地

  D. 耕地   E. 未利用地

92. 根据《关于统筹推进自然资源资产产权制度改革的指导意见》,承包土地的"三权分置"是指(   )

  A. 所有权   B. 资格权   C. 使用权

  D. 经营权   E. 承包权

93. 根据《城市绿地分类标准》,下列选项中不属于公园绿地分类的有(   )

  A. 综合公园   B. 社区公园   C. 游园

  D. 带状公园   E. 街旁绿地

94. 下列属于行政体制内容的是(   )

  A. 政府组织机构   B. 国家权力结构   C. 行政区划体制

  D. 行政规范   E. 国家职能划分

95.《历史文化名城保护规划标准》规定,历史文化名城保护规划应划定(   )的保护界线,并应提出相应的规划控制和建设要求。

  A. 历史城区

  B. 历史文化街区和其他历史地段

C. 风貌区

D. 文物保护单位

E. 历史建筑和地下文物埋藏区

96. 下列属于省级国土空间重点审查的是( )

A. 目标定位   B. 城市用地布局   C. 底线约束

D. 控制性指标   E. 相邻关系

97. 下列关于城市道路的说法中,不正确的是( )

A. 城市土地使用强度较高地区,各类步行设施网络密度不宜低于 $14km/km^2$

B. 承担城市通勤交通功能的公路应纳入城市道路系统统一规划

C. 城市轨道交通站点与公交首末站衔接时,站点出入口与首末站的换乘距离不宜大于 $200m$

D. 环路建设标准不应低于环路内最高等级道路的标准

E. 城市轨道交通站点非机动车停车场选址宜在站点出入口 $100m$ 内

98. 按照《城市环境卫生设施规划标准》,环境卫生设施分为( )

A. 环境卫生收集设施   B. 环境卫生转运设施

C. 环境卫生处理及处置设施   D. 环境卫生工程设施

E. 其他环境卫生设施

99. 下列属于市级国土空间总体规划必要图纸的是( )

A. 市域国土空间总体格局图   B. 市域城镇体系规划图

C. 市域农业空间规划图   D. 中心城区土地使用规划图

E. 中心城区主体功能分区图

100. "双评价"主要是为了编制国土空间规划的科学性,下列属于"双评价"成果应用主要方面的是( )

       A. 支撑国土空间格局优化   B. 支撑完善主体功能分区

       C. 支撑划定三条控制线   D. 支撑重大工程安排

       E. 支撑编制空间类详细规划

真 题 解 析

一、**单项选择题**(共80题,每题1分。每题的备选项中,只有1个最符合题意)

1. A

【**解析**】 国土空间规划是对一定区域国土空间开发保护在空间和时间上作出的安排,包括总体规划、详细规划和相关专项规划。故A选项符合题意。

2. D

【**解析**】 国家、省、市、县编制国土空间总体规划,各地结合实际编制乡镇国土空间规划,A选项正确;相关专项规划是指在特定区域(流域)、特定领域,为体现特定功能,对空间开发保护利用作出的专门安排,是涉及空间利用的专项规划,B选项正确;国土空间总体规划是详细规划的依据,相关专项规划要相互协同,并与详细规划做好衔接,因此C选项正确;D选项错误,故选D。

3. A

【**解析**】 战略性:全面落实党中央、国务院重大决策部署,体现国家意志和国家发展规划的战略性,自上而下编制各级国土空间规划,对空间发展作出战略性、系统性安排。因此A选项符合题意。B、C、D选项属于体现科学性。

4. B

【**解析**】 因国家重大战略调整、重大项目建设或行政区划调整等确须修改规划的,须先经规划审批机关同意后,方可按法定程序进行修改。按《城市总体规划实施评估办法》,经评估且原审批机关同意可以修改规划,故A、C、D选项正确。B选项错误,因此B选项符合题意。

5. A

【**解析**】 在城镇开发边界内的建设,实行"详细规划+规划许可"的管制方式;在城镇开发边界外的建设,按照主导用途分区,实行"详细规划+规划许可"和"约束指标+分区准入"的管制方式。因此A选项错误,B选项正确。对以国家公园为主体的自然保护地、重要海域和海岛、重要水源地、文物等实行特殊保护制度,因地制宜地制定用途管制制度,为地方管理和创新活动留有空间,故C选项正确。以国土空间规划为依据,对所有国土空间分区分类实施用途管制,故D选项正确。故选A。

6. B

【**解析**】 《土地管理法》属于法律;《江苏省城乡规划管理条例》属于地方性法规;《城市规划编制办法》属于部门规章;《历史文化名城名镇名村保护条例》属于行政法规。故选B。

7. B

【**解析**】 在行政诉讼中,行政相对人属于原告,故选B。

8. B

【解析】 法律保留原则:凡属宪法、法律规定只能由法律规定的事项,必须在法律明确授权的情况下,行政机关才有权在其所制定的行政规范中作出规定。题目《城乡规划法》中的这句话,就是明确地对行政机关(省、自治区、直辖市人民政府)授权,因此是法律保留原则。故选 B。

9. C

【解析】 根据行政程序规定,没有正式公开的信息,不得作为行政主体行政行为的依据,听证会的费用由国库承担,双方当事人均不承担听证费用,故 A、D 选项正确;告知制度一般只适用于具体行政行为,故 B 选项正确;职能分离制度调整的不是行政主体与行政相对人的关系,而是行政机关内部的机构和人员的关系,故 C 选项错误,符合题意。

10. D

【解析】 GB/T 50357—2018《历史文化名城保护规划标准》是针对某一类标准化对象指定的覆盖面较大的共性标准,因此属于通用标准。故选 D。

11. D

【解析】《消防法》第十一条:国务院住房和城乡建设主管部门规定的特殊建设工程,建设单位应当将消防设计文件报送住房和城乡建设主管部门审查,住房和城乡建设主管部门依法对审查的结果负责。故选 D。

12. B

【解析】 根据《中共中央 国务院关于建立国土空间规划体系并监督实施的若干意见》规定,涉及空间利用的某一领域专项规划,如交通、能源、水利、农业、信息、市政等基础设施,公共服务设施,军事设施,以及生态环境保护、文物保护、林业草原等专项规划,由相关主管部门组织编制。因此 B 选项符合题意。

13. A

【解析】 全国国土空间规划是对全国国土空间作出的全局安排,是全国国土空间保护、开发、利用、修复的政策和总纲,侧重战略性,由自然资源部会同相关部门组织编制,由党中央、国务院审定后印发。故 A 选项错误,符合题意。市县和乡镇国土空间规划是本级政府对上级国土空间规划要求的细化落实,是对本行政区域开发保护作出的具体安排,侧重实施性;其他市县及乡镇国土空间规划由省级政府根据当地实际,明确规划编制审批内容和程序要求。各地可因地制宜,将市县与乡镇国土空间规划合并编制,也可以几个乡镇为单元编制乡镇级国土空间规划。故 B、C、D 选项正确。

14. C

【解析】 依据《自然资源部关于全面开展国土空间规划工作的通知》,压缩审查时间,省级国土空间规划和国务院审批的市级国土空间总体规划,自审批机关交办之日起,一般应在 90 天内完成审查工作,上报国务院审批。各省(自治区、直辖市)也要简化审批流程和时限。因此 C 选项错误,符合题意。

15. C

【解析】 根据规定,全国主体功能区由国家级主体功能区和省级主体功能区组成,基本分区单位原则上为县级行政区,主体功能区是以资源环境能力、经济社会发展水平等为依据,划分出具有某种特定主体功能、实施差别化管控的地域空间单元。故 A、B、D 选项正确。全国国土空间规划纲要确定的国家主体功能区,在省级国土空间规划中必须确定为相同的主体功能区类型,不得改变。故 C 选项错误,符合题意。

16. C

【解析】 根据《土地管理法》第四款:国家实行土地用途管制制度。国家编制土地利用总体规划,规定土地用途,将土地分为农用地、建设用地和未利用地。严格限制农用地转为建设用地,控制建设用地总量,对耕地实行特殊保护。故 C 选项错误,符合题意。

17. B

【解析】 《土地管理法》第三十四条:永久基本农田划定以乡(镇)为单位进行,由县级人民政府自然资源主管部门会同同级农业农村主管部门组织实施,故 A 选项错误,B 选项正确。永久基本农田应当落实到地块,纳入国家永久基本农田数据库严格管理。乡(镇)人民政府应当将永久基本农田的位置、范围向社会公告,并设立保护标志,故 D 选项错误。第三十七条:非农业建设必须节约使用土地,可以利用荒地的,不得占用耕地;可以利用劣地的,不得占用好地。禁止占用耕地建窑、建坟或者擅自在耕地上建房、挖砂、采石、采矿、取土等。禁止占用永久基本农田发展林果业和挖塘养鱼,C 选项错误。故选 B。

18. C

【解析】 《土地管理法》第六十二条:农村村民一户只能拥有一处宅基地,其宅基地的面积不得超过省、自治区、直辖市规定的标准。人均土地少、不能保障一户拥有一处宅基地的地区,县级人民政府在充分尊重农村村民意愿的基础上,可以采取措施,按照省、自治区、直辖市规定的标准保障农村村民实现户有所居。故 A 选项正确。农村村民建住宅,应当符合乡(镇)土地利用总体规划、村庄规划,不得占用永久基本农田,并尽量使用原有的宅基地和村内空闲地,故 B 选项正确。编制乡(镇)土地利用总体规划、村庄规划应当统筹并合理安排宅基地用地,改善农村村民居住环境和条件。农村村民住宅用地,由乡(镇)人民政府审核批准,故 C 选项错误;其中,涉及占用农用地的,依照本法第四十四条的规定办理审批手续。农村村民出卖、出租、赠予住宅后,再申请宅基地的,不予批准,故 D 选项正确。国家允许进城落户的农村村民依法自愿有偿退出宅基地,鼓励农村集体经济组织及其成员盘活利用闲置宅基地和闲置住宅。国务院农业农村主管部门负责全国农村宅基地改革和管理有关工作。由以上分析可以知道 C 选项符合题意。

19. A

【解析】 根据《市县国土空间总体规划编制指南》,坚持以水定城等原则,明确全域总人口和城镇化水平等。故选 A。

20. D

【解析】《城市设计管理办法》第十三条：编制城市设计时,组织编制机关应当通过座谈、论证、网络等多种形式及渠道,广泛征求专家和公众意见。审批前应依法进行公示,公示时间不少于 30 日。城市设计成果应当自批准之日起 20 个工作日内,通过政府信息网站以及当地主要新闻媒体予以公布。故 D 选项符合题意。

21. C

【解析】 根据《自然资源部关于全面开展国土空间规划工作的通知》,重大交通枢纽、重要线性工程网络、城市安全与综合防灾体系、地下空间、邻避设施等设施布局,城镇政策性住房和教育、卫生、养老、文化体育等城乡公共服务设施布局原则和标准属于市级国土空间规划审查的要点。因此 C 选项符合题意。A、B、D 选项均为省级国土空间规划审查的重点内容。

22. C

【解析】 依据《关于加强村庄规划促进乡村振兴的通知》,坚持先规划后建设,通盘考虑土地利用、产业发展、居民点布局、人居环境整治、生态保护和历史文化传承,A 选项正确。坚持农民主体地位,尊重村民意愿,反映村民诉求,C 选项错误。坚持节约优先、保护优先,实现绿色发展和高质量发展,B 选项正确。坚持因地制宜、突出地域特色,防止乡村建设"千村一面",D 选项正确。坚持有序推进、务实规划,防止一哄而上,片面追求村庄规划快速全覆盖。故 C 选项符合题意。

23. B

【解析】 根据《关于加强村庄规划促进乡村振兴的通知》,统筹城乡产业发展,优化城乡产业用地布局,引导工业向城镇产业空间集聚,合理保障农村新产业新业态发展用地,明确产业用地用途、强度等要求。除少量必需的农产品生产加工外,一般不在农村地区安排新增工业用地。因此 B 选项符合题意。

24. B

【解析】 依据《关于加强村庄规划促进乡村振兴的通知》,允许在不改变县级国土空间规划主要控制指标情况下,优化调整村庄各类用地布局。涉及永久基本农田和生态保护红线调整的,严格按国家有关规定执行,调整结果依法落实到村庄规划中。故 A 选项错误,B 选项正确。各地可在乡镇国土空间规划和村庄规划中预留不超过 5% 的建设用地机动指标,村民居住、农村公共公益设施、零星分散的乡村文旅设施及农村新产业新业态等用地可申请使用,机动指标使用不得占用永久基本农田和生态保护红线。故 C、D 选项错误。故选 B。

25. A

【解析】《关于建立以国家公园为主体的自然保护地体系的指导意见》规定,将自然保护地按生态价值和保护强度高低分为国家公园、自然保护区和自然公园。海洋公园属于自然公园的一种,故选 A。

26. D

【解析】 根据《关于在国土空间规划中统筹划定落实三条控制线的指导意见》,生态保护红线内,自然保护地核心保护区原则上禁止人为活动,其他区域严格禁止开发性、生产性建设活动,在符合现行法律法规前提下,除国家重大战略项目外,仅允许对生态功能不造成破坏的有限人为活动。因此 D 选项符合题意。

27. D

【解析】 城市交通按照运输能力与效率可划分为集约型公共交通与辅助型公共交通,集约型公共交通可分为大运量、中运量和普通运量公交,D 选项错误;辅助型公共交通主要满足特定人群个性化出行需求,如出租车、班车、校车以及特定地区的索道、缆车等。A、B 选项正确。BRT 是快速公共汽车交通系统,属于集约型公共交通,C 选项正确,故 D 选项符合题意。

28. B

【解析】 根据 GB/T 51328—2018《城市综合交通体系规划标准》3.0.1 条:城市综合交通(简称"城市交通")应包括出行的两端都在城区内的城市内部交通和出行至少有一端在城区外的城市对外交通(包括两端均在城区外,但通过城区组织的城市过境交通)。按照城市综合交通的服务对象可划分为城市客运与货运交通。故 B 选项符合题意。

29. B

【解析】 根据 GB/T 51328—2018《城市综合交通体系规划标准》13.3.7 条,地面机动车停车场用地面积,宜按每个停车位 $25 \sim 30 \mathrm{m}^2$ 计。停车楼(库)的建筑面积,宜按每个停车位 $30 \sim 40 \mathrm{m}^2$ 计。故选 B。

30. D

【解析】 根据 GB 50180—2018《城市居住区规划设计标准》,住宅用地的比例,以及人均居住区用地控制指标在高纬度地区偏向指标区间的高值,配套设施用地和公共绿地的比例偏向指标的低值,低纬度地区则正好相反;城市道路用地的比例只和居住区在城市中的区位有关,靠近城市中心的地区,道路用地控制指标偏向高值。因此 A、B、C 选项正确,D 选项错误,故 D 选项符合题意。

31. B

【解析】 派出所属于 10 分钟、15 分钟生活圈居住区配套设施,属于公共管理与公共服务设施用地,故选 B。

32. C

【解析】 根据 GB 50180—2018《城市居住区规划设计标准》配套设施规定,15 分钟生活圈居住区公共绿地面积不应低于 $2.0 \mathrm{m}^2$/人,10 分钟生活圈居住区公共绿地面积不应低于 $1.0 \mathrm{m}^2$/人,公园最小宽度不应小于 50m,故 A、B 选项正确。5 分钟生活圈居住区公共绿地面积不应小于 $1.0 \mathrm{m}^2$/人,公园最小规模不应小于 $0.4 \mathrm{hm}^2$,故 C 选项错误。新建居住街坊集中绿地不应低于 $0.5m^2/$ 人,旧区改建不应低于 $0.35m^2/$ 人,故 D 选项正确。故选 C。

33. B

【解析】 根据 GB 50180—2018《城市居住区规划设计标准》A.0.1 条,居住区用地面积应包括住宅用地、配套设施用地、公共绿地和城市道路用地,其计算方法应符合下列规定:(1)居住区范围内与居住功能不相关的其他用地以及本居住区配套设施以外的其他公共服务设施用地,不应计入居住区用地。A 选项错误。(2)当周界为自然分界线时,居住区用地范围应算至用地边界。(3)当周界为城市快速路或高速路时,居住区用地边界应算至道路红线或其防护绿地边界。B 选项正确。快速路或高速路及其防护绿地不应计入居住区用地。(4)当周界为城市干路或支路时,各级生活圈的居住区用地范围应算至道路中心线。C 选项错误。(5)居住街坊用地范围应算至周界道路红线,且不含城市道路。D 选项错误。(6)当与其他用地相邻时,居住区用地范围应算至用地边界。故选 B。

34. D

【解析】 根据 GB/T 50357—2018《历史文化名城保护规划标准》1.0.2 条:本标准适用于历史文化名城、历史文化街区、文物保护单位及历史建筑的保护规划,以及非历史文化名城的历史城区、历史地段、文物古迹等的保护规划。故 A 选项错误。3.2.5 条:当历史文化街区的保护范围与文物保护单位的保护范围和建设控制地带出现重叠时,应坚持从严保护的要求,应按更为严格的控制要求执行。故 B 选项错误。3.4.4 条:历史城区应控制机动车停车位的供给,完善停车收费和管理制度,采取分散、多样化的停车布局方式。不宜增建大型机动车停车场。故 C 选项错误。3.5.4 条:有条件的历史城区,应以市政集中供热为主,不具备集中供热条件的历史城区宜采用燃气、电力等清洁能源供热。故 D 选项正确,因此 D 选项符合题意。

35. B

【解析】 根据 GB/T 50357—2018《历史文化名城保护规划标准》,历史文化街区应具备下列条件:(1)应有比较完整的历史风貌;(2)构成历史风貌的历史建筑和历史环境要素应是历史存留的原物;(3)历史文化街区核心保护范围面积不应小于 $1hm^2$;(4)历史文化街区核心保护范围内的文物保护单位、历史建筑、传统风貌建筑的总用地面积不应小于核心保护范围内建筑总用地面积的 60%。B 选项错误,因此 B 选项符合题意。

36. B

【解析】 根据 GB 51079—2016《城市防洪规划规范》4.0.4 条:城市用地布局必须满足行洪需要,留出行洪通道。严禁在行洪用地空间范围内进行有碍行洪的城市建设活动。B 选项错误,因此 B 选项符合题意。

37. B

【解析】 根据 GB 50318—2017《城市排水工程规划规范》,城市污水因具有气味,严禁采用明渠,故 A 选项正确;城市污水处理厂应位于城市夏季最小频率风向的上风侧,而不是城市主导风向下风向,故 B 选项错误。除干旱地区外,城市新建地区和旧城改造地区的排水系统应采用分流制,城市污水处理厂的污泥应进行减量化、稳定化、无害化、资源化的处理和处置,故 C、D 选项正确。因此 B 选项符合题意。

38. D

【解析】 根据 GB 50180—2018《城市居住区规划设计标准》6.0.3 条:道路断面形式应满足适宜步行及自行车骑行的要求,人行道宽度不应小于 2.5m。因此 D 选项符合题意。

39. C

【解析】 根据 GB/T 50337—2018《城市环境卫生设施规划标准》规定,生活垃圾收集点的服务半径不宜超过 70m;新建生活垃圾焚烧厂不宜临近城市生活区布局,其用地边界距城乡居住用地及学校、医院等公共设施用地的距离一般不应小于300m;堆肥处理设施宜位于城市建成区的边缘地带,用地边界距城乡居住用地不应小于 0.5km。故 A、B、D 选项错误。新建生活垃圾卫生填埋场不应位于城市主导发展方向上,且用地边界距 20 万人口以上城市的规划建成区不宜小于 5km,距 20 万人口以下城市的规划建成区不宜小于 2km。C 选项正确,故选 C。

40. A

【解析】 根据《城市紫线管理办法》第三条:在编制城市规划时应当划定保护历史文化街区和历史建筑的紫线。国家历史文化名城的城市紫线由城市人民政府在组织编制历史文化名城保护规划时划定。其他城市的城市紫线由城市人民政府在组织编制城市总体规划时划定。故 A 选项符合题意。

41. B

【解析】 根据《历史文化名城名镇名村保护条例》第十三条:保护规划应当自历史文化名城、名镇、名村批准公布之日起 1 年内编制完成。故 A 选项正确。第十六条:保护规划报送审批前,保护规划的组织编制机关应当广泛征求有关部门、专家和公众的意见;必要时,可以举行听证。故 B 选项错误。保护规划报送审批文件中应当附具意见采纳情况及理由;经听证的,还应当附具听证笔录。第十七条:保护规划由省、自治区、直辖市人民政府审批。故 C 选项正确。第十九条:经依法批准的保护规划,不得擅自修改;确需修改的,保护规划的组织编制机关应当向原审批机关提出专题报告,经同意后,方可编制修改方案。修改后的保护规划,应当按照原审批程序报送审批。故 D 选项正确。因此 B 选项符合题意。

42. A

【解析】 根据 GB/T 50298—2018《风景名胜区总体规划标准》,景物:具有独立欣赏价值的风景素材的个体,是风景区构景的基本单元。故选 A。

43. A

【解析】 风景名胜区要考虑景区的观赏性,风景区的道路要避免深挖高填,景点和景区内不得安排高压电缆穿过,不得布置暴露于地表的大体量给水和污水处理设施。因此 B、C、D 选项正确。风景区的对外交通设施应快捷,宜布置于风景区以外或边缘地区。故 A 选项错误,因此 A 选项符合题意。

44. D

【解析】 都市圈是以中心城市为核心,与周边城镇在日常通勤和功能组织上存在密切联系的一体化地区,一般为一小时通勤圈。故选 D。

45. A

【解析】 单位 GDP 使用建设用地下降率属于约束性指标,故 A 选项正确;城乡建设用地规模属于约束性指标,国土空间开发强度属于预期性指标,新增生态修复面积属于预期性指标,因此 B、C、D 选项均错误。故选 A。

46. A

【解析】 根据《关于建立以国家公园为主体的自然保护地体系的指导意见》,在编制自然保护地规划时,以保持生态系统完整性为原则,遵从保护面积不减少、保护强度不降低、保护性质不改变的总体要求。故 A 选项错误,符合题意。

47. A

【解析】 根据《关于在国土空间规划中统筹划定落实三条控制线的指导意见》规定,三条控制线出现矛盾时,生态保护红线要保证生态功能的系统性和完整性,确保生态功能不降低、面积不减少、性质不改变;永久基本农田要保证适度合理的规模和稳定性,确保数量不减少、质量不降低;城镇开发边界要避让重要生态功能,不占或少占永久基本农田。从以上可以看出,生态保护红线是"保证",永久基本农田是"保证适度稳定性",城镇开发边界是"避让"永久基本农田和生态保护红线。因此,三条控制线出现冲突的时候,要优先保证生态保护红线的完整性。故选 A。

48. C

【解析】 《自然资源部办公厅关于加强国土空间规划监督管理的通知》规定,规划编制实行编制单位终身负责制。故 C 选项符合题意。

49. B

【解析】 根据城市综合防灾减灾规划的规定,抗震设防标准、建设用地评价与要求、抗震防灾措施为强制性内容。故选 B。

50. D

【解析】 根据 GB 51079—2016《城市防洪规划规范》7.0.5 条:城市规划区内的堤防、排洪沟、截洪沟、防洪(潮)闸等城市防洪工程设施的用地控制界线应划入城市黄线进行保护与控制。根据《城市黄线管理办法》,一级泵站用地应纳入黄线管理,城市片区泵站一般不属于一级泵站,故选 D。

51. A

【解析】 《省级国土空间规划编制指南(试行)》适用于各省、自治区、直辖市国土空间规划编制。跨省级行政区域、流域和城市圈、都市圈等区域性国土空间规划可参照执行。省级国土空间规划的编制主体是省级人民政府,省级国土空间规划是对全国国土空间规划纲要的落实和深化。故 A 选项符合题意。

52. C

【解析】 根据《省级国土空间规划编制指南(试行)》,按照城镇人口规模 300 万以下、300 万～500 万、500 万～1000 万、1000 万～2000 万、2000 万以上分别确定城镇空间发展。故 C 选项符合题意。

53. B

【解析】 城镇圈是指以多个重点城镇为核心,空间功能和经济活动紧密关联、分工合作可形成小城镇整体竞争力的区域,一般为半小时通勤圈。故选 B。

54. D

【解析】 用水总量:国家确定的规划平水年流域、区域用水总量控制性约束指标。故 D 选项符合题意。

55. C

【解析】 目前,我国已经开展了三江源、东北虎豹、大熊猫、祁连山、海南热带雨林、神农架、武夷山、钱江源、南山、普达措 10 个国家公园试点。故 C 选项符合题意。

56. A

【解析】 目前已划入自然保护地核心保护区的永久基本农田、镇村、矿业区逐步有序退出;已划入自然保护地一般控制区的,根据对生态功能造成的影响确定是否退出,其中,造成明显影响的逐步有序退出,不造成明显影响的可采取依法依规相应调整一般控制区范围等措施妥善处理。协调过程中退出的永久基本农田在县级行政区域内同步补划,确实无法补划的在市级行政区域内补划。故选 A。

57. D

【解析】 根据《自然资源部办公厅关于加强村庄规划促进乡村振兴的通知》,力争到 2020 年底,结合国土空间规划编制在县域层面基本完成村庄布局工作,有条件、有需求的村庄应编尽编。暂时没有条件编制村庄规划的,应在县、乡镇国土空间规划中明确村庄国土空间用途管制规则和建设管控要求,作为实施国土空间用途管制、核发乡村建设项目规划许可证的依据。对已经编制的原村庄规划、村土地利用规划,经评估符合要求的,可不再另行编制;需补充完善的,完善后再行报批。故选 D。

58. D

【解析】 依据《自然资源部办公厅关于加强国土空间规划监督管理的通知》,无规划许可或违反规划许可的建设项目不得通过规划核实,不得组织竣工验收。故 D 选项符合题意。

59. C

【解析】 根据《自然资源部办公厅关于国土空间规划编制资质有关问题的函》,加强国土空间规划编制的资质管理,提高国土空间规划编制质量,自然资源部正加快研究出台新时期的规划编制单位资质管理规定。新规定出台前,对承担国土空间规划编制工作的单位资质暂不作强制要求,原有规划资质可作为参考。新规定出台后需要满足规划资质。故选 C。

60. B

【解析】 根据《资源环境承载能力和国土空间开发适宜性评价指南(试行)》,编制县级以上国土空间总体规划,应先行开展"双评价",形成专题成果,随同级国土空间总体规划一并论证报批入库,县级国土空间总体规划可直接使用市级评价运算结果。故 B 选项符合题意。

61. B

【解析】 行政复议只针对具体的行政行为,抽象行政行为不具有复议性,故 D 选项正确。公民、法人或者其他组织认为具体行政行为侵犯其合法权益的,可以自知道该具体行政行为之日起六十日内提出行政复议申请;但是法律规定的申请期限超过六十日的除外。故 C 选项正确。行政复议期间,具体行政行为原则上不停止执行,故 A 选项正确。只有县级以上人民政府以及县级以上人民政府工作部门才可以成为行政复议机关。因此 B 选项错误,符合题意。

62. C

【解析】 行政违法处罚有自由裁量权,有斟酌和裁量的余地,属于自由裁量行政行为。故 C 选项符合题意。

63. C

【解析】 行政机关作为第三者,按照准司法程序审理特定的行政争议或民事争议案件所作出的裁决行为体现了行政机关的行政司法权。故选 C。

64. D

【解析】 社会监督,如社会舆论监督、新闻媒体的监督、信访等,是公民、法人或者其他组织对行政机关及其工作人员的行政行为进行的一种不具法律效力的监督。故选 D。

65. D

【解析】 监察审计局是行政自我监督中的专门的监督机关,既是行政法制监督的主体,其自身也属于行政机关,也需要受到其他机关的监督。因此监察审计局既是行政监督的主体也是行政法制监督的主体。故选 D。

66. D

【解析】 行政许可既有行政积极作用也有消极作用。消极作用主要体现在如果行政许可制度运用过滥、过宽,还会使社会发展减少动力,丧失活力,必然会出现许可制度在各部门之间相互矛盾,重复设置,导致被许可人无所适从,从而降低行政效率,还为腐败行为提供可乘之机。故选 D。

67. D

【解析】 如果没有申请,行政复议机关不能主动实施行政复议的行为。行政复议机关在发现其所属行政主体所做的具体行政行为违法,或者行政行为不当时,可以

主动予以撤销或者变更,但这不是行政复议行为而是上级对下级的一种监督行为,故
D选项符合题意。

68. A

【解析】 GB/T 50357—2018《历史文化名城保护规划标准》4.3.2条:历史文化街区内的建筑物、构筑物的保护与整治方式应符合表4.3.2的规定。在表格中,对历史文化街区内的文物保护单位的保护与整治的方式为修缮。故选A。

69. A

【解析】《风景名胜区条例》第二十八条:在风景名胜区内从事本条例第二十六条、第二十七条禁止范围以外的建设活动,应当经风景名胜区管理机构审核后,依照有关法律、法规的规定办理审批手续。在国家级风景名胜区内修建缆车、索道等重大建设工程,项目的选址方案应当报省、自治区人民政府建设主管部门和直辖市人民政府风景名胜区主管部门核准。故选A。

70. B

【解析】 老年人设施的日照标准应符合现行国家标准GB 50180—2018《城市居住区规划设计标准》的规定(老年人居住建筑日照标准不应低于冬至日日照时数2h),故B选项错误;根据GB 50437—2007《城镇老年人设施规划规范》规定:老年人设施布局应符合当地老年人口的分布特点,并宜靠近居住人口集中的地区布局;独立占地的老年人设施的建筑密度不宜大于30%,场地内建筑宜以多层为主。老年人设施场地范围内的绿地率:新建不应低于40%,扩建和改建不应低于35%。故A、C、D选项正确。因此B选项符合题意。

71. B

【解析】《土地管理法》第五十七条:建设项目施工和地质勘查需要临时使用国有土地或者农民集体所有的土地的,由县级以上人民政府自然资源主管部门批准。其中,在城市规划区内的临时用地,在报批前,应当先经有关城市规划行政主管部门同意。故A选项错误。土地使用者应当根据土地权属,与有关自然资源主管部门或者农村集体经济组织、村民委员会签订临时使用土地合同,并按照合同的约定支付临时使用土地补偿费。故B选项正确,C选项错误。临时使用土地的使用者应当按照临时使用土地合同约定的用途使用土地,并不得修建永久性建筑物。临时使用土地期限一般不超过两年,故D选项错误。故选B。

72. B

【解析】 国家对耕地实行特殊保护,严格限制农用地转为建设用地。故选B。

73. A

【解析】《土地管理法》第二十一条:城市建设用地规模应当符合国家规定的标准,充分利用现有建设用地,不占或者尽量少占农用地。城市总体规划、村庄和集镇规划,应当与土地利用总体规划相衔接,城市总体规划、村庄和集镇规划中建设用地规模不得超过土地利用总体规划确定的城市和村庄、集镇建设用地规模。在城市规

划区内、村庄和集镇规划区内,城市和村庄、集镇建设用地应当符合城市规划、村庄和集镇规划。故选 A。

74. C

【解析】 根据 GB 50282—2016《城市给水工程规划规范》6.2.2 条:规划长距离输水管道时,输水管不宜少于 2 根。当城市为多水源给水或具备应急备用水源等条件时,也可采用单管输水。故 A 选项正确。6.2.3 条:配水管网应布置成环状。故 B 选项正确。6.2.4 条:城市给水系统中的调蓄水量宜为给水规模的 10%～20%。故 C 选项错误。6.2.6 条:城市给水系统主要工程设施供电等级应为一级负荷。故 D 选项正确;因此 C 选项符合题意。

75. B

【解析】 根据《城乡规划法》第四十一条:确需占用农用地的,应当依照《土地管理法》有关规定办理农用地转用审批手续后,由城市、县人民政府城乡规划主管部门核发乡村建设规划许可证。建设单位或者个人在取得乡村建设规划许可证后,方可办理用地审批手续。故选 B。

76. B

【解析】 以划拨方式取得国有土地使用权的,建设单位向所在地的市、县自然资源主管部门提出建设用地规划许可申请,经有建设用地批准权的人民政府批准后,市、县自然资源主管部门向建设单位同步核发建设用地规划许可证、国有土地划拨决定书。B 选项中,应为经人民政府批准,而不是自然资源主管部门。故选 B。

77. C

【解析】 《资源环境承载能力和国土空间开发适宜性评价指南(试行)》规定,评价统一采用 2000 国家大地坐标系(CGCS2000),高斯-克吕格投影,陆域部分均采用 1985 国家高程基准,海域部分采用理论深度基准面高程基准。制图规范、精度等参考同级国土空间规划要求。故 C 选项符合题意。

78. A

【解析】 《资源环境承载能力和国土空间开发适宜性评价指南(试行)》规定,评价水源涵养、水土保持、生物多样性维护、防风固沙、海岸防护等生态系统服务功能重要性,取各项结果的最高等级作为生态系统服务功能重要性等级。故选 A。

79. B

【解析】 《人民防空法》(2009 修正)第十一条:城市是人民防空的重点。国家对城市实行分类防护。第十三条:城市人民政府应当制定人民防空工程建设规划,并纳入城市总体规划。故 B 选项符合题意。

80. D

【解析】 上级机关颁布的命令,下级机关和群众必须服从,否则将受到惩戒,这体现了行政领导的权威性特点。故选 D。

二、多项选择题 (共20题,每题1分。每题的备选项中,有2~4个选项符合题意。多选、少选、错选都不得分)

81. ABCD

【解析】 根据《中共中央　国务院关于建立国土空间规划体系并监督实施的若干意见》,到2020年,基本建立国土空间规划体系,逐步建立"多规合一"的规划编制审批体系、实施监督体系、法规政策体系和技术标准体系。故选 ABCD。

82. ABDE

【解析】 根据《省级国土空间规划编制指南(试行)》,按照主体功能区战略、区域协调发展战略、乡村振兴战略、可持续发展战略等国家战略部署,以及省级党委政府有关发展要求,梳理相关重大战略对省域国土空间的具体要求,作为编制省级国土空间规划的重要依据。故选 ABDE。

83. BCDE

【解析】 根据《土地管理法》第三十三条:国家实行永久基本农田保护制度。下列耕地应当根据土地利用总体规划划为永久基本农田,实行严格保护:(一)经国务院农业农村主管部门或者县级以上地方人民政府批准确定的粮、棉、油、糖等重要农产品生产基地内的耕地;(二)有良好的水利与水土保持设施的耕地,正在实施改造计划以及可以改造的中、低产田和已建成的高标准农田;(三)蔬菜生产基地;(四)农业科研、教学试验田;(五)国务院规定应当划为永久基本农田的其他耕地。A选项中自然资源部批准不正确,故选 BCDE。

84. ABDE

【解析】 根据 GB 51079—2016《城市防洪规划规范》3.0.1条:城市防洪标准应符合现行国家标准 GB 50201—2014《防洪标准》的规定。确定城市防洪标准应考虑下列因素:(1)城市总体规划确定的中心城区集中防洪保护区或独立防洪保护区内的常住人口规模;(2)城市的社会经济地位;(3)洪水类型及其对城市安全的影响;(4)城市历史洪灾成因、自然及技术经济条件;(5)流域防洪规划对城市防洪的安排。故选 ABDE。

85. BD

【解析】 根据 GB/T 50337—2018《城市环境卫生设施规划标准》7.1.3条,公共厕所设置应符合下列要求:(1)设置在人流较多的道路沿线、大型公共建筑及公共活动场所附近;(2)公共厕所应以附属式公共厕所为主,独立式公共厕所为辅,移动式公共厕所为补充;(3)附属式公共厕所不应影响主体建筑的功能,宜在地面层临道路设置,并单独设置出入口;(4)公共厕所宜与其他环境卫生设施合建;(5)在满足环境及景观要求的条件下,城市公园绿地内可以设置公共厕所。因此 B、D 选项符合题意。

86. BCDE

【解析】《省级国土空间规划编制指南》,规划成果包括规划文本、附表、图件、说明和专题报告,以及基于国土空间基础信息平台的国土空间规划"一张图"等。故选BCDE。

87. ABCD

【解析】 根据《省级国土空间规划编制指南》,专题研究阶段要明确水资源开发利用上限,提出水平衡措施,量水而行,以水定城、以水定地、以水定人、以水定产,形成与水资源、水环境、水生态、水安全相匹配的国土空间布局。故选 ABCD。

88. ABCE

【解析】 根据《自然资源部办公厅关于加强村庄规划促进乡村振兴的通知》,落实永久基本农田、生态保护红线划定成果;研究制定村庄发展、国土空间开发保护、人居环境整治目标,明确各项约束性指标;划定乡村历史文化保护线;划定宅基地建设范围。因此 A、B、C、E 选项符合题意。除少量必需的农产品生产加工外,一般不在农村地区安排新增工业用地,因此落实划定农村新增工业用地范围不属于村庄规划编制的任务。故 D 选项错误。

89. ABD

【解析】 《资源环境承载能力和国土空间开发适宜性评价指南(试行)》,评价主要围绕水资源、土地资源、气候资源等要素,针对生态保护、农业生产、城镇建设三大核心功能进行本底评价。故选 ABD。

90. ABCD

【解析】 根据《资源环境承载能力和国土空间开发适宜性评价指南(试行)》,一般将水资源短缺,地形坡度大于 25°,海拔过高,地质灾害、海洋灾害危险性极高的区域,确定为城镇建设不适宜区。故选 ABCD。

91. ABE

【解析】 根据《土地管理法》第四条:国家实行土地用途管制制度。国家编制土地利用总体规划,规定土地用途,将土地分为农用地、建设用地和未利用地。故选 ABE。

92. ADE

【解析】 根据《关于统筹推进自然资源资产产权制度改革的指导意见》,落实承包土地所有权、承包权、经营权"三权分置"。故选 ADE。

93. DE

【解析】 根据 CJJ/T 85—2017《城市绿地分类标准》公园绿地分为:综合公园、社区公园、专类公园(动物园、植物园、历史名园、遗址公园、游乐公园、其他专类公园)、游园。故 D、E 选项符合题意。

94. ACD

【解析】 行政体制内容包括政府组织机构、行政权力结构、行政区划体制、行政规范。故选 ACD。

95. ABDE

【解析】 GB/T 50357—2018《历史文化名城保护规划标准》3.1.6 条:历史文化名

城保护规划应划定历史城区、历史文化街区和其他历史地段、文物保护单位、历史建筑和地下文物埋藏区的保护界线,并应提出相应的规划控制和建设要求。故选 ABDE。

96. ACDE

【解析】 根据《自然资源部关于全面开展国土空间规划工作的通知》规定,按照"管什么就批什么"的原则,对省级和市县国土空间规划,侧重控制性审查,重点审查目标定位、底线约束、控制性指标、相邻关系等,并对规划程序和报批成果形式做合规性审查。故选 ACDE。

97. CE

【解析】 根据 GB/T 51328—2018《城市综合交通体系规划标准》10.2.4 条:城市土地使用强度较高地区,各类步行设施网络密度不宜低于 14km/km²;故 A 选项正确。12.3.6 条:环路建设标准不应低于环路内最高等级道路的标准,并应与放射性道路衔接良好;故 D 选项正确。9.3.6 条:城市轨道交通站点非机动车停车场选址宜在站点出入口 50m 内,城市轨道交通站点与公交首末站衔接时,站点出入口与首末站的换乘距离不宜大于 100m;故 C、E 选项错误。7.1.2 条:承担城市通勤交通的对外交通设施,其规划与交通组织应符合城市交通相关标准及要求,并与城市内部交通体系系一规划;故 B 选项正确。因此 C、E 选项符合题意。

98. ABCE

【解析】 根据 GB/T 50337—2018《城市环境卫生设施规划标准》,环境卫生设施分为环境卫生收集设施、环境卫生转运设施、环境卫生处理及处置设施、其他环境卫生设施。故选 ABCE。

99. ABCD

【解析】 根据《市级国土空间总体规划编制指南(试行)》附录 C,A、B、C、D 选项均为规定必须绘制的图纸。主体功能区是针对县级行政单元的功能规定,因此对中心城区不做总体规定,故 E 选项错误,应该为"市域主体功能分区图"。故选 ABCD。

100. ABCD

【解析】 根据《资源环境承载能力和国土空间开发适宜性评价指南(试行)》,"双评价"成果应用主要为:支撑国土空间格局优化、支撑完善主体功能分区、支撑划定三条控制线、支撑规划指标确定和分解、支撑重大工程安排、支撑高质量发展的国土空间策略、支撑编制空间类专项规划。故选 ABCD。

2021 年度全国注册城乡规划师职业资格考试真题与解析

城乡规划管理与法规

真　题

一、单项选择题(共 80 题,每题 1 分。每题的备选项中,只有 1 个最符合题意)

1. 根据《中共中央　国务院关于建立国土空间规划体系并监督实施的若干意见》,下列关于相关专项规划的说法中,不正确的是(　　)

    A. 自然保护地等相关专项规划及跨行政区域或流域的国土空间规划,由所在区域或上一级自然资源主管部门牵头组织编制,报同级政府审批

    B. 相关专项规划要服从总体规划、详细规划

    C. 相关专项规划要遵循国土空间总体规划,不得违背总体规划强制性内容,其主要内容要纳入详细规划

    D. 不同层级、不同地区的专项规划可结合实际选择编制的类型和精度

2. 根据《中共中央　国务院关于建立国土空间规划体系并监督实施的若干意见》,下列相关说法错误的是(　　)

    A. 国土空间规划是对一定区域国土空间开发保护在空间和时间上作出的安排

    B. 国土空间规划包括总体规划、详细规划和相关专项规划

    C. 全国国土空间规划侧重协调性

    D. 市县和乡镇国土空间规划侧重实施性

3. 根据《中共中央　国务院关于全面推进乡村振兴加快农业农村现代化的意见》,2021 年建设(　　)亿亩旱涝保收、高产稳产高标准农田。

    A. 0.6　　　　　　B. 0.8　　　　　　C. 1.0　　　　　　D. 1.2

4. 已划入自然保护地一般控制区的永久基本农田,根据对生态功能造成的影响确定是否退出,其中,造成明显影响的逐步有序退出,永久基本农田应在(　　)级行政区域内同步补划。

    A. 乡镇　　　　　　B. 县　　　　　　C. 市　　　　　　D. 省

5. 根据《中共中央　国务院关于在国土空间规划中统筹划定落实三条控制线的指导意见》,下列说法错误的是(　　)

    A. 生态保护红线是指生态空间范围内具有特殊重要功能,必须强制性严格保护的区域

    B. 其他经评估目前虽然不能确定但具有潜在重要生态价值的区域,不能划入生态保护红线

    C. 对自然保护地进行调整优化,评估调整后的自然保护地应划入生态保护红线

    D. 生态保护红线内,自然保护地核心保护区原则上禁止人的活动,其他区域严格禁止开发性、生产性建设活动

6. 根据《中华人民共和国国民经济和社会发展第十四个五年规划和2035年远景目标纲要》，下列说法不正确的是（　　）

    A. 实施以碳强度控制为主、碳排放总量控制为辅的制度，支持有条件的地方和重点行业、重点企业率先达到碳排放峰值

    B. 加强全球气候变暖对我国承受力脆弱地区影响的观测和评估，提升城乡建设、农业生产、基础设施适应气候变化能力

    C. 坚持公平、共同但有区别的责任及各自能力原则，建设性参与和引领应对气候变化国际合作

    D. 努力争取2060年前实现碳达峰，采取更加有力的政策和措施

7. 根据《国务院办公厅关于加强城市内涝治理的实施意见》，下列说法错误的是（　　）

    A. 保护城市山体，修复江河、湖泊、湿地等，保留天然雨洪通道、蓄滞洪空间，构建连续完整的生态基础设施体系

    B. 在城市建设和更新中留白增绿，做到一地专用

    C. 在蓄滞洪空间开展必要的土地利用、开发建设时，要依法依规严格论证审查，保证足够的调蓄容积和功能

    D. 恢复并增加水空间，扩展城市及周边自然调蓄空间，按照有关标准和规划开展蓄滞洪空间和安全工程建设

8. 《国务院办公厅关于加强全民健身场地设施建设发展群众体育的意见》中提出来挖掘存量建设用地潜力，下列不属于用地及方法的是（　　）

    A. 盘活城市空闲土地   B. 用好城市公益性建设用地

    C. 支持以租赁方式供地   D. 不得倡导复合用地模式

9. 根据《自然资源部　农业农村部关于保障农村村民住宅建设合理用地的通知》，下列说法错误的是（　　）

    A. 充分尊重农民意愿，提倡并鼓励在城市和集镇规划区外拆并村庄、建设大规模农民集中居住区

    B. 农村村民住宅建设要依法落实"一户一宅"要求

    C. 在县、乡级国土空间规划和村庄规划中，要为农村村民住宅建设用地预留空间

    D. 人均土地少，不能保障一户拥有一处宅基地的地区，可以按照《土地管理法》采取措施，保障户有所居

10. 根据《自然资源部　国家文物局关于在国土空间规划编制和实施中加强历史文化遗产保护管理的指导意见》，下列说法错误的是（　　）

    A. 不得以历史文化遗产保护利用设计方案、实施方案等取代详细规划实施规划许可

    B. 在不对生态功能造成破坏的前提下，允许在生态保护红线内、自然保护地

核心保护区内,开展经依法批准的考古调查、勘探、发掘和文物保护活动

  C. 经文物主管部门核定可能存在历史文化遗存的土地,要实行"先考古、后出让"制度,在依法完成考古调查、勘探、发掘前,原则上不予收储入库或出让

  D. 历史文化保护红线及空间形态控制指标和要求是国土空间规划的强制性内容

11. 根据《自然资源部关于以"多规合一"为基础推进规划用地"多审合一、多证合一"改革的通知》,用地预审和选址意见书的有效期为(　　　)

  A. 一年   B. 二年   C. 三年   D. 四年

12. 根据《自然资源部办公厅关于进一步做好村庄规划工作的意见》,下列说法错误的是(　　　)

  A. 集聚提升类等建设需求量大的村庄加快编制

  B. 城郊融合类的村庄可纳入城镇控制性详细规划统筹编制

  C. 搬迁撤并类的村庄原则上应单独编制

  D. 全域全要素编制村庄规划加快编制

13. 根据《自然资源部办公厅关于加强国土空间规划监督管理的通知》,下列说法不正确的是(　　　)

  A. 国土空间规划编制实施首席专家终身负责制

  B. 规划审查应充分发挥规划委员会的作用,实行参编单位专家回避制度,推动开展第三方独立技术审查

  C. 规划修改必须严格落实法定程序要求,深入调查研究,征求利害关系人意见,组织专家论证,实行具体决策

  D. 下级国土空间规划不得突破上级国土空间规划确定的约束性指标

14. 根据《省级国土空间规划编制指南(试行)》,下列不属于区域协调与传导内容的是(　　　)

  A. 国家协调   B. 省际协调

  C. 省域重点地区协调   D. 市县规划传导

15. 根据《市级国土空间规划编制指南(试行)》,下列不属于市级国土空间规划强制性内容的是(　　　)

  A. 约束性指标落实及分解情况,如生态保护红线面积、用水总量、永久基本农田保护面积等

  B. 生态屏障、生态廊道和生态系统保护格局,自然保护地体系

  C. 生态保护红线、永久基本农田和城镇开发边界三条控制线

  D. 市域范围内结构性绿地、水体等开敞空间的控制范围和均衡分布要求

16. 根据《国土空间调查、规划、用途管制用地用海分类指南(试行)》,盐田属于(　　　)

  A. 人工湿地 B. 工矿用地 C. 自然湿地 D. 沿海滩涂

17. 以下关于行政程序的说法中,正确的是(　　)

A. 行政程序必须向利害关系人公开

B. 行政程序根据其环节分为法定程序和自由裁量程序

C. 行政程序的基本规则由行政部门自行设定

D. 行政程序的价值是保障行政主体的自由裁量权

18. 以下关于行政法主体的说法中,错误的是(　　)

A. 行政法主体是行政主体

B. 行政主体是行政法主体

C. 行政法律关系的主体是行政法的主体

D. 行政法主体是行政法律关系的主体

19. 自然资源主管部门对建设用地使用权的确认不属于(　　)

A. 具体行政行为　　　　　　　　　B. 依申请行政行为

C. 单方行政行为　　　　　　　　　D. 确认法律地位的行政行为

20. 行政合法性原则的具体内容不包括(　　)

A. 行政主体必须依法设立

B. 行政主体应当在法律授权的时间、空间限制范围内行使国家行政权力

C. 行政机关做出的具体行政行为必须以事实为根据,以法律为准绳

D. 实体合法优先于程序合法

21. 下列选项中对于行政法制监督的说法,不正确的是(　　)

A. 行政法制监督的对象是行政相对人

B. 行政法制监督的主体是国家权力机关等

C. 行政法制监督是对行政主体行为合法性的监督

D. 行政法制监督的方式有审查调查等

22. 以下关于公共产品的说法中,错误的是(　　)

A. 公共产品是消费者排他性消费的产品

B. 公共产品由政府机关为主的公共部门生产

C. 公共产品体系构成政府所管理公共事务的范围

D. 公共行政的主要责任是提供和生产公共产品

23. 以下关于行政法的渊源,错误的是(　　)

A. 地方性法规　　　　　　　　　　B. 有权法律解释

C. 国际条约和约定　　　　　　　　D. 技术标准与规范

24. 决定行政立法形式上的多样性的是行政立法主体的(　　)

A. 多层次性　　　B. 强适应性　　　C. 灵活性　　　D. 有效性

25. 根据《行政许可法》,下列关于行政许可的期限说法中,不正确的是(　　)

A. 除可以当场作出行政许可决定的,行政机关应当自受理行政许可申请之日起二十日内作出行政许可决定

B. 行政机关作出行政许可决定,依法需要听证、招标、拍卖、检验、检测、检疫、鉴定和专家评审的,所需时间计算在本规定的期限内

C. 行政许可采取统一办理或者联合办理、集中办理的,办理的时间不得超过四十五日

D. 行政机关作出准予行政许可的决定,应当自作出决定之日起十日内向申请人颁发、送达行政许可证件

26. 听证费用由( )

    A. 申请人承担   B. 利害关系人承担

    C. 申请人、被申请人共同承担   D. 申请人、被申请人都不承担

27. 下列表述的行政处罚类型只能由法律设定的是( )

    A. 限制人身自由   B. 责令停产停业

    C. 没收违法所得   D. 吊销许可证

28. 根据《行政复议法》,下列说法错误的是( )

A. 行政复议机关收到行政复议申请后,应当在五日内进行审查,对不符合本法规定的行政复议申请,决定不予受理,应书面告知申请人

B. 对符合本法规定,但是不属于本机关受理的行政复议申请,应当告知申请人向有关行政复议机关提出

C. 公民、法人或者其他组织依法提出行政复议申请,行政复议机关无正当理由不予受理的,上级行政机关应当责令其受理

D. 行政复议期间,被申请人认为需要停止执行的具体行政行为不停止执行

29. 下列关于不动产行政诉讼管辖权的说法中,正确的是( )

    A. 原告所在地人民法院   B. 被告所在地人民法院

    C. 不动产所在地人民法院   D. 双方协商约定

30. 根据《民法典》,下列表述不正确的是( )

A. 不动产物权的设立、变更、转让和消灭,应当依照法律规定登记

B. 不动产物权的设立、变更、转让和消灭,经依法登记,发生效力

C. 依法属于国家所有的自然资源,应当登记所有权

D. 不动产登记,由不动产所在地的登记机构办理

31. 根据《民法典》相邻关系的表述,下列选项不正确的是( )

A. 不动产的相邻权利人应当按照有利生产、方便生活、团结互助、效率最大的原则,正确处理相邻关系

B. 法律、法规对相邻关系没有规定的,可以按照当地习惯

C. 对自然流水的利用,应当在不动产的相邻权利人之间合理分配

D. 对自然流水的排放,应当尊重自然流向

32. 根据《立法法》,下列关于国务院部门规章的说法中,不正确的是( )

A. 制定、修改和废止,依照《立法法》有关规定执行

    B. 由国务院总理签署命令公布

    C. 规章之间具有同等效力,在各自的权限范围内实施

    D. 与地方政府规章之间具有同等效力,在各自的权限范围内实施

33. 根据《土地管理法》,县级以上人民政府自然资源主管部门履行监督检查职责时,有权采取的措施不包括(　　)

    A. 要求被检查的单位或者个人提供有关土地权利的文件和资料

    B. 要求被检查的单位或者个人就有关土地权利的问题作出说明

    C. 责令非法占用土地的单位或者个人停止违反土地管理法律、法规的行为

    D. 封闭被检查单位或者个人非法占用的土地现场并进行勘测

34. 根据《土地管理法》,下列关于永久基本农田的说法中,错误的是(　　)

    A. 以乡(镇)为单位划定永久基本农田

    B. 县级人民政府自然资源主管部门会同同级农业农村主管部门组织实施

    C. 县级人民政府应当将永久基本农田的位置、范围向社会公告,并设立保护标志

    D. 永久基本农田应当落实到地块,纳入国家永久基本农田数据库严格管理

35. 根据《土地管理法》,1000亩林地的征收应由(　　)批准。

    A. 国务院   B. 国家林业和草原局

    C. 国家自然资源部   D. 省、自治区、直辖市人民政府

36. 下列行为不属于房地产交易的是(　　)

    A. 房地产评估   B. 房地产转让

    C. 房地产抵押   D. 房地产租赁

37. 根据《土地管理法》,下列关于土地使用权的说法中,正确的是(　　)

    A. 土地使用权出让,可以采取拍卖、招标或者双方协议的方式

    B. 土地使用权不因土地灭失而终止

    C. 临时使用土地期限一般不超过一年

    D. 土地出让和土地划拨的土地使用权年限一致

38. 建设项目中防治污染的设施,应当与主体工程(　　)

    A. 同时设计、同时施工、同时投产使用

    B. 同时设计、同时发包、同时组织施工

    C. 同时发包、同时施工、同时工程监理

    D. 同时承包、同时施工、同时质量管理

39. 建设项目可能造成重大环境影响,建设单位应当(　　)

    A. 编制环境影响报告书,对产生的环境影响进行全面评价

    B. 编制环境影响报告表,对建设项目产生的污染和对环境的影响进行综合分析

C. 编制环境影响报告表,对建设项目产生的污染和对环境的影响进行专项评价和分析

D. 填报环境影响登记表,对产生的环境影响进行分析或者专项评价

40. 根据《水法》,下列有关水资源供求的说法中,不正确的是( )

A. 国务院水行政主管部门负责全国水资源的宏观调配

B. 水中长期供求规划应当依据水的供求现状、国民经济和社会发展规划、流域规划、区域规划划定

C. 水中长期供求应当按照水资源供需协调综合平衡、保护生态、厉行节约、合理开源的原则

D. 全国和跨省、自治区、直辖市的水中长期供求规划由国务院水行政主管部门会同有关部门指定

41. 国务院确定的国家重点林区的森林,负责登记的是( )

A. 自然资源部　　　　　　　　B. 国务院林业主管部门

C. 所在地自然资源主管部门　　D. 所在地林业主管部门

42. 根据《测绘法》,下列说法不正确的是( )

A. 基础测绘是公益性事业

B. 国家对基础测绘实行分级管理

C. 国界线的测绘由国务院测绘主管部门会同军队组织实施

D. 县级以上人民政府测绘地理信息主管部门应当会同本级人民政府不动产登记主管部门,加强对不动产测绘的管理

43. 根据《防震减灾法》,下列说法错误的是( )

A. 建设单位对建设工程的抗震设计、施工的全过程负责

B. 新建、扩建、改建建设工程,应当达到抗震设防要求

C. 建设工程的地震安全性评价单位应当按照国家有关标准进行地震安全性评价,并对地震安全性评价报告的质量负责

D. 对学校、医院等人员密集场所的建设工程,应当按照地震安全性评价进行设计和施工,采取有效措施,增强抗震设防能力

44. 根据《防震减灾法》,下列说法不正确的是( )

A. 编制防震减灾规划,应当遵循统筹安排、突出重点、合理布局、全面预防的原则

B. 防震减灾规划报送审批前,组织编制机关应当征求有关部门、单位、专家和公众的意见

C. 县级以上地方人民政府组织编制本行政区域的防震减灾规划

D. 防震减灾工作,实行预防为主、防御与救助相结合的方针

45. 根据《消防法》,下列不属于消防规划内容的是( )

A. 消防站　　B. 消防人员　　C. 消防车通道　　D. 消防装备

46. 根据《广告法》,下列可以设置户外广告的是(　　)

　　A. 交通工具　　　　　　　　　　B. 交通安全设施

　　C. 交通标志　　　　　　　　　　D. 文物保护建设控制地带

47. 根据《文物保护法》和《文物保护法实施条例》,需要配合建设工程进行的考古发掘工作,应当由省、自治区、直辖市文物行政部门在勘探工作的基础上提出发掘计划,报国务院文物行政部门批准,省、自治区、直辖市人民政府文物行政主管部门应当自开工之日起(　　)个工作日内向国务院文物行政主管部门补办审批手续。

　　A. 5　　　　　　B. 7　　　　　　C. 10　　　　　　D. 12

48. 根据《风景名胜区条例》,下列说法错误的是(　　)

　　A. 新设立的风景名胜区与自然保护区不得重合或者交叉

　　B. 设立国家级风景名胜区,由省、自治区、直辖市人民政府提出申请,报国务院批准公布

　　C. 风景名胜区应当自设立之日起 1 年内编制完成总体规划

　　D. 省级风景名胜区规划由县级人民政府组织编制

49. 根据《长城保护条例》,下列说法错误的是(　　)

　　A. 长城保护标志应当载明长城段落的名称、修筑年代、保护范围、建设控制地带和保护机构

　　B. 国务院文物主管部门应当建立全国的长城档案

　　C. 国务院文物保护主管部门划定长城的保护范围和建设控制地带

　　D. 国家对长城实行整体保护、分段管理

50. 根据《铁路安全管理条例》,禁止在电气化铁路电力线路导线两侧各(　　)米的范围内升放风筝、气球等低空飘浮物体。

　　A. 500　　　　　B. 600　　　　　C. 700　　　　　D. 800

51. 下列都是国家历史文化名城的是(　　)

　　A. 荆州、随州、赣州、雷州、惠州　　　B. 襄阳、安阳、咸阳、辽阳、邵阳

　　C. 乐山、巍山、砀山、佛山、中山　　　D. 上海、海南、临海、通海、北海

52. 根据《历史文化名城保护规划标准》,历史文化街区核心保护范围内的(　　)的总用地面积不应小于核心保护范围内建筑总用地面积的 60%。

　　A. 文物古迹、历史建筑、传统风貌建筑

　　B. 文物古迹、地下文物埋藏区、传统风貌建筑

　　C. 文物保护单位、历史建筑、传统风貌建筑

　　D. 文物保护单位、历史建筑

53. 根据《城市供热规划规范》,下列关于热网介质的表述中,不正确的是(　　)

　　A. 当热源供热范围内只有民用建筑采暖热负荷时,应采用热水作为供热介质

　　B. 当热源供热范围内工业热负荷为主要负荷时,应采用蒸汽作为供热介质

    C. 当热源供热范围内既有民用建筑采暖热负荷,也存在工业热负荷时,可采用蒸汽和热水作为供热介质

    D. 既有采暖又有工业蒸汽负荷,可设置热水和蒸汽管网,当蒸汽负荷量小且分散而又没有其他必须设置集中供应的理由时,可只设置蒸汽管网

54. 关于《城乡建设用地竖向规划规范》,下列说法错误的是(　　)

    A. 竖向规划要与周边地区的竖向衔接,要深挖高填减少土石方

    B. 城乡建设用地竖向规划对起控制作用的高程不得随意改动

    C. 同一城市的用地竖向规划应采用统一的坐标和高程系统

    D. 乡村建设用地竖向规划应有利于风貌特色保护

55. 根据《城市综合交通调查技术标准》,核查线道路流量统计应以小客车为标准进行车型换算,下列换算错误的是(　　)

    A. 链接式公共汽车 4.0　　　　　　B. 集装箱货车 3.0

    C. 摩托车 0.4　　　　　　　　　　D. 电动自行车 0.3

56. 根据《城市综合交通体系规划标准》,城市公共交通不同方式、不同线路之间的换乘距离不宜大于(　　)m。

    A. 300　　　　B. 250　　　　C. 200　　　　D. 150

57. 根据《城市轨道交通线网规划标准》,下列说法不正确的是(　　)

    A. 规划人口规模 500 万人及以上的城市,中心城区的市级中心与副中心之间不宜大于 30min

    B. 150 万人至 500 万人的城市,中心城区的市级中心与副中心之间不宜大于 20min

    C. 中心城区市级中心与外围组团中心之间不宜大于 30min

    D. 当中心城区市级中心与外围组团之间为非通勤客流特征时,其出行时间指标不宜大于 30min

58. 根据《城市停车规划规范》,预留充电设施建设条件,具备充电条件的停车位数量不宜少于停车位总数的(　　)

    A. 25%　　　　B. 20%　　　　C. 15%　　　　D. 10%

59. 根据《城市水系规划规范》,水体利用必须优先保证(　　)

    A. 城市生活饮用水水源的需要　　　B. 城市排水防涝

    C. 水生态保护　　　　　　　　　　D. 城市防洪安全

60. 根据《城市给水工程规划规范》,下列关于水源的说法中,不正确的是(　　)

    A. 地表水、地下水和再生水为常规水源

    B. 雨水、海水属于非常规水源

    C. 应急水源指在紧急情况下的供水水源,通常以最大限度满足城市居民生存、生活用水为目标

    D. 城市综合用水量指标是平均单位用水人口所消耗的城市最高日用水量

61. 根据《城市排水工程规划规范》,下列说法不正确的是(　　)

    A. 城市污水收集、输送应采用管道或暗渠,严禁采用明渠

    B. 立体交叉下穿道路的低洼段应设独立的雨水排水分区,有分区之外的雨水汇入,应提高排水能力

    C. 城市新建区排入已建雨水系统的设计雨水量,不应超出下游已建雨水系统的排水能力

    D. 城市雨水系统的服务范围,除规划范围外,还应包括其上游汇流区域

62. 根据《城市防洪规划规范》,下列不属于防洪非工程措施的是(　　)

    A. 泄洪工程　　　　　　　　　B. 蓄滞洪区管理

    C. 行洪通道保护　　　　　　　D. 水库调蓄

63. 防洪堤、截洪沟、排涝泵站等城市重要的防洪排涝设施应划入(　　)保护与控制。

    A. 紫线　　　　　B. 绿线　　　　　C. 蓝线　　　　　D. 黄线

64. 根据《城市消防规划规范》,下列情况不属于应当缩小消防辖区范围的是(　　)

    A. 年平均风力在 2 级的地区　　　B. 相对湿度在 50% 以下的地区

    C. 跨城市快速路的地区　　　　　D. 被较大河流分隔的地区

65. 根据《城市通信工程规划规范》,下列关于城市微波说法中,错误的是(　　)

    A. 微波通道设施应纳入城市发展统一规划

    B. 城市微波通道分三个等级保护

    C. 应严格控制进入大、特大城市中心城区微波通道数量

    D. 公用网和专用网微波宜纳入公用通道,不宜共用天线塔

66. 根据《城市工程管线综合规划规范》,下列工程管线的敷设,正确的是(　　)

    A. 综合管廊敷设不适合道路与铁路或河流的交叉处

    B. 综合管廊敷设不适合管线复杂的道路交叉口

    C. 干线综合管廊宜设置在机动车道、道路绿化带下

    D. 综合管廊内不能敷设天然气管线

67. 根据《城市综合防灾规划标准》,下列不属于城市综合防灾规划应提出更高设防标准或防灾要求的地区或工程设施的是(　　)

    A. 城市发展建设特别重要的地区

    B. 保障城市基本运行,灾时需启用或功能不能中断的工程设施

    C. 重要的园地、林地、牧草地和设施农用地

    D. 承担应急救援和避难疏散任务的防灾设施

68. 根据《城市综合防灾规划标准》,对工程抗灾设防标准的表述不正确的是(　　)

    A. 抗震采用设计地震动参数

    B. 抗风采用基本风压

    C. 抗雪采用基本雪压

D. 防洪采用不同防护对象重要性的一定重现期的洪峰流量或水位等

69. 城市环境规划主要包括（　　　）

    A. 生态空间规划和城市环境保护规划

    B. 生态保护规划和环境保护规划

    C. 生态空间规划和城市资源环境规划

    D. 生态保护规划和城市资源环境规划

70. 根据《城市环境卫生设施规划标准》，当生活垃圾运输距离超过经济运距且运输量较大时，宜设置垃圾转运站。服务范围内垃圾运输平均距离超过（　　　）km时，宜设置垃圾转运站。

    A. 5   B. 8   C. 10   D. 15

71. 根据《城市居住区规划设计标准》，下列关于生活圈居住人口规模的说法中，不正确的是（　　　）

    A. 15min 生活圈的居住人口规划为 50000～100000 人

    B. 10min 生活圈的居住人口规划为 15000～20000 人

    C. 5min 生活圈的居住人口规划为 5000～12000 人

    D. 居住街坊人口规模为 1000～3000 人

72. 根据《城市电力规划规范》，下列不属于变电站结构形式的是（　　　）

    A. 户内式   B. 户外式   C. 移动式   D. 固定式

73. 根据《建筑日照计算参数标准》，下列说法错误的是（　　　）

    A. 建筑日照是太阳光直接照射到建筑物（场地）上的状况

    B. 日照标准日是用来测定和衡量建筑日照时数的特定日期

    C. 日照时数是在有效日照标准日内建筑物（场地）计算起点位置获得日照的连续时间值或各时间段的累加值

    D. 建筑日照标准是指根据建筑物（场地）所处的气候区、城市规模和建筑物（场地）的使用性质，在日照标准日的有效日照时间带内阳光应直接照射到建筑物（场地）上的最低日照时数

74. 根据《建筑照明设计标准》，下列总体控制方式分为（　　　）

    A. 照明方式、照明种类、照明光源选择、照明灯具及其附属装置

    B. 照明方式、照明种类、照明数量、照明灯具及其附属装置

    C. 照明方式、照明种类、照明质量、照明灯具及照明标准值

    D. 照明方式、照明种类、照明数量、照明标准值及照明节能

75. 根据《乡镇集贸市场规划设计标准》，下列关于距离的说法中，不正确的是（　　　）

    A. 集贸市场应与教育、医疗等机构人员密集场所的主要出入口之间保持 20m 以上距离

    B. 集贸市场应与燃气调压站等火灾风险性大的场所保持 50m 以上的防火间距

C. 集贸市场以农产品为主的市场应与住宅区之间保持 30m 以上的间距

D. 集贸市场与有毒、有害或易燃易爆等危险品场所距离不应小于 100m

76. 根据《国土空间规划"一张图"实施监督信息系统技术规范》,下列不属于规划成果数据中专项规划数据内容的是（　　）

A. 空间重点管控 　　　　　　　　B. 生态环境保护

C. 文物保护 　　　　　　　　　　D. 林业草原

77. 根据《国土空间规划"一张图"实施监督信息系统技术规范》,下列关于国土空间规划"一张图"体系的说法中,正确的是（　　）

A. 全域覆盖、动态更新、数据统一的国土空间规划数据资源体系

B. 全域覆盖、集成整合、源流统一的国土空间规划数据资源体系

C. 全域覆盖、动态监督、集成统一的国土空间规划数据资源体系

D. 全域覆盖、动态更新、权威统一的国土空间规划数据资源体系

78. 根据《市级国土空间总体规划数据库规范（试行）》,下列不属于市级国土空间总体规划数据库内容的是（　　）

A. 基础地理信息要素 　　　　　　B. 分析评价信息要素

C. 城市更新单元要素 　　　　　　D. 国土空间规划信息要素

79. 根据《市级国土空间总体规划制图规范（试行）》,市级国土空间总体规划的图件包括（　　）

A. 调查型图件、分析型图件、示意型图件

B. 调查型图件、管控型图件、示意型图件

C. 管控型图件、分析型图件、调查型图件

D. 示意型图件、分析型图件、管控型图件

80. 根据《市级国土空间总体规划制图规范（试行）》,下列不属于市级国土空间规划控制线规划图的是（　　）

A. 历史文化保护线 　　　　　　　B. 洪涝风险控制线

C. 矿产资源控制线 　　　　　　　D. 生态廊道

二、多项选择题（共 20 题,每题 1 分。每题的备选项中,有 2～4 个选项符合题意。多选、少选、错选都不得分）

81. 下列属于行政许可类型的是（　　）

A. 认可 　　　　　　B. 特殊处理 　　　　　　C. 核准

D. 普通许可 　　　　E. 确定

82. 根据《关于保障和规范农村一二三产业融合发展用地的通知》,以下说法正确的是（　　）

A. 在充分尊重农民意愿的前提下,可依据国土空间规划,以乡镇或村为单位开展全域土地综合整治

B. 落实最严格的耕地保护制度,坚决制止耕地"非农化"行为,严禁违规占用耕地进行农村产业建设,防止耕地"非粮化",不得造成耕地污染

C. 在符合国土空间规划前提下,鼓励对依法登记的宅基地等农村建设用地进行复合利用,发展乡村民宿、农产品初加工、电子商务等农村产业

D. 农村产业融合发展用地可用于商品住宅、别墅、酒店、公寓等房地产开发,但不得擅自改变用途或分割转让转租

E. 探索在农民集体依法妥善处理原有用地相关权利人的利益关系后,将符合规划的存量集体建设用地,按照农村集体经营性建设用地入市

83. 下列属于行政合理性原则内容的是(　　　)

   A. 平等对待　　　　　　B. 行政应急性　　　　　　C. 比例原则

   D. 正常判断　　　　　　E. 没有偏私

84. 行政处罚属于(　　　)

   A. 依申请行政行为　　　　　　　　B. 单方行政行为

   C. 具体行政行为　　　　　　　　　D. 抽象行政行为

   E. 外部行政行为

85. 市级国土空间总体规划层次包括(　　　)

   A. 市域　　　　　　　　　　　　B. 市区

   C. 城市集中建设区　　　　　　　D. 中心城区

   E. 历史街区

86. 根据《行政处罚法》,地方性法规可以设定的行政处罚有(　　　)

   A. 罚款　　　　　　　　　　　　B. 没收违法所得

   C. 没收违法收入　　　　　　　　D. 吊销企业营业执照

   E. 责令停产停业

87. 根据《民法典》规定,下列属于业主共有的是(　　　)

   A. 建筑区划内的城镇公共道路

   B. 占用业主共有的道路用于停放汽车的车位

   C. 建筑区划内的公用设施

   D. 建筑区划内的物业服务用房

   E. 建筑区划内的城镇公共绿地

88. 根据《民法典》规定,建设用地使用权可以在土地(　　　)分别设立。

   A. 地表　　　　　　　　B. 表层　　　　　　　　C. 地上

   D. 地下　　　　　　　　E. 里层

89. 根据《立法法》规定,全国人大及常务委员会有权授予国务院先行制定行政法规的事项有(　　　)

   A. 对公民政治权利的剥夺、限制人身自由的强制措施和处罚

   B. 对非国有财产的征收、征用

C. 民事基本制度

D. 税种的设立、税率的确定和税收征收管理等税收基本制度

E. 司法制度

90. 根据《公路法》，公路按其在路网中的地位可分为(　　)

A. 国道 　　　　　　　　B. 省道 　　　　　　　　C. 市道

D. 县道 　　　　　　　　E. 乡道

91. 根据《紫线管理办法》和《市级国土空间总体规划编制指南(试行)》，下列规划中不划定城市紫线的是(　　)

A. 全国国土空间规划 　　　　　　B. 市级国土空间总体规划

C. 县级国土空间总体规划 　　　　D. 历史文化名城规划

E. 历史文化街区规划

92. 下列关于铁路用地规模及控制的说法中，错误的是(　　)

A. 城镇建成区外高速铁路两侧隔离带规划控制宽度应从外侧轨道中心线向外不小于 50m

B. 普速铁路干线两侧隔离带规划控制宽度应从轨道中心线向外不小于 20m

C. 其他线路两侧隔离带规划控制宽度应从轨道中心线向外不小于 15m

D. 大型铁路客运站用地规模为 30～50hm^2

E. 大型货运站场用地规模为 25～50hm^2

93. 根据《绿地分类标准》，参与人均绿地面积计算的绿地类型包括(　　)

A. 公园绿地 　　　　　　B. 防护绿地 　　　　　　C. 附属绿地

D. 区域绿地 　　　　　　E. 风景游憩绿地

94. 根据《城市居住区人民防空工程规划规范》，下列属于人防配套工程的是(　　)

A. 人防物资库 　　　　　　　　B. 食品站

C. 垃圾站 　　　　　　　　　　D. 区域变电站

E. 区域供水站

95. 根据《城镇燃气规划规范》，下列关于燃气主管网敷设的说法中，正确的是(　　)

A. 应沿城镇规划道路敷设 　　　　B. 应减少跨越河流和铁路敷设

C. 宜沿轨道交通设施平行敷设 　　D. 应避免与高压电缆平行敷设

E. 宜沿电气化铁路敷设

96. 根据《城市环境卫生设施规划标准》，应适当提高城市公厕密度的是(　　)

A. 人均规划建设用地指标偏高的城市

B. 居住用地及公共设施用地指标偏低的城市

C. 山地城市

D. 旅游城市

E. 带状城市

97. 根据《城市抗震防灾规划标准》，下列关于避震疏散要求的说法中，正确的是（   ）

    A. 中心避震疏散场地不宜小于 $10hm^2$

    B. 固定避震疏散场地不宜小于 $5hm^2$

    C. 紧急避震疏散场所人均有效避难面积不小于 $1m^2$

    D. 固定避震疏散场所人均有效避难面积不小于 $2m^2$

    E. 起紧急避震疏散场所作用的超高层建筑避难层（间）的人均有效避难面积不小于 $1m^2$

98. 根据《国土空间调查、规划、用途管制用地用海分类指南（试行）》，下列设施用地属于公共管理与公共服务设施用地的是（   ）

    A. 电影院   B. 博物馆

    C. 职业技校   D. 残疾人康复中心

    E. 加油（气）站

99. 根据《国土空间调查、规划、用途管制用地用海分类指南（试行）》，下列关于用地用海分类规则，正确的是（   ）

    A. 用地用海二级类为国土调查、国土空间规划的主干分类

    B. 国土空间总体规划原则上以一级类为主，可细分至二级类

    C. 用地用海具备多种用途时，应以其主要的功能进行归类

    D. 国家国土调查以二级类为基础分类

    E. 三级类为专项调查和补充调查的分类

100. 根据《市级国土空间总体规划编制指南（试行）》，下列分区类型属于一级规划分区的是（   ）

    A. 城镇发展区   B. 特别用途发展区

    C. 乡村发展区   D. 矿产能源发展区

    E. 交通运输发展区

真题解析

一、单项选择题(共 80 题,每题 1 分。每题的备选项中,只有 1 个最符合题意)

1. B

【解析】 海岸带、自然保护地等专项规划及跨行政区域或流域的国土空间规划,由所在区域或上一级自然资源主管部门牵头组织编制,报同级政府审批。故 A 选项正确。相关专项规划可在国家、省和市县层级编制,不同层级、不同地区的专项规划可结合实际选择编制的类型和精度。故 D 选项正确。相关专项规划要遵循国土空间总体规划,不得违背总体规划强制性内容,其主要内容要纳入详细规划。故 C 选项正确。国土空间总体规划是详细规划的依据、相关专项规划的基础;相关专项规划要相互协同,并与详细规划做好衔接。B 选项错误,故选 B。

2. C

【解析】 全国国土空间规划是对全国国土空间作出的全局安排,是全国国土空间保护、开发、利用、修复的政策和总纲,侧重战略性。C 选项错误,故选 C。

3. C

【解析】 根据《中共中央 国务院关于全面推进乡村振兴加快农业农村现代化的意见》,2021 年建设 1.0 亿亩旱涝保收、高产稳产高标准农田。故选 C。

4. B

【解析】 根据《中共中央 国务院关于在国土空间规划中统筹划定落实三条控制线的指导意见》,已划入自然保护地一般控制区的,根据对生态功能造成的影响确定是否退出,其中,造成明显影响的逐步有序退出,不造成明显影响的可采取依法依规相应调整一般控制区范围等措施妥善处理。协调过程中退出的永久基本农田在县级行政区域内同步补划,确实无法补划的在市级行政区域内补划。故选 B。

5. B

【解析】 生态保护红线是指在生态空间范围内具有特殊重要生态功能、必须强制性严格保护的区域。故 A 选项正确。优先将具有重要水源涵养、生物多样性维护、水土保持、防风固沙、海岸防护等功能的生态功能极重要区域,以及生态极敏感脆弱的水土流失、沙漠化、石漠化、海岸侵蚀等区域划入生态保护红线。其他经评估目前虽然不能确定但具有潜在重要生态价值的区域也划入生态保护红线。故 B 选项错误。对自然保护地进行调整优化,评估调整后的自然保护地应划入生态保护红线;故 C 选项正确。自然保护地发生调整的,生态保护红线相应调整。生态保护红线内,自然保护地核心保护区原则上禁止人为活动,其他区域严格禁止开发性、生产性建设活动。故 D 选项正确。B 选项符合题意。

6. D

【解析】 根据《中华人民共和国国民经济和社会发展第十四个五年规划和 2035 年远景目标纲要》,制定 2030 年前碳排放达峰行动方案,锚定努力争取 2060 年前实现碳中和,采取更加有力的政策和措施。D 选项错误,故选 D。

7. B

【解析】 根据《国务院办公厅关于加强城市内涝治理的实施意见》,城市建设和更新中留白增绿,结合空间和竖向设计,优先利用自然洼地、坑塘沟渠、园林绿地、广场等实现雨水调蓄功能,做到一地多用。B 选项错误,故选 B。

8. D

【解析】 根据《国务院办公厅关于加强全民健身场地设施建设发展群众体育的意见》,挖掘存量建设用地潜力的方法有:盘活城市空闲土地、用好城市公益性建设用地、支持以租赁方式供地、倡导复合用地模式。D 选项错误,故选 D。

9. A

【解析】 根据《自然资源部　农业农村部关于保障农村村民住宅建设合理用地的通知》规定,充分尊重农民意愿,不提倡、不鼓励在城市和集镇规划区外拆并村庄、建设大规模农民集中居住区,不得强制农民搬迁和上楼居住。A 选项错误,故选 A。

10. B

【解析】 根据《自然资源部　国家文物局关于在国土空间规划编制和实施中加强历史文化遗产保护管理的指导意见》规定,在不对生态功能造成破坏的前提下,允许在生态保护红线内、自然保护地核心保护区外,开展经依法批准的考古调查、勘探、发掘和文物保护活动。B 选项错误,故选 B。

11. C

【解析】 根据《自然资源部关于以"多规合一"为基础推进规划用地"多审合一、多证合一"改革的通知》规定,建设项目用地预审与选址意见书的有效期为三年,自批准之日起计算。故选 C。

12. C

【解析】 根据《自然资源部办公厅关于进一步做好村庄规划工作的意见》规定,全域全要素编制村庄规划,集聚提升类等建设需求量大的村庄加快编制,城郊融合类的村庄可纳入城镇控制性详细规划统筹编制,搬迁撤并类的村庄原则上不单独编制。避免脱离实际追求村庄规划全覆盖。C 选项错误,故选 C。

13. A

【解析】 根据《自然资源部办公厅关于加强国土空间规划监督管理的通知》,规划编制实行编制单位终身负责制。A 选项错误,故选 A。

14. A

【解析】 根据《省级国土空间规划编制指南(试行)》,区域协调与传导的内容有:

省际协调、省域重点地区协调、市县规划传导、专项规划指导约束。因此 A 选项符合题意。故选 A。

15. D

【解析】 根据《市级国土空间规划编制指南（试行）》，市级总规中强制性内容应包括：

(1)约束性指标落实及分解情况，如生态保护红线面积、用水总量、永久基本农田保护面积等；(2)生态屏障、生态廊道和生态系统保护格局，自然保护地体系；(3)生态保护红线、永久基本农田和城镇开发边界三条控制线；(4)涵盖各类历史文化遗存的历史文化保护体系，历史文化保护线及空间管控要求；(5)中心城区范围内结构性绿地、水体等开敞空间的控制范围和均衡分布要求；(6)城乡公共服务设施配置标准，城镇政策性住房和教育、卫生、养老、文化体育等城乡公共服务设施布局原则和标准；(7)重大交通枢纽、重要线性工程网络、城市安全与综合防灾体系、地下空间、邻避设施等设施布局。D 选项错误，故选 D。

16. B

【解析】 根据《国土空间调查、规划、用途管制用地用海分类指南（试行）》，盐田属于工矿用地。故选 B。

17. A

【解析】 行政程序必须向利害关系人公开，并设置适当的程序规则予以保障。A 选项正确。根据行政程序的环节划分为普通行政程序和简易行政程序。B 选项错误。行政程序的基本规则必须由法律规定，不得由行政部门自行设定、变更或撤销。C 选项错误。行政程序的价值，是保障行政相对人的权利，扼制行政主体自由裁量的随意性。D 选项错误。故选 A。

18. A

【解析】 行政法律关系的主体，即行政法主体，又称行政法律关系的当事人，是行政法权利的享有者和行政法义务的承担者。行政法主体包括行政主体和行政相对人。因此行政法主体就是行政主体的说法是错误的。A 选项错误，故选 A。

19. C

【解析】 对建设用地使用权的确认属于依申请的行政行为，是具体行政行为，是确定法律地位的行政行为。故 C 选项符合题意。

20. D

【解析】 行政合法性原则的内容有：

(1)行政主体合法：行政主体必须是依法设立的。

(2)行政权限合法：行政主体运用国家行政权力对社会生活进行调整的行为应当有法律依据，应当在法律授权的范围内进行，包括时间、空间范围限制。

(3)行政行为合法：即行政行为依照法律规定的范围、手段、方式、程序进行。行政机关做出的具体行政行为必须以事实为根据，以法律为准绳。

（4）行政程序合法：程序合法是实体合法、公正的保障。二者具有同等重要性。故 D 选项符合题意。

21．A

【解析】 行政法制监督主要是对行政主体行为合法性的监督，监督的主体是国家权力机关、国家司法机关、专门行政监督机关以及行政机关以外的个人和组织，主要采取权力机关审查、调查、质询和司法审查、行政监察、审计、舆论监督等方式，行政法制监督的对象是行政主体和国家公务员，行政监督的对象是行政相对人。A 选项错误，故选 A。

22．A

【解析】 所有社会产品可以分为两类：公共产品和私人产品。私人产品是由私人部门相互竞争生产的，由市场供求关系决定价格，消费者排他性消费的产品。公共产品则是由以政府机关为主的公共部门生产的、供全社会所有公民共同消费、所有消费者平等享受的社会产品。在市场经济条件下，公共行政的主要责任是提供和生产公共产品，因而，政府要建立科学、全面、公平的政府公共产品体系；公共产品体系构成政府所管理公共事务的范围。A 选项错误，故选 A。

23．D

【解析】 行政法的渊源有：宪法、法律、行政法规、地方性法规、行政规章、有权法律解释、司法解释、国际条约与协定、其他行政法。D 选项错误，故选 D。

24．A

【解析】 行政立法主体的多层次性，决定了行政立法在形式上的多样性。故选 A。

25．B

【解析】 根据《行政许可法》第四十二条：除可以当场作出行政许可决定的外，行政机关应当自受理行政许可申请之日起二十日内作出行政许可决定。第四十五条：行政机关作出行政许可决定，依法需要听证、招标、拍卖、检验、检测、检疫、鉴定和专家评审的，所需时间不计算在本节规定的期限内。第二十六条：行政许可采取统一办理或者联合办理、集中办理的，办理的时间不得超过四十五日。第四十四条：行政机关作出准予行政许可的决定，应当自作出决定之日起十日内向申请人颁发、送达行政许可证件，或者加贴标签、加盖检验、检测、检疫印章。B 选项错误，故选 B。

26．D

【解析】 听证会的费用由国库承担，当事人不承担听证费用。故选 D。

27．A

【解析】 根据《行政处罚法》第十条：法律可以设定各种行政处罚。限制人身自由的行政处罚，只能由法律设定。故选 A。

28．D

【解析】 根据《行政复议法》第二十一条：行政复议具体行政行为不停止执行，但被申请人认为需要停止执行的情况除外。D 选项错误，故选 D。

29. C

【解析】 根据《行政诉讼法》第二十条：因不动产提起的行政诉讼,由不动产所在地人民法院管辖。故选 C。

30. C

【解析】 根据《民法典》第二百零九条：依法属于国家所有的自然资源,所有权可以不登记。C 选项错误,故选 C。

31. A

【解析】 根据《民法典》第二百八十八条：不动产的相邻权利人应当按照有利生产、方便生活、团结互助、公平合理的原则,正确处理相邻关系。第二百八十九条：法律、法规对处理相邻关系有规定的,依照其规定；法律、法规没有规定的,可以按照当地习惯。第二百九十条：对自然流水的利用,应当在不动产的相邻权利人之间合理分配。对自然流水的排放,应当尊重自然流向。A 选项错误,故选 A。

32. B

【解析】 根据《立法法》第八十五条：部门规章由部门首长签署命令予以公布。B 选项错误,故选 B。

33. D

【解析】 根据《土地管理法》第六十八条：县级以上人民政府自然资源主管部门履行监督检查职责时,有权采取下列措施：(一)要求被检查的单位或者个人提供有关土地权利的文件和资料,进行查阅或者予以复制；(二)要求被检查的单位或者个人就有关土地权利的问题作出说明；(三)进入被检查单位或者个人非法占用的土地现场进行勘测；(四)责令非法占用土地的单位或者个人停止违反土地管理法律、法规的行为。故 D 选项符合题意。

34. C

【解析】 根据《土地管理法》第三十四条：永久基本农田划定以乡(镇)为单位进行,由县级人民政府自然资源主管部门会同同级农业农村主管部门组织实施。永久基本农田应当落实到地块,纳入国家永久基本农田数据库严格管理。乡(镇)人民政府应当将永久基本农田的位置、范围向社会公告,并设立保护标志。C 选项错误,故选 C。

35. D

【解析】 根据《土地管理法》第四十六条,征收下列土地的,由国务院批准：(一)永久基本农田；(二)永久基本农田以外的耕地超过三十五公顷的；(三)其他土地超过七十公顷的。征收前款规定以外的土地的,由省、自治区、直辖市人民政府批准。故选 D。

36. A

【解析】 根据《城市房地产管理法》,本法所称房地产交易,包括房地产转让、房地产抵押和房屋租赁。故 A 选项符合题意。

37．A

【解析】 根据《土地管理法》规定：第十八条：国有土地使用权出让、国有土地租赁等应当依照国家有关规定通过公开的交易平台进行交易，并纳入统一的公共资源交易平台体系。除依法可以采取协议方式外，应当采取招标、拍卖、挂牌等竞争性方式确定土地使用者。A选项正确。第五十七条：临时使用土地期限一般不超过二年。C选项错误。《城市房地产管理法》第二十一条：土地使用权因土地灭失而终止。B选项错误。第二十二条：土地使用权出让合同约定的使用年限届满，土地使用者未申请续期或者虽申请续期但依照前款规定未获批准的，土地使用权由国家无偿收回。第二十三条：依照本法规定以划拨方式取得土地使用权的，除法律、行政法规另有规定外，没有使用期限的限制。D选项错误。故选A。

38．A

【解析】 根据《环境保护法》第二十六条：建设项目中防治污染的设施，必须与主体工程同时设计、同时施工、同时投产使用。防治污染的设施必须经原审批环境影响报告书的环境保护行政主管部门验收合格后，该建设项目方可投入生产或者使用。故选A

39．A

【解析】 根据《中华人民共和国环境影响评价法》第十六条：国家根据建设项目对环境的影响程度，对建设项目的环境影响评价实行分类管理。建设单位应当按照下列规定组织编制环境影响报告书、环境影响报告表或者填报环境影响登记表（以下统称环境影响评价文件）：（一）可能造成重大环境影响的，应当编制环境影响报告书，对产生的环境影响进行全面评价；（二）可能造成轻度环境影响的，应当编制环境影响报告表，对产生的环境影响进行分析或者专项评价；（三）对环境影响很小、不需要进行环境影响评价的，应当填报环境影响登记表。故选A。

40．A

【解析】 根据《水法》第四十四条：国务院发展计划主管部门和国务院水行政主管部门负责全国水资源的宏观调配。A选项错误，B、C、D选项均为正确法律条文，故选A。

41．A

【解析】 根据《森林法》第十五条：林地和林地上的森林、林木的所有权、使用权，由不动产登记机构统一登记造册，核发证书。国务院确定的国家重点林区（以下简称重点林区）的森林、林木和林地，由国务院自然资源主管部门负责登记。故选A。

42．C

【解析】 根据《测绘法》第十五条：基础测绘是公益性事业。国家对基础测绘实行分级管理。第二十条：中华人民共和国国界线的测绘，按照中华人民共和国与相邻国家缔结的边界条约或者协定执行，由外交部组织实施。第二十二条：县级以上人民政府测绘地理信息主管部门应当会同本级人民政府不动产登记主管部门，加强对不动产测绘的管理。C选项错误,故选C。

43. D

【解析】 根据《防震减灾法》第三十八条:建设单位对建设工程的抗震设计、施工的全过程负责。A选项正确。第三十五条:新建、扩建、改建建设工程,应当达到抗震设防要求。建设工程的地震安全性评价单位应当按照国家有关标准进行地震安全性评价,并对地震安全性评价报告的质量负责。对学校、医院等人员密集场所的建设工程,应当按照高于当地房屋建筑的抗震设防要求进行设计和施工,采取有效措施,增强抗震设防能力。B、C选项正确,D选项错误,故选D。

44. C

【解析】 根据《防震减灾法》第十二条:县级以上地方人民政府负责管理地震工作的部门或者机构会同同级有关部门,根据上一级防震减灾规划和本行政区域的实际情况,组织编制本行政区域的防震减灾规划,报本级人民政府批准后组织实施。C选项错误,故选C。

45. B

【解析】 根据《消防法》第八条:地方各级人民政府应当将包括消防安全布局、消防站、消防供水、消防通信、消防车通道、消防装备等内容的消防规划纳入城乡规划,并负责组织实施。故B选项符合题意。

46. A

【解析】 根据《广告法》第四十二条,有下列情形之一的,不得设置户外广告:(一)利用交通安全设施、交通标志的;(二)影响市政公共设施、交通安全设施、交通标志、消防设施、消防安全标志使用的;(三)妨碍生产或者人民生活,损害市容市貌的;(四)在国家机关、文物保护单位、风景名胜区等的建筑控制地带,或者县级以上地方人民政府禁止设置户外广告的区域。故选A。

47. C

【解析】 根据《文物保护法》第三十条:需要配合建设工程进行的考古发掘工作,应当由省、自治区、直辖市文物行政部门在勘探工作的基础上提出发掘计划,报国务院文物行政部门批准。国务院文物行政部门在批准前,应当征求社会科学研究机构及其他科研机构和有关专家的意见。确因建设工期紧迫或者有自然破坏危险,对古文化遗址、古墓葬急需进行抢救发掘的,由省、自治区、直辖市人民政府文物行政部门组织发掘,并同时补办审批手续。《文物保护法实施条例》第二十四条:文物保护法第三十条第二款规定的抢救性发掘,省、自治区、直辖市人民政府文物行政主管部门应当自开工之日起10个工作日内向国务院文物行政主管部门补办审批手续。故选C。

48. C

【解析】 根据《风景名胜区条例》第十四条:风景名胜区应当自设立之日起2年内编制完成总体规划。总体规划的规划期一般为20年。C选项错误,故选C。

49. C

【解析】 根据《长城保护条例》第十三条：长城保护标志应当载明长城段落的名称、修筑年代、保护范围、建设控制地带和保护机构。A选项正确。第十四条：国务院文物主管部门应当建立全国的长城档案。B选项正确。第十一条：长城所在地省、自治区、直辖市人民政府应当按照长城保护总体规划的要求，划定本行政区域内长城的保护范围和建设控制地带，并予以公布。C选项错误。第四条：国家对长城实行整体保护、分段管理。D选项正确。故选C。

50. A

【解析】 根据《铁路安全管理条例》第五十三条：禁止实施下列危害电气化铁路设施的行为：(二)在铁路电力线路导线两侧各500米的范围内升放风筝、气球等低空飘浮物体。故选A。

51. A

【解析】 邵阳、砀山、海南不是国家历史文化名城，故选A。

52. C

【解析】 根据GB/T 50357—2018《历史文化名城保护规划标准》4.1.1条：历史文化街区核心保护范围内的文物保护单位、历史建筑、传统风貌建筑的总用地面积不应小于核心保护范围内建筑总用地面积的60%。故选C。

53. D

【解析】 A、B、C选项分别为GB/T 51074—2015《城市供热规划规范》7.1.1条、7.1.2条和7.1.3条内容。根据《城市供热规划规范》条文说明，既有采暖又有工业蒸汽负荷，可设置热水和蒸汽两套管网。当蒸汽负荷量小且分散而又没有其他必须设置集中供应的理由时，可只设置热水管网。D选项错误，故选D。

54. A

【解析】 根据CJJ 83—2016《城乡建设用地竖向规划规范》3.0.3条：乡村建设用地竖向规划应有利于风貌特色保护。3.0.6条：城乡建设用地竖向规划对起控制作用的高程不得随意改动。3.0.7条：同一城市的用地竖向规划应采用统一的坐标和高程系统。因此B、C、D选项正确。3.0.4条：城乡建设用地竖向规划在满足各项用地功能要求的条件下，宜避免高填、深挖，减少土石方、建(构)筑物基础、防护工程等的工程量。A选项错误，故选A。

55. B

【解析】 根据GB/T 51334—2018《城市综合交通调查技术标准》9.2.4条：集装箱货车的车型换算系数为4.0。B选项错误，故选B。

56. C

【解析】 根据GB/T 51328—2018《城市综合交通体系规划标准》9.1.2条：城市公共交通不同方式、不同线路之间的换乘距离不宜大于200m，换乘时间宜控制在10min以内。故选C。

57. D

【解析】 根据 GB/T 50546—2018《城市轨道交通线网规划标准》5.1.2条：规划人口规模 500 万人及以上的城市,中心城区的市级中心与副中心之间不宜大于 30min；150 万人至 500 万人的城市,中心城区的市级中心与副中心之间不宜大于 20min；中心城区市级中心与外围组团之间不宜大于 30min,当两者之间为非通勤客流特征时,其出行时间不宜大于 45min。D 选项错误,故选 D。

58. D

【解析】 根据 GB/T 51149—2016《城市停车规划规范》5.2.3条：停车场应结合电动车辆发展需求、停车场规模及用地条件,预留充电设施建设条件,具备充电条件的停车位数量不宜少于停车位总数的 10%。故选 D。

59. A

【解析】 根据 GB 50513—2009《城市水系规划规范》5.2.2.4条：水体利用必须优先保证城市生活饮用水水源的需要,并不得影响城市排水防涝和城市防洪安全。故选 A。

60. A

【解析】 根据 GB 50282—2016《城市给水工程规划规范》2.0.6条,城市水资源：用于城市用水的地表水和地下水、再生水、雨水、海水等。其中,地表水、地下水称为常规水资源,再生水、雨水、海水等称为非常规水资源。因此 A 选项错误,B 选项正确。2.0.11条,应急水源：在紧急情况下(包括城市遭遇突发性供水风险,如水质污染、自然灾害、恐怖袭击等非常规事件过程中)的供水水源,通常以最大限度满足城市居民生存、生活用水为目标。C 选项正确。2.0.2条,城市综合用水量：平均单位用水人口所消耗的城市最高日用水量。D 选项正确。故选 A。

61. B

【解析】 根据 GB 50318—2017《城市排水工程规划规范》3.2.2条：城市雨水系统的服务范围,除规划范围外,还应包括其上游汇流区域。D 选项正确。3.5.2条：城市污水收集、输送应采用管道或暗渠,严禁采用明渠。A 选项正确。5.1.2条：立体交叉下穿道路的低洼段和路堑式路段应设独立的雨水排水分区,严禁分区之外的雨水汇入,并应保证出水口安全可靠。B 选项错误。5.1.3条：城市新建区排入已建雨水系统的设计雨水量,不应超出下游已建雨水系统的排水能力。C 选项正确。故选 B。

62. A

【解析】 根据 GB 51079—2016《城市防洪规划规范》7.1.1条和 7.0.5条可知,蓄滞洪区管理、行洪通道保护、水库调蓄属于防洪非工程措施。泄洪工程属于防洪工程措施。故 A 选项符合题意。

63. D

【解析】 根据 GB 51079—2016《城市防洪规划规范》7.0.5条：城市规划区内的堤防、排洪沟、截洪沟、防洪(潮)闸等城市防洪工程设施的用地控制界线应划入城市黄线进行保护与控制。故选 D。

64. A

【解析】 根据 GB 51080—2015《城市消防规划规范》4.1.2 条：消防站辖区划定应结合城市地域特点、地形条件和火灾风险等，并应兼顾现状消防站辖区，不宜跨越高速公路、城市快速路、铁路干线和较大的河流。当受地形条件限制，被高速公路、城市快速路、铁路干线和较大的河流分隔，年平均风力在 3 级以上或相对湿度在 50% 以下的地区，应适当缩小消防站辖区面积。故选 A。

65. D

【解析】 根据 GB/T 50853—2013《城市通信工程规划规范》5.3.2 条：应严格控制进入大城市、特大城市中心城区的微波通道数量，公用网和专用网微波宜纳入公用通道，并应共用天线塔。C 选项正确，D 选项错误。根据《城市通信工程规划规范》附录 A 规定，我国城市微波通道按一级微波、二级微波、三级微波 3 个等级进行保护。B 选项正确。5.1.2 条：城市收信区、发信区及无线台站的布局、微波通道保护等应纳入城市总体规划，并与城市总体布局相协调。A 选项正确。故选 D。

66. C

【解析】 根据 GB 50289—2016《城市工程管线综合规划规范》4.2.2 条：综合管廊内可敷设电力、通信、给水、热力、再生水、天然气、污水、雨水管线等城市工程管线。D 选项错误。4.2.3 条：干线综合管廊宜设置在机动车道、道路绿化带下，支线综合管廊宜设置在绿化带、人行道或非机动车道下。C 选择正确。4.2.1 条：道路与铁路或河流的交叉处或管线复杂的道路交叉口宜采用综合管廊敷设。A、B 选项错误。故选 C。

67. C

【解析】 根据 GB/T 51327—2018《城市综合防灾规划标准》3.0.9 条：城市综合防灾规划对下列地区或工程设施，应提出更高的设防标准或防灾要求：(1) 城市发展建设特别重要的地区；(2) 可能导致特大灾害损失或特大灾难性事故后果的设施和地区；(3) 保障城市基本运行，灾时需启用或功能不能中断的工程设施；(4) 承担应急救援和避难救灾任务的防灾设施，城市重要的公共空间，公共建筑和公共绿地等重要公共设施。故选 C。

68. A

【解析】 根据 GB/T 51327—2018《城市综合防灾规划标准》规定，城市一般性工程所采用的衡量灾害设防水准高低的尺度，通常采用一定的物理参数和重要性类别来表达。如抗震采用设计地震动参数与抗震设防类别；抗风采用基本风压；抗雪采用基本雪压；防洪采用根据不同防护对象重要性的一定重现期的洪峰流量或水位等。A 选项错误，故选 A。

69. A

【解析】 根据 GB/T 51329—2018《城市环境规划标准》3.0.1 条：城市环境规划

主要包括城市生态空间规划和城市环境保护规划。故选 A。

70. C

【解析】 根据 GB/T 50337—2018《城市环境卫生设施规划标准》5.2.2 条：当生活垃圾运输距离超过经济运距且运输量较大时,宜设置垃圾转运站。服务范围内垃圾运输平均距离超过 10km 时,宜设置垃圾转运站；平均距离超过 20km 时,宜设置大、中型垃圾转运站。故选 C。

71. B

【解析】 10min 生活圈居住区：以居民步行 10min 可满足其基本物质与生活文化需求为原则划分的居住区范围,一般由城市干路、支路或用地边界线所围合,居住人口规模为 15000～25000 人(5000～8000 套住宅),配套设施齐全的地区。B 选项错误,故选 B。

72. D

【解析】 根据 GB/T 50293—2014《城市电力规划规范》7.2.1 条：城市变电站结构形式有户外式、户内式、地下式、移动式。D 选项错误,故选 D。

73. C

【解析】 根据 GB/T 50947—2014《建筑日照计算参数标准》规定,建筑日照：太阳光直接照射到建筑物(场地)上的状况,A 选项正确。日照标准日：用来测定和衡量建筑日照时数的特定日期,B 选项正确。日照时数：在有效日照时间带内,建筑物(场地)计算起点位置获得日照的连续时间值或各时间段的累加值,C 选项错误。建筑日照标准：根据建筑物(场地)所处的气候区、城市规模和建筑物(场地)的使用性质,在日照标准日的有效日照时间带内阳光应直接照射到建筑物(场地)上的最低日照时数,D 选项正确。故选 C。

74. A

【解析】 根据 GB 50034—2013《建筑照明设计标准》,总体控制方式有照明方式、照明种类、照明光源选择、照明灯具及其附属装置。故选 A。

75. C

【解析】 根据 CJJ/T 87—2020《乡镇集贸市场规划设计标准》4.2.1 条：集贸市场应与教育、医疗等机构人员密集场所的主要出入口之间保持 20m 以上距离,宜结合商业街和公共活动空间布局；集贸市场应与燃气调压站、液化石油气化站等火灾风险性大的场所保持 50m 以上的防火间距。应远离有毒、有害污染源,远离生产或存储易燃、易爆、有毒等危险品的场所,保护距离不应小于 100m。以农产品及农业生产资料为主要商品类型的市场,宜独立占地,且应与住宅之间保持 10m 以上的间距。C 选项不正确,故选 C。

76. A

【解析】 根据 GB/T 39972—2021《国土空间规划"一张图"实施监督信息系统技术规范》5.2.3 条：专项规划数据包含海岸带、自然保护地等专项规划及跨行政区域或流域的国土空间规划数据；涉及空间利用的某一领域专项规划如交通、能源、水利、农业、信息、市政等基础设施，公共服务设施，军事设施等成果数据；以及生态环境保护、文物保护、林业草原等专项规划成果数据。故 A 选项符合题意。

77. D

【解析】 根据 GB/T 39972—2021《国土空间规划"一张图"实施监督信息系统技术规范》3.2 条：在一张底图的基础上，按照统一标准，开展各级各类国土空间规划数据库建设，集成国土空间规划实施监督数据，形成覆盖全域、动态更新、权威统一的国土空间规划数据资源体系。故选 D。

78. C

【解析】 根据《市级国土空间总体规划数据库规范（试行）》4.1 条：市级国土空间总体规划数据库内容，包括基础地理信息要素、分析评价信息要素和国土空间规划信息要素。故 C 选项符合题意。

79. B

【解析】 根据《市级国土空间总体规划制图规范（试行）》2.2.1 条：市级国土空间总体规划的图件包括调查型图件、管控型图件和示意型图件三类。此外，各地可根据实际需要增加其他图件。故选 B。

80. D

【解析】 根据《市级国土空间总体规划制图规范（试行）》，市级国土空间控制线规划图必选要素包括：城镇开发边界、永久基本农田、生态保护红线；市级国土空间控制线规划图可选要素包括：历史文化保护线、洪涝风险控制线、矿产资源控制线。故 D 选项符合题意。

二、多项选择题（共 20 题，每题 1 分。每题的备选项中，有 2～4 个选项符合题意。多选、少选、错选都不得分）

81. ACD

【解析】 行政许可的类型有：普通许可、特许、认可、核准、登记。故选 ACD。

82. ABCE

【解析】 根据《关于保障和规范农村一二三产业融合发展用地的通知》（简称《通知》）规定，农村产业融合发展用地不得用于商品住宅、别墅、酒店、公寓等房地产开发，不得擅自改变用途或分割转让转租。D 选项错误，A、B、C、E 选项均为《通知》原文。故选 ABCE。

83. ACDE

【解析】 行政合理性原则的内容包括：平等对待、比例原则、正常判断、没有偏私。故选 ACDE。

84. BCE

【解析】 行政处罚属于依职权的行政行为、单方行政行为、具体行政行为、外部行政行为。故选 BCE。

85. AD

【解析】 根据《市级国土空间总体规划编制指南（试行）》1.4 条：市级总体规划一般包括市域和中心城区两个层次。故选 AD。

86. ABCE

【解析】 根据《行政处罚法》第十二条：地方性法规可以设定除限制人身自由、吊销营业执照以外的行政处罚。故选 ABCE。

87. BCD

【解析】 根据《民法典》第二百七十四条：建筑区划内的道路，属于业主共有，但是属于城镇公共道路的除外。建筑区划内的绿地，属于业主共有，但是属于城镇公共绿地或者明示属于个人的除外。建筑区划内的其他公共场所、公用设施和物业服务用房，属于业主共有。第二百七十五条：建筑区划内，规划用于停放汽车的车位、车库的归属，由当事人通过出售、附赠或者出租等方式约定。占用业主共有的道路或者其他场地用于停放汽车的车位，属于业主共有。故选 BCD。

88. ACD

【解析】 根据《民法典》第三百四十五条：建设用地使用权可以在土地的地表、地上或者地下分别设立。故选 ACD。

89. BCD

【解析】 根据《立法法》第九条：本法第八条规定的事项尚未制定法律的，全国人民代表大会及其常务委员会有权作出决定，授权国务院可以根据实际需要，对其中的部分事项先制定行政法规，但是有关犯罪和刑罚、对公民政治权利的剥夺和限制人身自由的强制措施和处罚、司法制度等事项除外。故选 BCD。

90. ABDE

【解析】 根据《公路法》第六条：公路按其在公路路网中的地位分为国道、省道、县道和乡道，并按技术等级分为高速公路、一级公路、二级公路、三级公路和四级公路。具体划分标准由国务院交通主管部门规定。故选 ABDE。

91. AE

【解析】 根据《紫线管理办法》第三条：在编制城市规划时应当划定保护历史文化街区和历史建筑的紫线。国家历史文化名城的城市紫线由城市人民政府在组织编制历史文化名城保护规划时划定。其他城市的城市紫线由城市人民政府在组织编制城市总体规划时划定。BDE 选项均需划定紫线。历史文化街区的城市紫线在编制城市总体规划时划定，全国国土空间规划侧重战略性，不划定城市紫线。故选 AE。

92. BC

【解析】 根据 GB 50925—2013《城市对外交通规划规范》5.4.1 条：城镇建成区外高速铁路两侧隔离带规划控制宽度应从外侧轨道中心线向外不小于 50m；普速铁路干线两侧隔离带规划控制宽度应从外侧轨道中心线向外不小于 20m；其他线路两

侧隔离带规划控制宽度应从外侧轨道中心线向外不小于 15m。大型铁路客运站用地规模为 $30\sim50\text{hm}^2$，大型货运站场用地规模为 $25\sim50\text{hm}^2$。故选 BC。

93. ABC

【解析】 根据 CJJ/T 85—2017《绿地分类标准》，参与人均绿地计算的绿地类型有公园绿地面积、防护绿地面积、广场用地中的绿地面积、附属绿地面积。故选 ABC。

94. ABDE

【解析】 根据 GB 50808—2013《城市居住区人民防空工程规划规范》2.0.8 条：配套工程系指除指挥工程、医疗救护工程、防空专业队工程和人员掩蔽工程以外的战时保障性人防工程，主要包括区域变电站、区域供水站、人防物资库、食品站、生产车间、人防交通干（支）道、警报站、核生化监测中心等。故选 ABDE。

95. ABD

【解析】 根据 GB/T 51098—2015《城镇燃气规划规范》6.2.1 条：燃气主干管网应沿城镇规划道路敷设，减少穿跨越河流、铁路及其他不宜穿越的地区；应避免与高压电缆、电气化铁路、城市轨道等设施平行敷设。故选 ABD。

96. CD

【解析】 根据 GB/T 50337—2018《城市环境卫生设施规划标准》7.1.1 条：根据城市性质和人口密度，城市公共厕所平均设置密度应按每平方千米规划建设用地 3～5 座选取；人均规划建设用地指标偏低、居住用地及公共设施用地指标偏高的城市、山地城市、旅游城市可适当提高。因此 CD 选项符合题意。

97. CD

【解析】 根据 GB 50413—2007《城市抗震防灾规划标准》8.2.8 条：避震疏散场所每位避震人员的平均有效避难面积：(1)紧急避震疏散场所人均有效避难面积不小于 1m^2，但起紧急避震疏散场所作用的超高层建筑避难层（间）的人均有效避难面积不小于 0.2m^2；(2)固定避震疏散场所人均有效避难面积不小于 2m^2。8.2.9 条：避震疏散场地的规模：紧急避震疏散场地的用地不宜小于 0.1hm^2，固定避震疏散场地不宜小于 1hm^2，中心避震疏散场地不宜小于 50hm^2。故选 CD。

98. BCD

【解析】 电影院属于商业服务业中的娱乐用地；博物馆属于公共管理与公共服务用地中的图书与展览馆用地；职业技校属于公共管理与公共服务中的中等职业教育用地；残疾人康复中心属于公共管理与公共服务用地中的残疾人社会福利用地。加油（气）站属于商业服务业用地中的公用设施营业网点用地。故选 BCD。

99. ABCE

【解析】 根据《国土空间调查、规划、用途管制用地用海分类指南（试行）》2.2.1 条：用地用海二级类为国土调查、国土空间规划的主干分类。A 选项正确。2.2.3 条：国土空间总体规划原则上以一级类为主，可细分至二级类。B 选项正确。2.1.2 条：用地用海分类设置不重不漏。当用地用海具备多种用途时，应以其主要功能进行归类。

C 选项正确。2.2.2 条：国家国土调查以一级类和二级类为基础分类，三级类为专项调查和补充调查的分类。D 选项错误，E 选项正确，故选 ABCE。

100. ACD

【解析】 根据《市级国土空间总体规划编制指南（试行）》，规划分区分为一级规划分区和二级规划分区。一级规划分区包括以下 7 类：生态保护区、生态控制区、农田保护区，以及城镇发展区、乡村发展区、海洋发展区、矿产能源发展区。故选 ACD。

2022 年度全国注册城乡规划师职业资格考试真题与解析

城乡规划管理与法规

真　题

一、**单项选择题**(共80题,每题1分。每题的备选项中,只有1个最符合题意)

1. 根据《中共中央　国务院关于完整准确全面贯彻新发展理念做好碳达峰碳中和工作的意见》,下列关于强化国土空间规划和用途管制,巩固生态系统碳汇能力的说法中,正确的是(　　)

  A. 严守生态保护红线,严控生态空间占用

  B. 严守城镇开发边界,严控城镇空间占用

  C. 严守耕地保护红线,严控农业空间占用

  D. 严守城镇开发边界,严控农业空间占用

2. 根据《国家综合立体交通网规划纲要》,下列不属于国家综合立体交通网主骨架的是(　　)

  A. 京津冀—粤港澳主轴　　　　　　B. 长三角—成渝主轴

  C. 东部走廊　　　　　　　　　　　D. 沪昆走廊

3. 根据《国家综合立体交通网规划纲要》,到2035年,中心城区内综合客运枢纽之间公共交通转换时间不超过(　　)小时。

  A. 0.5　　　　　　B. 1.0　　　　　　C. 1.5　　　　　　D. 2.0

4. 根据《中共中央　国务院关于全面推进乡村振兴加快农业农村现代化的意见》,下列关于推进乡村振兴加快农业农村现代化的说法中,错误的是(　　)

  A. 到2025年农村自来水普及率达到80%

  B. 有序开展第二轮土地承包到期后再延长30年试点

  C. 实施农村人居环境整治提升五年行动

  D. 对暂时没有编制规划的村庄,严格按照县乡两级国土空间规划中确定的
    用途管制和建设管理要求进行建设

5. 根据《中共中央　国务院关于建立国土空间规划体系并监督实施的若干意见》,下列关于健全国土空间规划分区分类实施用途管制的说法中,正确的是(　　)

  A. 对以国家公园为主体的自然保护地实施特殊保护制度

  B. 对城镇开发边界内的建设实行"分区准入＋规划许可"的管制方式

  C. 对重要水源地实行"约束指标＋规划许可"的管制方式

  D. 对城镇开发边界外的建设实行"约束指标＋分区准入"的管制方式

6. 按照《中共中央　国务院关于建立国土空间规划体系并监督实施的若干意见》中高质量发展要求,做好国土空间规划顶层设计,发挥国土空间规划在国家规划体系中的(　　)作用,为国家发展规划落地实施提供空间保障。

    A. 关键性   B. 基础性   C. 协调性   D. 操作性

7. 根据《中共中央　国务院关于深入打好污染防治攻坚战的意见》,下列关于2025 年主要指标的说法中,错误的是(　　　)

    A. 空气质量优良天数比率达到 87.5%

    B. 地表水Ⅰ～Ⅲ类水体比例达到 85%

    C. 地级及以上城市细颗粒物(PM2.5)浓度下降 10%

    D. 近岸海域水质优良(一、二类)比例达到 75%左右

8. 根据《关于在国土空间规划中统筹划定落实三条控制线的指导意见》,下列属于三条控制线的是(　　　)

    A. 耕地保护红线   B. 生态保护红线

    C. 乡村建设边界   D. 水源保护地界

9. 根据《关于建立以国家公园为主体的自然保护地体系的指导意见》,下列关于自然保护地规划说法中,正确的是(　　　)

    A. 将耕地和基本农田的区域规划为重要的自然生态空间,纳入自然保护地体系

    B. 将具有生态功能的区域规划为重要的自然生态空间,纳入自然保护地体系

    C. 将所有生态系统区域规划为重要的自然生态空间,纳入自然保护地体系

    D. 将生态功能重要、生态系统脆弱、自然生态保护空缺的区域规划为重要的自然生态空间,纳入自然保护地体系

10. 根据中共中央办公厅　国务院办公厅印发的《关于推动城市建设绿色发展的意见》,下列关于基础设施体系化水平的举措中,错误的是(　　　)

    A. 加强公交优先、绿色出行的城市街区建设

    B. 加快发展智能网联汽车基础设施

    C. 推进城镇污水管网覆盖率达 90%

    D. 建立污水处理系统运营管理长效机制

11. 根据《国务院办公厅关于加强草原保护修复的若干意见》,下列关于草原保护主要目标,错误的是(　　　)

    A. 到 2025 年,草原保护修复制度体系基本建立

    B. 到 2025 年,草原综合植被盖度稳定在 45%左右

    C. 到 2035 年,草原综合植被盖度稳定在 60%左右

    D. 到 2035 年,退化草原得到有效治理和修复

12. 根据《国务院办公厅关于印发"十四五"文物保护和科技创新规划的通知》,下列不属于"考古中国"重大项目的是(　　　)

    A. 长江中游文明化进程研究   B. 南岛语族起源与扩散研究

    C. 海岱地区文明化进程研究   D. 殷墟大遗址文物本体保护研究

13. 根据《自然资源部　农业农村部　国家林业和草原局关于严格耕地用途管制有关问题的通知》,下列说法错误的是(　　　)

A. 各地要在永久基本农田之外的优质耕地中,划定永久基本农田储备区并上图入库

B. 建设项目经批准占用永久基本农田的,除永久基本农田储备区外,不得在其他耕地补划

C. 土地整理复垦开发和新建高标准农田增加的优质耕地应当优先划入永久基本农田储备区

D. 高标准农田建设中,开展必要的灌溉排水基础设施占地永久基本农田的,要在项目区内予以补足

14. 根据《自然资源部　国家文物局关于在国土空间规划编制和实施中加强历史文化遗产保护管理的指导意见》,下列关于考古和文物保护用地的说法中,错误的是(　　)

A. 对于经文物主管部门核定可能存在历史文化遗存的土地,确定具体空间范围后,可收储入库

B. 在文物主管部门完成考古工作,认定确需依法保护的文物,并提出具体保护要求后,自然资源主管部门应在国土空间规划编制、土地出让中落实

C. 各地自然资源主管部门对国家考古遗址公园建设等重大历史文化遗产保护利用项目的合理用地需求应予保障

D. 考古和文物保护工地建设临时性文物保护设施、工地安全设施、后勤设施的,可按临时用地规范管理

15. 根据《自然资源部关于以“多规合一”为基础推进规划用地“多审合一、多证合一”改革的通知》,将建设用地规划许可证、建设用地批准书合并,自然资源主管部门统一核发新的(　　)

A. 建设用地选址意见书　　　　B. 建设用地规划许可证

C. 建设用地批准和规划许可证　　D. 建设用地批准书

16. 根据《自然资源部关于全面开展国土空间规划工作的通知》,下列关于国土空间规划报批审查的说法中,错误的是(　　)

A. 国土空间规划,按照“管什么,就批什么”的原则报批审查

B. 对省级和市县国土空间规划,侧重控制性审查,重点审查目标定位、底线约束、控制性指标、相邻关系等

C. 优化省级和市县国土空间规划大纲报批环节,压缩审查时间

D. 省级国土空间规划自审批机关交办之日起,一般应在90天内完成审查工作,上报国务院审批

17. 根据《自然资源部办公厅关于加强国土空间规划监督管理的通知》,下列关于国土空间规划编制和实施管理的说法中,错误的是(　　)

A. 深化“放管服”改革,在“多规合一”基础上全面推进规划用地“多审合一、多证合一”

B. 规划实行编制单位终身负责制

C. 实行参编单位专家回避制度,推动开展第三方独立技术审查

D. 尚未建立"一张图"实施监督体系的不得人工留痕

18. 根据《自然资源部办公厅关于规范和统一市县国土空间规划现状基数的通知》,对已办理供地手续,但尚未办理土地使用权登记的,按( )认定为建设用地。

    A. 农转用审批时间和范围

    B. 出让合同或划拨决定书的范围和用途

    C. 供地手续的时间和适宜性评价

    D. "三类"地类

19. 根据《自然资源部办公厅关于加强村庄规划促进乡村振兴的通知》,下列关于村庄规划编制的说法中,错误的是( )

    A. 村庄规划应因地制宜,分类编制

    B. 村庄规划在报送审批前应在村内公示

    C. 村庄规划批准之日起 30 个工作日内,规划成果应通过"上墙、上网"等多种方式公开

    D. 村庄规划通过审批后在 30 个工作日内,成果汇交至省级自然资源主管部门

20. 下列关于《民法典》中地役权的说法中,正确的是( )

    A. 当事人可以采用协议方式设立地役权

    B. 地役权自登记时设立

    C. 地役权可以单独转让

    D. 地役权人有权按照合同约定,利用他人的不动产,以提高自己的不动产的效益

21. 根据《土地管理法》,下列不可用划拨方式取得土地所有权的是( )

    A. 国家机关用地和军事用地

    B. 城市基础设施用地和公益事业用地

    C. 工业用地

    D. 国家重点扶持的能源、交通、水利等基础设施用地

22. 根据《土地管理法》和《土地管理法实施条例》,下列说法正确的是( )

    A. 各省、自治区、直辖市划定的永久基本农田一般应当占本行政区域内耕地的百分之六十以上

    B. 永久基本农田划定以县为单位进行,县人民政府应当将永久基本农田的位置、范围向社会公告,并设立保护标志

    C. 非农业建设依法占用永久基本农田的,建设单位可直接将所占用耕地耕作层的土壤用于新开垦耕地

    D. 省、自治区、直辖市人民政府将永久基本农田保护任务分解下达,落实到地块

23. 根据《乡村振兴促进法》，下列不属于我国国家粮食安全战略的是（　　）

　　A. 以我为主　　　　　　　　　B. 科技支撑

　　C. 确保产能　　　　　　　　　D. 控制出口

24. 根据《文物保护法》，下列关于不可移动文物的说法中，错误的是（　　）。

　　A. 建设工程选址，应当尽可能避开不可移动文物

　　B. 因特殊情况不能避开的，对文物保护单位应当尽可能实施原址保护

　　C. 建设项目工程选址确需占用全国重点文物保护单位且无法原址保护的，
　　　 只能采取迁移保护

　　D. 不可移动文物已经毁坏的，应当在原址重建

25. 因抢险救灾、疫情防控等急需使用土地，永久性建设用地应当在不晚于应急
处置工作结束（　　）个月内申请补办建设用地审批手续。

　　A. 二　　　　　　B. 三　　　　　　C. 五　　　　　　D. 六

26. 依据《环境影响评价法》，下列关于建设项目的环境影响评估办法，错误的
是（　　）

　　A. 作为一项整体建设项目的规划，按照专项规划进行环境影响评价

　　B. 建设项目的环境影响评价，应当避免与规划的环境影响评价相重复

　　C. 国家根据建设项目对环境的影响程度，对建设项目的环境影响评价实行
　　　 分类管理

　　D. 环境影响报告表和环境影响登记表的内容和格式，由国务院生态环境主
　　　 管部门制定

27. 根据《噪声污染防治法》，下列关于噪声敏感建筑物集中区域管理要求的说
法中，错误的是（　　）

　　A. 国家鼓励开展宁静小区、静音车厢等宁静区域创建活动

　　B. 在噪声敏感建筑物集中区域施工作业，应当优先使用低噪声施工工艺和
　　　 设备

　　C. 噪声敏感建筑物集中区域应尽量不新建排放噪声的工业企业

　　D. 在噪声敏感建筑物集中区域施工作业，建设单位应当按照国家规定，设
　　　 置噪声自动监测系统

28. 根据《土壤污染防治法》，下列关于防治农用地和建设用地土壤污染的说法，
错误的是（　　）

　　A. 及时将需要实施风险管控、修复的地块纳入建设用地土壤污染风险管控
　　　 和修复名录，并定期向国务院生态环境主管部门报告

　　B. 县级以上地方人民政府应当依法将符合条件的优先保护类耕地划为永
　　　 久基本农田，实行严格保护

　　C. 列入建设用地土壤污染风险管控和修复名录的地块，不得作为住宅、公
　　　 共管理与公共服务用地

D. 建设用地土壤污染风险管控和修复名录,由市级人民政府生态环境主管部门会同自然资源等部门制定,并向社会公布

29. 依据《土壤污染防治法》,国务院生态环境主管部门会同国务院农业农村、自然资源、住房城乡建设、林业草原等主管部门,每(   )年至少组织开展一次全国土壤污染状况普查。

    A. 三   B. 五   C. 六   D. 十

30. 根据《海洋环境保护法》,下列关于海洋环境保护与监督管理的说法中,错误的是(   )

    A. 国务院环境保护行政主管部门作为对全国环境保护工作统一监督管理的部门,对全国海洋环境保护工作实施指导、协调和监督

    B. 军队环境保护部门负责军事船舶污染海洋环境的监督管理及污染事故的调查处理

    C. 沿海县级以上地方人民政府行使海洋环境监督管理权的部门职责,由省、自治区、直辖市人民政府根据本法及国务院有关规定确定

    D. 国务院环境保护部门负责海洋环境的管理、调查、监督、评价和科学研究

31. 根据《湿地保护法》,下列表述错误的是(   )

    A. 国家严格控制占用湿地

    B. 国家重大项目,防灾减灾项目禁止占用国家重要湿地

    C. 建设项目选址、选线应当避让湿地

    D. 临时占用湿地的期限一般不得超过两年

32. 根据《湿地保护法》,以下关于湿地保护与利用的说法中,错误的是(   )

    A. 禁止占用红树林湿地

    B. 禁止采摘红树林种子或采伐、采挖、移植红树林

    C. 相关建设项目改变红树林所在河口水文情势的,应当采取有效措施减轻不利影响

    D. 因科研、医药或者红树林湿地保护等需要采伐、采挖、移植、采摘的,应当依照有关法律法规办理

33. 根据《长江保护法》,以下关于长江流域管控的说法中,正确的是(   )

    A. 国家对长江流域生态系统实行自然恢复与人工修复为主的系统治理

    B. 由国务院自然资源主管部门会同国务院有关部门编制长江流域生态环境修复规划

    C. 长江流域市级以上地方人民政府应当按照国家有关规定做好长江流域重点水域退捕渔民的补偿、转产和社会保障工作

    D. 长江流域其他水域禁捕、限捕管理办法由市级以上地方人民政府制定

34. 根据《防震减灾法》,下列关于地震灾害预防的说法中,正确的是(   )

    A. 设计人员对建设工程的抗震设计、施工的全过程负责

B. 国务院地震工作主管部门负责审定地震小区划图

C. 重大建设工程和可能发生严重次生灾害的建设工程,应当按照各省政府有关规定进行地震安全性评价

D. 市人民政府负责管理地震工作的部门或者机构,负责审定建设工程的地震安全性评价报告

35. 根据《军事设施保护法》,下列关于军事禁区划定及管控要求的说法中,错误的是(　　)

　　A. 本法所称军事禁区,是指设有重要军事设施或者军事设施安全保密要求高、具有重大危险因素,需要国家采取特殊措施加以重点保护的军事区域

　　B. 陆地、空中和水域的军事禁区、军事管理区的范围,由省、自治区、直辖市人民政府和有关军级以上军事机关共同划定

　　C. 军事禁区、军事管理区由国务院和中央军事委员会确定

　　D. 在陆地军事禁区内,禁止建造、设置非军事设施,禁止开发利用地下空间

36. 根据《森林法》,以下关于森林保护的说法中,错误的是(　　)

　　A. 禁止擅自移动或者损坏森林保护标志

　　B. 国家实行天然林全面保护制度,严格限制天然林采伐

　　C. 占用林地的单位应当缴纳土地复垦费

　　D. 国家支持生态脆弱森林的保护修复

37. 根据《行政诉讼法》,不能作为人民法院审理行政案件依据的是(　　)

　　A. 规章　　　　　　　　　　　　B. 法律

　　C. 行政法规　　　　　　　　　　D. 地方性法规

38. 根据《立法法》,法律效力等级错误的是(　　)

　　A. 部门规章大于地方政府规章　　B. 地方法规大于本级行政规章

　　C. 行政法规大于地方性规章　　　D. 法律大于行政法规

39. 根据《行政许可法》,行政机关已经生效的行政许可(　　)

　　A. 可以自行改变　　　　　　　　B. 不得擅自改变

　　C. 可以自行调整　　　　　　　　D. 可以随意中止

40. 根据《行政处罚法》,下列关于听证程序的说法中,错误的是(　　)

　　A. 当事人要求听证的,应当在行政机关告知行政处罚决定后七日内提出

　　B. 行政机关应当在举行听证的七日前,通知当事人及有关人员听证的时间、地点

　　C. 当事人及其代理人无正当理由拒不出席听证或者未经许可中途退出听证的,视为放弃听证权利,行政机关终止听证

　　D. 举行听证时,调查人员提出当事人违法的事实、证据和行政处罚建议,当事人进行申辩和质证

41. 根据《土地管理法实施条例》,下列关于宅基地管理的说法中,不正确的是(　　)
    A. 宅基地申请依法经农村村民集体讨论通过并在本集体范围内公示后,报乡(镇)人民政府审核批准
    B. 涉及占用农用地的,应当依法办理农用地转用审批手续
    C. 宅基地申请应当报村民委员会审核批准
    D. 国家允许进城落户的农村村民依法自愿有偿退出宅基地

42. 根据《地图管理条例》,下列关于地图审核的说法中,错误的是(　　)
    A. 国务院测绘地理信息行政主管部门负责审核香港特别行政区地图
    B. 省级人民政府测绘地理信息行政主管部门负责历史地图的审核
    C. 省、自治区、直辖市人民政府测绘地理信息行政主管部门负责审核主要表现地在本行政区域范围内的地图
    D. 主要表现地在设区的市行政区域范围内不涉及国界线的地图,由设区的市级人民政府测绘地理信息行政主管部门负责审核

43. 根据《历史文化名城名镇名村保护条例》的规定,申报历史文化名城的,在所申报的历史文化名城保护范围内应当有(　　)个以上的历史文化街区。
    A. 1　　　　　　B. 2　　　　　　C. 3　　　　　　D. 4

44. 根据《建设项目环境保护管理条例》,下列关于建设项目环境影响评价要求的说法中,正确的是(　　)
    A. 依法应当编制环境影响报告书、环境影响报告表的建设项目,设计单位应当在开工建设前将环境影响报告书、环境影响报告表报有审批权的环境保护行政主管部门审批
    B. 环境保护行政主管部门可以组织技术机构对建设项目环境影响报告书、环境影响报告表进行技术评估,不收取相应费用
    C. 技术机构应当对其提出的技术评估意见负责,并向建设单位、从事环境影响评价工作的单位收取任何费用
    D. 环境保护行政主管部门收到环境影响报告表之日起30日内,作出审批决定并通知建设单位

45. 根据《地下水管理条例》,国务院水行政主管部门应当会同国务院自然资源主管部门根据地下水状况调查评价成果,组织划定并依法向社会公布的地下水分区是(　　)
    A. 全国地下水禁采区　　　　　　B. 全国地下水超采区
    C. 全国地下水限采区　　　　　　D. 全国地下水可采区

46. 根据《自然资源听证规定》,主管部门可以不组织听证的情况是(　　)
    A. 拟定或者修改基准地价
    B. 编制或者修改国土空间规划和矿产资源规划
    C. 制定规章和规范性文件

D. 拟定或者修改区片综合地价

47. 国家机关授权下级国家机关指定属于自己职能范围内的法律法规时,该项法律法规在效力上(　　)授权机关自己制定的法律、法规。

    A. 等同于　　　　　　B. 不同于　　　　　　C. 低于　　　　　　D. 高于

48. 下列关于行政主体的说法中,错误的是(　　)

    A. 行政法主体就是行政主体

    B. 行政主体必须是依法成立的组织

    C. 行政主体包括行政组织和其他社会组织

    D. 行政主体能依法承担实施行政决定所产生的不利后果

49. 下列关于行政自由裁量的说法中,错误的(　　)

    A. 合法性的产生是基于自由裁量的存在

    B. 承认和保护自由裁量十分必要

    C. 自由裁量的范围和方式应当符合法律的目的

    D. 自由裁量的手段应该是必要适当的

50. 根据公共行政理论,下列行政行为不属于积极行政的是(　　)

    A. 行政规划　　　　　　　　　　B. 行政处罚

    C. 行政政策　　　　　　　　　　D. 行政指导

51. 根据行政权作用的方式和实施行政行为所形成的法律关系分类,行政复议属于(　　)

    A. 抽象行政行为　　　　　　　　B. 内部行政行为

    C. 行政执法行为　　　　　　　　D. 行政司法行为

52. 行政机关依法行政应遵循程序正当原则,下列不属于程序正当原则的是(　　)

    A. 听取公民、法人意见

    B. 听取其他组织意见

    C. 行政机关实施行政管理,应当提高办事效率

    D. 有利害关系的应回避

53. 下列程序中,不属于行政救济程序的是(　　)

    A. 行政听证程序　　　　　　　　B. 行政复议程序

    C. 行政赔偿程序　　　　　　　　D. 行政监督检查程序

54. 根据《国土空间规划"一张图"实施监督信息系统技术规范》,国土空间规划"一张图"实施监督信息系统总体框架的四个层次是(　　)

    A. 基础层、功能层、支撑层、应用层

    B. 设施层、数据层、支撑层、应用层

    C. 基础层、数据层、服务层、监督层

    D. 设施层、功能层、服务层、监督层

55. 根据《国土空间调查、规划、用途管制用地用海分类指南(试行)》,下列用地不属于农业设施建设用地的是( )

    A. 乡村道路用地   B. 种植设施建设用地

    C. 林业设施建设用地   D. 水产养殖设施建设用地

56. 根据《国土空间调查、规划、用途管制用地用海分类指南(试行)》,田间道属于( )

    A. 农业设施建设用地   B. 耕地

    C. 乡村道路用地   D. 其他土地

57. 根据《省级国土空间规划编制指南(试行)》,下列属于省级国土空间规划中预期性指标的是( )

    A. 生态保护红线面积   B. 海水养殖用海区面积

    C. 湿地面积   D. 单位 GDP 使用建设用地下降率

58. 根据《市级国土空间总体规划编制指南(试行)》,下列不属于二级规划分区的是( )

    A. 特别用途区   B. 村庄建设

    C. 矿产能源发展区   D. 城镇弹性发展区

59. 根据《市级国土空间总体规划制图规范(试行)》,下列关于中心城区综合防灾减灾规划图的选择要素中,不是必选要素的是( )

    A. 消防站   B. 医疗救护中心

    C. 洪涝风险控制线   D. 主要疏散通道

60. 根据《城市轨道交通线网规划标准》,高架车站、地面车站每侧的车站附属设施建设控制区长度宜为( )m

    A. 50~70   B. 100~120

    C. 150~200   D. 200~250

61. 根据《历史文化名城保护规划标准》,下列关于历史建筑保护范围的说法中,正确的是( )

    A. 历史文化街区内历史建筑的保护范围应为历史建筑本身

    B. 历史文化街区内历史建筑的保护范围为历史建筑核心范围和必要的建设控制范围

    C. 历史文化街区外的历史建筑保护范围为历史建筑本身和必要的风貌协调区

    D. 历史文化街区外的历史建筑保护范围为历史建筑核心区和必要的建设控制地带

62. 根据《城乡建设用地竖向规划规范》,下列在地形复杂地区开展土石方与防护工程的要求中,正确的是( )

    A. 岩质建筑边坡宜低于 25m

    B. 土质建筑边坡宜低于 15m

    C. 超过 10m 的土质边坡应分级放坡

    D. 分级放坡的土质边坡不同级之间边坡平台宽度不应小于 2m

63. 根据《城市综合交通体系规划标准》,规划人口规模达到(　　　)万及以上时,应构建快线、干线等多层次大运量城市轨道交通网络。

    A. 500　　　　　　　　　　　　B. 600

    C. 800　　　　　　　　　　　　D. 1000

64. 根据《国土空间规划城市体检评估规程》,以下不属于基本指标的是(　　　)

    A. 15min 社区生活圈覆盖率

    B. 每千人口医疗卫生机构床位数

    C. 每千名老年人养老床位数

    D. 公园绿地覆盖率

65. 根据《城市综合交通体系规划标准》,以下关于机动车公共停车场的说法中,错误的是(　　　)

    A. 规划总规模宜按照人均 $0.5\sim1.0m^2$ 计算,规划人口规模 50 万及以上的城市宜取低值

    B. 在符合公共停车场设置条件的城市绿地与广场、公共交通场站、城市道路等用地内可采用立体复合的方式设置公共停车场

    C. 规划人口规模 100 万及以上的城市公共停车场宜以立体停车楼(库)为主,并应充分利用地下空间

    D. 单个公共停车场规模不宜大于 500 个车位

66. 根据《城市停车规划规范》,下列关于停车场规划的要求中,正确的是(　　　)

    A. 建筑物配建停车场需设置机械停车设备的,居住类建筑其机械停车位数量不得超过停车位总数的 80%

    B. 城市公共停车场分布应在停车需求预测的基础上,以城市不同停车分区的停车位供需关系为依据,按照统一标准确定停车场的分布和服务半径

    C. 停车供需矛盾突出地区的新建、扩建、改建的建筑物在满足建筑物配建停车位指标要求下,可增加独立占地的或者由附属建筑物的不独立占地的面向公众服务的城市公共停车场

    D. 城市公共停车场宜布置在客流集中的商业区、办公区、医院、体育场馆、旅游风景区及停车供需矛盾突出的居住区,其服务半径不应大于 500m

67. 根据《城市对外交通规划规范》,高速公路城市出入口正确的是(　　　)

    A. 宜设在城市建成区边缘

    B. 可与支路衔接

    C. 特大城市高速公路出入口平均间距宜为 3~4km

    D. 特大城市高速公路出入口最小不应小于 2km

68. 根据《城市抗震防灾规划标准》,避震疏散场所应设置(　　)

    A. 防火设施、防火器材、消防通道、安全通道

    B. 防火设施、防火器材、疏散出入口、安全通道

    C. 防火设施、防火器材,消防分区、疏散出入口

    D. 防火设施、防火器材,消防通道、疏散出入口

69. 根据《城市防洪规划规范》,下列关于城市堤防布置的说法中,错误的是(　　)

    A. 堤防布置应利用地形形成半封闭式的防洪保护区

    B. 堤线应平顺,避免急弯和局部突出

    C. 堤防应利用现有堤防工程,少占耕地

    D. 中心城区堤型应结合现有堤防设施,根据设计洪水主流线、地形与地质
       等因素合理确定

70. 根据《城市水系规划规范》,下列不属于滨水绿化控制线内低影响开发设施
的是(　　)

    A. 湿塘　　　　　　　　　　　　B. 雨水管渠设施

    C. 植被缓冲带　　　　　　　　　D. 生物滞留设施

71. 根据《城市通信工程规划规范》,下列关于无线电通信、无线广播传输收信区
与发信区划分和调整要求,错误的是(　　)

    A. 城市收信区、发信区宜划分在城市中心区边缘的两个不同方向的地区

    B. 城市收信区、发信区在居民集中区、收信区与发信区之间应规划出缓冲区

    C. 发信区与收信区之间的无线通信主向避开市区

    D. 收信区和发信区的调整要满足人防通信建设规划

72. 根据《城市照明建设规划标准》,下列照明分区中属于Ⅰ类城市照明区的
是(　　)

    A. 生态保护区

    B. 景观价值相对较低,以居住功能为主的城市空间

    C. 具备有一定景观价值,以办公、休闲等功能为主的城市空间

    D. 具有较高景观价值或有大量公共活动需求,以商业娱乐功能为主的城市空间

73. 根据《城市消防规划规范》,以下关于陆上消防站的说法中,正确的是(　　)

    A. 消防站应该设置在便于出动的主次干道和支路的临街地段

    B. 消防站执勤车辆的主出入口与医院、学校、幼儿园、托儿所、影剧院、商场、
       体育场馆、展览馆等人员密集场所的主要疏散出口的距离不应小于50m

    C. 消防站应设置在危险品场所或设施的最小风频上风向

    D. 消防站用地边界距危险品部位不应小于100m

74. 根据《城镇燃气规划规范》,以下关于城镇燃气管网布线的说法中,正确的是
(　　)

    A. 高压管道应避开工业区

    B. 多级高压燃气管网系统间应均衡布置联通管线,并设调压设施

    C. 大型集中负荷应采用中压力燃气管道直接供给

    D. 城镇低压燃气管道应在市政道路上敷设

75. 根据《城市电力规划规范》,以下关于供电设施的说法中,正确的是( )

    A. 高压线走廊是 35kV 以上高压架空或地埋电力线路两边导线向外侧延伸一定安全距离形成的两条平行线之间的通道

    B. 箱式变电站是由中压开关、配电变压器、低压出线开关、无功补偿装置和计量装置等设备共同安装于一个封闭箱体内的户外配电装置

    C. 环网单元是用于 35kV 电缆线路分段、联络及分接负荷的配电设施

    D. 配电室主要为高压用户配送电能,设有中压配电进出线(可有少量出线)、配电变压器和高压配电装置

76. 根据《社区生活圈规划技术指南》,下列不属于社区生活圈服务要素的是( )

    A. 绿色生态型   B. 基础保障型

    C. 品质提升型   D. 特色引导型

77. 根据《村庄整治技术标准》,灾难场所应急功能区距离爆炸危险源的最小距离不应小于( )m

    A. 600   B. 800   C. 1000   D. 1200

78. 根据《市级国土空间总体规划编制指南(试行)》,公共服务设施步行 15 分钟覆盖率是指 15 分钟步行范围覆盖的( )

    A. 居住用地占所有居住用地的比例

    B. 居住用地占所有用地的比例

    C. 住宅面积占所有建筑面积的比例

    D. 公共设施面积占所有建筑面积的比例

79. 根据《城镇老年人设施规划规范》,服务人口为 0.5 万～1.2 万人时,下列老年人日间照料中心面积符合规范要求的是( )m²

    A. 100   B. 200   C. 300   D. 400

80. 根据《城市绿地规划标准》,城镇开发边界内规划人均区域绿地的面积最小不应小于( )m²/人

    A. 5.0   B. 10.0   C. 15.0   D. 20.0

二、多项选择题(共 20 题,每题 1 分。每题的备选项中,有 2～4 个选项符合题意。多选、少选、错选都不得分)

81. 根据中共中央办公厅 国务院办公厅印发《关于进一步加强生物多样性保护的意见》,下列说法正确的是( )

    A. 全面开展执法监督检查

    B. 落实就地保护体系

    C. 推进重要生态系统保护和修复

    D. 完善生物多样性迁地保护体系

    E. 每年发布一次生物多样性综合评估报告

82. 根据《2030年前碳达峰行动方案》,下列关于2030年碳达峰目标的说法中,准确的是( )

    A. 到2025年,非化石能源消费比重达到20%左右

    B. 到2030年,非化石能源消费比重达到25%左右

    C. 到2025年,单位国内生产总值能源消耗比2020年下降13%

    D. 到2025年,单位国内生产总值二氧化碳排放比2020年下降18%

    E. 到2030年,单位国内生产总值二氧化碳排放比2005年下降65%

83. 根据《国务院办公厅关于科学绿化的指导意见》,下列关于科学绿化任务的说法中,正确的是( )

    A. 以宜林荒山荒地荒滩、荒废和受损山体、退化林地草地等为主开展绿化

    B. 水土流失严重地区要优先选用根系发达、固土保水能力强的防护树种草种

    C. 充分保护原生植被、野生动物栖息地

    D. 海岸带要加强沿海防护林体系建设,积极推进城乡绿化美化

    E. 鼓励使用外来物种,提倡使用多样化树种营造混交林

84. 根据《关于严格耕地用途管制有关问题的通知》,下列说法错误的是( )

    A. 在符合生态保护要求的前提下,通过组织实施土地整理复垦开发及高标准农田建设等,经验收能长期稳定利用的新增耕地可用于占补平衡

    B. 国家建立统一的补充耕地监管平台,严格补充耕地监管

    C. 垦造的林地、园地等非耕地可作为补充耕地用于占补平衡

    D. 县域范围内难以落实耕地占补平衡的,省级自然资源主管部门要加大补充耕地指标省域内统筹力度,保障重点建设项目及时落地

    E. 经省级自然资源主管部门同意,方可先占后补以承诺方式落实耕地占补平衡责任

85. 根据《土地管理法》和《土地管理法实施条例》,下列关于集体经营性建设用地的说法中,错误的是( )

    A. 国土空间规划应当统筹并合理安排集体经营性建设用地用途和布局,有序扩大集体经营性建设用地规模

    B. 土地所有权人编制的集体经营性建设用地出让、出租等方案,在出让、出租前不少于十五个工作日报市、县人民政府

    C. 鼓励乡村重点产业和项目使用集体经营性建设用地

    D. 确定为工业、商业等经营性用途,且已登记的集体经营性建设用地,可以通过出让、出租等方式交由单位或者个人使用

E. 集体经营性建设用地出让、出租等,应当经本集体经济组织成员的村民会议四分之三以上成员或者四分之三以上村民代表的同意

86. 根据《森林法》,下列区域的林地和林地上的森林,应当划定为公益林的有(   )

A. 重要江河源头汇水区域

B. 重要江河干流及支流两岸,饮用水水源地保护区

C. 以生产燃料和其他生物质能源为主要目的的森林

D. 已开发的原始林地区

E. 森林和陆生野生动物类型的自然保护区

87. 根据《土壤污染防治法》,下列地块必须开展土壤污染状况调查的有(   )

A. 拟开垦为耕地的未利用地

B. 用途变更前为公共管理与公共服务用地的地块

C. 土壤污染状况普查表明有土壤污染风险的建设土地

D. 用途变更为工业用地的地块

E. 土壤污染重点监管单位生产经营用地使用权转让前的地块

88. 根据《农村土地承包法》,承包方对承包地享有的权利有(   )

A. 互换土地承包经营权

B. 转让土地承包经营权

C. 买卖承包权

D. 流转土地经营权

E. 承包土地被依法征收的,依法获得相应的补偿的权利

89. 根据《草原法》,编制草原保护、建设、利用规划,应当依据国民经济和社会发展规划并遵循下列原则(   )

A. 保护为主、加强建设、分批改良、合理利用

B. 草畜平衡,人工养护为主,自修为辅

C. 生态效益、经济效益、社会效益相结合

D. 改善生态环境,维护生物多样性,促进草原的可持续利用

E. 以现有草原为基础,因地制宜,统筹规划,分类指导

90. 根据《土地调查条例》,下列说法正确的是(   )

A. 前一阶段土地调查成果经检查验收合格后,方可开展下一阶段的调查工作

B. 土地调查成果应当向社会公布,并接受公开查询,但依法应当保密的除外

C. 土地调查成果可作为依照其他法律、行政法规对调查对象实施行政处罚的依据

D. 全国土地调查成果公布后,地方各级人民政府方可同时公布本行政区域内土地调查成果

E. 土地调查成果是编制国民经济和社会发展规划以及从事国土资源规划、管理、保护和利用的重要依据

91. 行政行为的特征包括(　　　)

    A. 裁量性　　　　B. 有偿性　　　　C. 强制性　　　　D. 单方意志性

    E. 效力先定性

92. 下列关于地方性法规的说法中,正确的是(　　　)

    A. 地方性法规不得与法律相抵触

    B. 地方性法规只在本行政区域内有效

    C. 地方性法规的效力高于行政法规

    D. 地方性法规效力高于下级地方政府规章

    E. 地方性法规效力等于本级地方政府规章

93. 根据《国土空间调查、规划、用途管制用地、用海分类指南(试行)》,下列用地属于交通运输用地的有(　　　)。

    A. 铁路用地　　　　　　　　　　B. 公路用地

    C. 城镇道路用地　　　　　　　　D. 乡村道路用地

    E. 城市轨道交通用地

94. 根据《社区生活圈规划技术指南》,下列关于乡级镇层级社区生活圈服务要素配置建议符合终身教育设施配置指标的是(　　　)。

    A. 每 5 万常住人口配建一所 24 班高中

    B. 每 2.5 万常住人口配建一所 20 班初中

    C. 每 2.5 万常住人口配建一所 24 班小学

    D. 每 1 万常住人口配建一所 12 班幼儿园

    E. 每 1 万常住人口配建一所 6 班托儿所

95. 根据《市级国土空间总体规划编制指南(试行)》,城镇开发边界内的功能分区有(　　　)

    A. 城镇集中建设区　　　　　　　B. 城镇弹性发展区

    C. 生态控制区　　　　　　　　　D. 特别用途区

    E. 农田保护区

96. 根据《国土空间规划"一张图"建设指南(试行)》,下列关于国土空间基础信息平台的说法中,正确的有(　　　)

    A. 省级以下平台建设,由省级自然资源主管部门统筹

    B. 省级以下平台建设,由国家自然资源主管部门统筹

    C. 可以采取省内统一建设模式,建立省市县共用的统一平台

    D. 可以采用独立建设模式,省市分别建立本级平台

    E. 可以采用统分结合的建设模式,省市县部分统一建立,部分独立建立本级平台

97. 根据《城区范围确定规程》，下列不应参与城市实体地域范围迭代更新的有（　　）

    A. 确定纳入城区实体地域范围中的湿地、林地、草地、水域及水利设施用地斑块

    B. 铁路用地、轨道交通用地、公路用地、城镇村道路用地、管道运输用地、沟渠等线状特征图斑

    C. 城区初始范围内的空洞

    D. 经过国家、省两级自然资源主管部门参与审定确定的建成或部分建成并运行的用地图斑

    E. 以市级行政区划地名命名的机场、火车站、港口等用地图斑

98. 根据《城乡建设用地竖向规划规范》，下列说法正确的是（　　）

    A. 台阶式用地的台地之间宜采用护坡或挡土墙连接

    B. 相邻台地间高差大于 0.7m 时，宜在挡土墙墙顶或坡比值大于 0.5 的护坡顶设置安全防护设施

    C. 相邻台地间的高差宜为 1.5～3.0m，台地间宜采取护坡连接，砌筑型护坡的坡比值不应大于 0.67

    D. 相邻台地间的高差大于或等于 3.0m 时，宜采取挡土墙结合放坡方式处理，挡土墙高度不宜高于 6m

    E. 人口密度大、工程地质条件差、降雨量多的地区，不宜采用石质护坡

99. 根据《建设项目交通影响评价技术标准》，下列各类建设项目中应在报建阶段进行交通影响评价的有（　　）

    A. 单独报建的医疗类项目

    B. 单独报建的体育场馆类项目

    C. 交通生成量大的交通类建设项目

    D. 混合类的建设项目，其总建筑面积或指标达到项目所含建筑项目分类中任一类的启动阈值

    E. 主管部门认为应当进行交通影响评价的工业类、其他类和其他建设项目

100. 根据《城市综合交通体系规划标准》，下列关于城市中心区城市轨道交通站点衔接换乘的表述中，正确的有（　　）

    A. 宜设置城市公共汽电车首末站

    B. 应设置便利的步行交通系统

    C. 宜设置社会车辆立体停车设施

    D. 宜设置非机动车停车设施

    E. 宜设置出租车和社会车辆落客区

真 题 解 析

一、单项选择题(共 80 题,每题 1 分。每题的备选项中,只有 1 个最符合题意)

1. A

【解析】 根据《中共中央 国务院关于完整准确全面贯彻新发展理念做好碳达峰碳中和工作的意见》,强化国土空间规划和用途管控,严守生态保护红线,严控生态空间占用,稳定现有森林、草原、湿地、海洋、土壤、冻土、岩溶等固碳作用。故选 A。

2. C

【解析】 根据《国家综合立体交通网规划纲要》,京津冀—粤港澳主轴、长三角—成渝主轴属于 6 条主轴主骨架;沪昆走廊属于 7 条走廊主骨架。故选 C。

3. B

【解析】 根据《国家综合立体交通网规划纲要》,中心城区至综合客运枢纽半小时到达,中心城区综合客运枢纽之间公共交通转换时间不超过 1 小时。故选 B。

4. A

【解析】 根据《中共中央 国务院关于全面推进乡村振兴加快农业农村现代化的意见》,到 2025 年农村自来水普及率达到 88%,A 选项错误;有序开展第二轮土地承包到期后再延长 30 年试点,保持农村土地承包关系稳定并长久不变,健全土地经营权流转服务体系,实施农村人居环境整治提升五年行动,对暂时没有编制规划的村庄,严格按照县乡两级国土空间规划中确定的用途管制和建设管理要求进行建设。BCD 选项正确。故选 A。

5. A

【解析】 根据《中共中央 国务院关于建立国土空间规划体系并监督实施的若干意见》,城镇开发边界内的建设实行"详细规划＋规划许可"的管制方式,B 选项错误;城镇开发边界外的建设实行"详细规划＋规划许可"和"约束指标＋分区准入"的管制方式,D 选项错误;对以国家公园为主体的自然保护地、重要海域和海岛、重要水源地、文物等实行特殊保护制度,A 选项正确、C 选项错误。故选 A。

6. B

【解析】 按照《中共中央国务院 关于建立国土空间规划体系并监督实施的若干意见》中高质量发展要求,做好国土空间规划顶层设计,发挥国土空间规划在国家规划体系中的基础性作用,为国家发展规划落地实施提供空间保障。因此 B 选项正确。

7. D

【解析】 根据《中共中央 国务院关于深入打好污染防治攻坚战的意见》,到

2025年,生态环境持续改善,主要污染物排放总量持续下降,单位国内生产总值二氧化碳排放比2020年下降18%,地级及以上城市细颗粒物(PM2.5)浓度下降10%,空气质量优良天数比率达到87.5%,地表水Ⅰ～Ⅲ类水体比例达到85%,近岸海域水质优良(一、二类)比例达到79%左右,重污染天气、城市黑臭水体基本消除,土壤污染风险得到有效管控,固体废物和新污染物治理能力明显增强,生态系统质量和稳定性持续提升,生态环境治理体系更加完善,生态文明建设实现新进步。D选项错误,故选D。

8. B

【解析】 根据《关于在国土空间规划中统筹划定落实三条控制线的指导意见》,为进一步加强国土空间规划管控,提升国土空间治理能力,现就做好生态保护红线、永久基本农田、城镇开发边界三条控制线(以下简称三条控制线)的划定和实施管理,制定实施意见。故选B。

9. D

【解析】 根据《关于建立以国家公园为主体的自然保护地体系的指导意见》中(七)编制自然保护地规划,落实国家发展规划提出的国土空间开发保护要求,依据国土空间规划,编制自然保护地规划,明确自然保护地发展目标、规模和划定区域,将生态功能重要、生态系统脆弱、自然生态保护空缺的区域规划为重要的自然生态空间,纳入自然保护地体系。故选D。

10. C

【解析】 根据《关于推动城乡建设绿色发展的意见》,加强公交优先、绿色出行的城市街区建设,合理布局和建设城市公交专用道、公交场站、车船用加气加注站、电动汽车充换电站,加快发展智能网联汽车、新能源汽车、智慧停车及无障碍基础设施,强化城市轨道交通与其他交通方式衔接。因此A、B选项正确。推进城镇污水管网全覆盖,建立污水处理系统运营管理长效机制。因此C选项错误,D选项正确。故选C。

11. B

【解析】 根据《国务院办公厅关于加强草原保护修复的若干意见》,草原保护主要目标:到2025年,草原保护修复制度体系基本建立,草畜矛盾明显缓解,草原退化趋势得到根本遏制,草原综合植被盖度稳定在57%左右,草原生态状况持续改善。因此A选项正确,B选项错误。到2035年,草原保护修复制度体系更加完善,基本实现草畜平衡,退化草原得到有效治理和修复,草原综合植被盖度稳定在60%左右,草原生态功能和生产功能显著提升,在美丽中国建设中的作用彰显。因此C、D选项正确到21世纪中叶,退化草原得到全面治理和修复,草原生态系统实现良性循环,形成人与自然和谐共生的新格局。故选B。

12. D

【解析】 根据《国务院办公厅关于印发"十四五"文物保护和科技创新规划的通知》,殷墟大遗址文物本体保护研究属于大遗址保护不属于"考古中国"重大项目。故选D。

13. B

【解析】 根据《自然资源部 农业农村部 国家林业和草原局关于严格耕地用途管制有关问题的通知》,(1)建立健全永久基本农田储备区制度。各地要在永久基本农田之外的优质耕地中,划定永久基本农田储备区并上图入库。土地整理复垦开发和新建高标准农田增加的优质耕地应当优先划入永久基本农田储备区。因此 A、C选项正确。(2)建设项目经依法批准占用永久基本农田的,应当从永久基本农田储备区耕地中补划,储备区中难以补足的,在县域范围内其他优质耕地中补划;县域范围内无法补足的,可在市域范围内补划;个别市域范围内仍无法补足的,可在省域范围内补划。因此 B 选项错误。(3)在土地整理复垦开发和高标准农田建设中,开展必要的灌溉及排水设施、田间道路、农田防护林等配套建设涉及少量占用或优化永久基本农田布局的,要在项目区内予以补足;难以补足的,县级自然资源主管部门要在县域范围内同步落实补划任务,因此 D 选项正确。故选 B。

14. A

【解析】 根据《自然资源部 国家文物局关于在国土空间规划编制和实施中加强历史文化遗产保护管理的指导意见》,经文物主管部门核定可能存在历史文化遗存的土地,要实行"先考古、后出让"制度,在依法完成考古调查、勘探、发掘前,原则上不予收储入库或出让。故选 A。

15. B

【解析】 根据《自然资源部关于以"多规合一"为基础推进规划用地"多审合一、多证合一"改革的通知》,将建设用地规划许可证、建设用地批准书合并,自然资源主管部门统一核发新的建设用地规划许可证,不再单独核发建设用地批准书。故选 B。

16. C

【解析】 根据《自然资源部 关于全面开展国土空间规划工作的通知》,简化省级和市县国土空间规划报批流程,取消规划大纲报批环节。故选 C。

17. D

【解析】 根据《自然资源部办公厅关于加强国土空间规划监督管理的通知》,建立规划编制、审批、修改和实施监督全程留痕制度,要在国土空间规划"一张图"实施监督信息系统中设置自动强制留痕功能;尚未建成系统的,必须落实人工留痕制度,确保规划管理行为全过程可回溯、可查询。故选 D。

18. B

【解析】 根据《自然资源部办公厅关于规范和统一市县国土空间规划现状基数的通知》,对已经办理供地手续,但尚未办理土地使用权登记的,按土地出让合同或划拨决定书的范围和用途认定为建设用地。故选 B。

19. C

【解析】 根据《自然资源部办公厅关于加强村庄规划促进乡村振兴的通知》,村庄规划批准之日起 20 个工作日内,规划成果应通过"上墙、上网"等多种方式公开。故选 C。

20．D

【解析】 根据《民法典》第三百七十三条：设立地役权，当事人应当采用书面形式订立地役权合同。A选项错误。第三百七十四条：地役权自地役权合同生效时设立。B选项错误。第三百八十一条：地役权不得单独抵押。土地经营权、建设用地使用权等抵押的，在实现抵押权时，地役权一并转让。C选项错误。第三百七十二条：地役权人有权按照合同约定，利用他人的不动产，以提高自己的不动产的效益。D选项正确。故选D。

21．C

【解析】 根据《土地管理法》第五十四条，建设单位使用国有土地，应当以出让等有偿使用方式取得；但是，下列建设用地，经县级以上人民政府依法批准，可以以划拨方式取得：(一)国家机关用地和军事用地；(二)城市基础设施用地和公益事业用地；(三)国家重点扶持的能源、交通、水利等基础设施用地；(四)法律、行政法规规定的其他用地。故选C。

22．D

【解析】 A选项中应为"百分之八十以上"；B选项应为"永久基本农田划定以乡(镇)为单位进行，乡(镇)人民政府应当将永久基本农田的位置、范围向社会公告，并设立保护标志"；C选项应为"建设单位应当按照省、自治区、直辖市的规定，将所占用耕地耕作层的土壤用于新开垦耕地"。D选项正确，故选D。

23．D

【解析】 根据《乡村振兴促进法》第八条，国家实施以我为主、立足国内、确保产能、适度进口、科技支撑的粮食安全战略，坚持藏粮于地、藏粮于技，采取措施不断提高粮食综合生产能力，建设国家粮食安全产业带，完善粮食加工、流通、储备体系，确保谷物基本自给、口粮绝对安全，保障国家粮食安全。故选D。

24．D

【解析】 根据《文物保护法》第二十二条，不可移动文物已经全部毁坏的，应当实施遗址保护，不得在原址重建。D选项错误，故选D。

25．D

【解析】 根据《土地管理法实施条例》第二十一条：抢险救灾、疫情防控等急需使用土地的，可以先行使用土地。其中，属于临时用地的，用后应当恢复原状并交还原土地使用者使用，不再办理用地审批手续；属于永久性建设用地的，建设单位应当在不晚于应急处置工作结束六个月内申请补办建设用地审批手续。故选D。

26．A

【解析】 根据《环境影响评价法》第十八条，建设项目的环境影响评价，应当避免与规划的环境影响评价相重复。B选项正确。作为一项整体建设项目的规划，按照建设项目进行环境影响评价，不进行规划的环境影响评价。A选项错误。第十六条，国家根据建设项目对环境的影响程度，对建设项目的环境影响评价实行分类管理。C

选项正确。第十七条,环境影响报告表和环境影响登记表的内容和格式,由国务院生态环境主管部门制定。D选项正确。故选A。

27. C

【解析】 根据《噪声污染防治法》第三十二条:国家鼓励开展宁静小区、静音车厢等宁静区域创建活动,共同维护生活环境和谐安宁。A选项正确。第四十一条:在噪声敏感建筑物集中区域施工作业,应当优先使用低噪声施工工艺和设备。B选项正确。第四十二条:在噪声敏感建筑物集中区域施工作业,建设单位应当按照国家规定,设置噪声自动监测系统,与监督管理部门联网,保存原始监测记录,对监测数据的真实性和准确性负责。D选项正确。第三十五条:在噪声敏感建筑物集中区域,禁止新建排放噪声的工业企业,改建、扩建工业企业的,应当采取有效措施防止工业噪声污染。C选项错误,故选C。

28. D

【解析】 根据《土壤污染防治法》第五十八条:国家实行建设用地土壤污染风险管控和修复名录制度。建设用地土壤污染风险管控和修复名录由省级人民政府生态环境主管部门会同自然资源等主管部门制定,按照规定向社会公开,并根据风险管控、修复情况适时更新。D选项错误,故选D。

29. D

【解析】 根据《土壤污染防治法》第十四条:国务院统一领导全国土壤污染状况普查。国务院生态环境主管部门会同国务院农业农村、自然资源、住房城乡建设、林业草原等主管部门,每十年至少组织开展一次全国土壤污染状况普查。故选D。

30. D

【解析】 根据《海洋环境保护法》第五条:国家海洋行政主管部门负责海洋环境的监督管理,组织海洋环境的调查、监测、监视、评价和科学研究,负责全国防治海洋工程建设项目和海洋倾倒废弃物对海洋污染损害的环境保护工作。A选项正确,D选项错误。国家海事行政主管部门负责所辖港区水域内非军事船舶和港区水域外非渔业、非军事船舶污染海洋环境的监督管理,并负责污染事故的调查处理;对在中华人民共和国管辖海域航行、停泊和作业的外国籍船舶造成的污染事故登轮检查处理。船舶污染事故给渔业造成损害的,应当吸收渔业行政主管部门参与调查处理。国家渔业行政主管部门负责渔港水域内非军事船舶和渔港水域外渔业船舶污染海洋环境的监督管理,负责保护渔业水域生态环境工作,并调查处理前款规定的污染事故以外的渔业污染事故。军队环境保护部门负责军事船舶污染海洋环境的监督管理及污染事故的调查处理。B选项正确。沿海县级以上地方人民政府行使海洋环境监督管理权的部门的职责,由省、自治区、直辖市人民政府根据本法及国务院有关规定确定。C选项正确。故选D。

31. B

【解析】 根据《湿地保护法》第十九条:国家严格控制占用湿地。A选项正确。

禁止占用国家重要湿地,国家重大项目、防灾减灾项目、重要水利及保护设施项目、湿地保护项目等除外。B选项错误。建设项目选址、选线应当避让湿地,无法避让的应当尽量减少占用,并采取必要措施减轻对湿地生态功能的不利影响。C选项正确。第二十条:临时占用湿地的期限一般不得超过两年,并不得在临时占用的湿地上修建永久性建筑物。D选项正确。故选B。

32. B

【解析】 根据《湿地保护法》第三十四条:红树林湿地所在地县级以上地方人民政府应当组织编制红树林湿地保护专项规划,采取有效措施保护红树林湿地。红树林湿地应当列入重要湿地名录;符合国家重要湿地标准的,应当优先列入国家重要湿地名录。禁止占用红树林湿地。A选项正确。经省级以上人民政府有关部门评估,确因国家重大项目、防灾减灾等需要占用的,应当依照有关法律规定办理,并做好保护和修复工作。相关建设项目改变红树林所在河口水文情势,对红树林生长产生较大影响的,应当采取有效措施减轻不利影响。C选项正确。禁止在红树林湿地挖塘,禁止采伐、采挖、移植红树林或者过度采摘红树林种子,禁止投放、种植危害红树林生长的物种。B选项错误。因科研、医药或者红树林湿地保护等需要采伐、采挖、移植、采摘的,应当依照有关法律法规办理。D选项正确。故选B。

33. B

【解析】 根据《长江保护法》第五十二条:国家对长江流域生态系统实行自然恢复为主、自然恢复与人工修复相结合的系统治理。A选项错误。国务院自然资源主管部门会同国务院有关部门编制长江流域生态环境修复规划,组织实施重大生态环境修复工程,统筹推进长江流域各项生态环境修复工作。B选项正确。第五十三条:长江流域县级以上地方人民政府应当按照国家有关规定做好长江流域重点水域退捕渔民的补偿、转产和社会保障工作。长江流域其他水域禁捕、限捕管理办法由县级以上地方人民政府制定。C、D选项错误。故选B。

34. B

【解析】 根据《防震减灾法》第三十七条:国家鼓励城市人民政府组织制定地震小区划图。地震小区划图由国务院地震工作主管部门负责审定。B选项正确。第三十八条:建设单位对建设工程的抗震设计、施工的全过程负责。A选项错误。第三十五条:重大建设工程和可能发生严重次生灾害的建设工程,应当按照国务院有关规定进行地震安全性评价。C选项错误。第三十四条:国务院地震工作主管部门和省、自治区、直辖市人民政府负责管理地震工作的部门或者机构,负责审定建设工程的地震安全性评价报告,确定抗震设防要求。D选项错误。故选B。

35. B

【解析】 根据《军事设施保护法》第十一条:陆地和水域的军事禁区、军事管理区的范围,由省、自治区、直辖市人民政府和有关军级以上军事机关共同划定,或者由省、自治区、直辖市人民政府,国务院有关部门和有关军级以上军事机关共同划定。

空中军事禁区和特别重要的陆地、水域军事禁区的范围,由国务院和中央军事委员会划定。A 选项正确,B 选项错误。第十条:军事禁区、军事管理区由国务院和中央军事委员会确定,或者由有关军事机关根据国务院和中央军事委员会的规定确定。C选项正确。第十八条:在陆地军事禁区内,禁止建造、设置非军事设施,禁止开发利用地下空间。但是,经战区级以上军事机关批准的除外。D 选项正确。故选 B。

36. C

【解析】 根据《森林法》第三十二条:国家实行天然林全面保护制度,严格限制天然林采伐,加强天然林管护能力建设,保护和修复天然林资源,逐步提高天然林生态功能。具体办法由国务院规定。B 选项正确。第三十九条:禁止擅自移动或者损坏森林保护标志。A 选项正确。第十三条:国家支持生态脆弱地区森林资源的保护修复。D 选项正确。第三十六条:占用林地的单位应当缴纳森林植被恢复费。C 选项错误,故选 C。

37. A

【解析】 根据《行政诉讼法》第六十三条:人民法院审理行政案件,以法律和行政法规、地方性法规为依据。地方性法规适用于本行政区域内发生的行政案件。故选 A。

38. A

【解析】 根据《立法法》第九十一条:部门规章之间、部门规章与地方政府规章之间具有同等效力,在各自的权限范围内施行。故选 A。

39. B

【解析】 根据《行政许可法》第八条:公民、法人或者其他组织依法取得的行政许可受法律保护,行政机关不得擅自改变已经生效的行政许可。故选 B。

40. A

【解析】 根据《行政处罚法》第六十四条,听证应当依照以下程序组织:(一)当事人要求听证的,应当在行政机关告知后五日内提出。A 选项错误。(二)行政机关应当在举行听证的七日前,通知当事人及有关人员听证的时间、地点。B 选项正确。(三)除涉及国家秘密、商业秘密或者个人隐私依法予以保密外,听证公开举行。(四)听证由行政机关指定的非本案调查人员主持,当事人认为主持人与本案有直接利害关系的,有权申请回避。(五)当事人可以亲自参加听证,也可以委托一至二人代理。(六)当事人及其代理人无正当理由拒不出席听证或者未经许可中途退出听证的,视为放弃听证权利,行政机关终止听证。C 选项正确。(七)举行听证时,调查人员提出当事人违法的事实、证据和行政处罚建议,当事人进行申辩和质证。D 选项正确。(八)听证应当制作笔录。笔录应当交当事人或者其代理人核对无误后签字或者盖章。当事人或者其代理人拒绝签字或者盖章的,由听证主持人在笔录中注明。故选 A。

41. C

【解析】 根据《土地管理法实施条例》第三十四条:农村村民申请宅基地的,应当以户为单位向农村集体经济组织提出申请;没有设立农村集体经济组织的,应当向所在的村民小组或者村民委员会提出申请。C 选项错误。宅基地申请依法经农村村民集体讨论通过并在本集体范围内公示后,报乡(镇)人民政府审核批准。A 选项正确。涉及占用农用地的,应当依法办理农用地转用审批手续。B 选项正确。第三十五条:国家允许进城落户的农村村民依法自愿有偿退出宅基地。D 选项正确。故选 C。

42. B

【解析】 根据《地图管理条例》第十七条:国务院测绘地理信息行政主管部门负责下列地图的审核:(一)全国地图以及主要表现地为两个以上省、自治区、直辖市行政区域的地图;(二)香港特别行政区地图、澳门特别行政区地图以及台湾地区地图;(三)世界地图以及主要表现地为国外的地图;(四)历史地图。A 选项正确。B 选项错误。第十八条:省、自治区、直辖市人民政府测绘地理信息行政主管部门负责审核主要表现地在本行政区域范围内的地图。其中,主要表现地在设区的市行政区域范围内不涉及国界线的地图,由设区的市级人民政府测绘地理信息行政主管部门负责审核。C、D 选项正确。故选 B。

43. B

【解析】 根据《历史文化名城名镇名村保护条例》第七条:申报历史文化名城的,在所申报的历史文化名城保护范围内还应当有 2 个以上的历史文化街区。故选 B。

44. D

【解析】 根据《建设项目环境保护管理条例》第八条:环境保护行政主管部门审批环境影响报告书、环境影响报告表,应当重点审查建设项目的环境可行性、环境影响分析预测评估的可靠性、环境保护措施的有效性、环境影响评价结论的科学性等,并分别自收到环境影响报告书之日起 60 日内、收到环境影响报告表之日起 30 日内,作出审批决定并书面通知建设单位。D 选项正确;A 选项应为"建设单位";B 选项应为"承担相应费用";C 选项应为"不得收取任何费用"。故选 D。

45. B

【解析】 根据《地下水管理条例》第三十一条:国务院水行政主管部门应当会同国务院自然资源主管部门根据地下水状况调查评价成果,组织划定全国地下水超采区,并依法向社会公布。故选 B。

46. C

【解析】 根据《自然资源听证规定》第十二条:有下列情形之一的,主管部门应当组织听证:(一)拟定或者修改基准地价;(二)编制或者修改国土空间规划和矿产资源规划;(三)拟定或者修改区片综合地价。有下列情形之一的,直接涉及公民、法人或者其他组织的重大利益的,主管部门根据需要组织听证:(一)制定规章和规范性文件;(二)主管部门规定的其他情形。故选 C。

47. A

【解析】 国家机关授权下级国家机关指定属于自己职能范围内的法律法规时,该项法律法规在效力上等同于授权机关自己制定的法律、法规。故选 A。

48. A

【解析】 行政主体是指在行政法律关系中享有行政权,能以自己的名义实施行政决定,并能独立承担实施行政决定所产生相应法律后果的一方主体。行政主体是行政法主体的一部分,行政主体必定是行政法主体,但行政法主体未必就是行政主体。行政主体必须是依法成立的组织,该组织是由有权机关依法批准成立,包括行政组织和其他社会组织;具有法定的机构编制、职权与职责,同时必须在法律上拥有独立的行政职权与职责。行政主体能以自己的名义对外实施行政行为,能依法独立承担法律后果,包括法律规定的有利的后果和不利的后果。A 选项错误,故选 A。

49. A

【解析】 合理性原则的产生是基于行政自由裁量权的存在。A 选项错误,故选 A。

50. B

【解析】 对行政相对方的权利和义务不产生直接影响的,如行政规划、行政指导、行政咨询、行政建议、行政政策等,这类行政则要求行政机关在法定的权限内积极作为,"法无明文禁止,即可作为"称为积极行政或称为"服务行政"。B 选项中的"行政处罚"会对相对人产生直接影响,不属于积极行政。故选 B。

51. D

【解析】 以行政权作用的方式和实施行政行为所形成的法律关系为标准划分为行政立法、行政执法与行政司法。行政司法,是指行政机关作为第三者,按照准司法程序审理特定的行政争议或民事争议案件所作出的裁决行为;它所形成的法律关系是以行政机关为一方,以发生争议的双方当事各人为一方的三方法律关系,具体包括行政裁决、行政复议等。故选 D。

52. C

【解析】 程序正当原则:行政机关实施行政管理,除涉及国家秘密和依法受到保护的商业秘密、个人隐私外,应当公开;注意听取公民、法人及其组织意见;要严格遵循法定程序,依法保障行政相对人、利害关系人的知情权、参与权和救济权。行政机关工作人员履行行政职责,与行政相对人存在利害关系时,应当回避。故选 C。

53. A

【解析】 行政救济的内容包括:行政复议程序、行政赔偿程序和行政监督检查程序。故选 A。

54. B

【解析】 GB/T 39972—2021《国土空间规划"一张图"实施监督信息系统技术规范》为四个层次与两大体系的总体框架,四个层次由下至上依次为设施层、数据层、支撑层、应用层。两大体系是标准规范体系和安全运维体系。故选 B。

55. C

【解析】 根据《国土空间调查、规划、用途管制用地用海分类指南(试行)》,农业设施建设用地包括乡村道路用地、种植设施建设用地、畜禽养殖设施建设用地和水产养殖设施建设用地。故选 C。

56. D

【解析】 根据《国土空间调查、规划、用途管制用地用海分类指南（试行）》，田间道属于其他土地。故选 D。

57. B

【解析】 根据《省级国土空间规划编制指南（试行）》，海水养殖用海区面积属于预期性指标。故选 B。

58. C

【解析】 根据《市级国土空间总体规划编制指南（试行）》，矿产能源发展区属于一级分区。A、D 选项属于城镇发展区的二级分区；B 选项属于乡村发展区的二级分区。故选 C。

59. B

【解析】 根据《市级国土空间总体规划制图规范（试行）》，中心城区综合防灾减灾规划图必选要素包括：消防站、应急避难场所、防灾指挥中心、主要疏散通道、洪涝风险控制线、灾害风险分区。故选 B。

60. C

【解析】 根据 GB/T 50546—2018《城市轨道交通线网规划标准》9.3.1 条：位于城市道路红线内的车站，车站主体宜布置在城市道路红线内，车站附属设施宜布置在城市道路红线外两侧毗邻地块内。每侧的车站附属设施建设控制区指标宜符合表 9.3.1 的规定。

表 9.3.1

车 站 类 型	长度/m	宽度/m
地下车站	200～300	15～20
高架车站、地面车站	150～200	15～25

故选 C。

61. A

【解析】 根据 GB/T 50357—2018《历史文化名城保护规划标准》3.2.4 条：历史文化名城保护规划应当划定历史建筑的保护范围界线。历史文化街区内历史建筑的保护范围应为历史建筑本身，历史文化街区外历史建筑的保护范围应包括历史建筑本身和必要的建设控制地带。故选 A。

62. B

【解析】 根据 CJJ 83—2018《城乡建设用地竖向规划规范》8.0.9 条：在地形复杂的地区，应避免大挖高填；岩质建筑边坡宜低于 30m，土质建筑边坡宜低于 15m。超过 15m 的土质边坡应分级放坡，不同级之间边坡平台宽度不应小于 2m。建筑边坡的防护工程设置应符合国家现行有关标准的规定。B 选项符合题意。

63. D

【解析】 根据 GB/T 51328—2018《城市综合交通体系规划标准》5.2.1 条：规划人口规模达到 1000 万及以上时，应构建快线、干线等多层次大运量城市轨道交通网络。故选 D。

64. D

【解析】 根据《国土空间规划城市体检评估规程》，ABC 选项均为基本指标，人均公园绿地面积为基本指标，公园绿地覆盖率不是，故选 D。

65. A

【解析】 根据 GB/T 51328—2018《城市综合交通体系规划标准》13.3.5 条，机动车公共停车场规划应符合：规划总规模宜按照人均 $0.5\sim1.0\,m^2$ 计算，规划人口规模 100 万以上的城市宜取低值；在符合公共停车场设置条件的城市绿地与广场、公共交通场站、城市道路等用地内可采用立体复合的方式设置公共停车场；规划人口规模 100 万及以上的城市公共停车场宜以立体停车楼（库）为主，并应充分利用地下空间；单个公共停车场规模不宜大于 500 个车位。故选 A。

66. C

【解析】 根据 GB/T 51149—2016《城市停车规划规范》5.2.6 条：建筑物配建停车场需设置机械停车设备的，居住类建筑其机械停车位数量不得超过停车位总数的 90%。A 选项错误。5.2.8 条：城市公共停车场分布应在停车需求预测的基础上，以城市不同停车分区的停车位供需关系为依据，按照区域差别化策略原则确定停车场的分布和服务半径。B 选项错误。5.2.7 条：停车供需矛盾突出地区的新建、扩建、改建的建筑物在满足建筑物配建停车位指标要求下，可增加独立占地的或者由附属建筑物的不独立占地的面向公众服务的城市公共停车场。C 选项正确。5.2.9 条：城市公共停车场宜布置在客流集中的商业区、办公区、医院、体育场馆、旅游风景区及停车供需矛盾突出的居住区，其服务半径不应大于 300m。D 选项错误。故选 C。

67. A

【解析】 根据 GB 50925—2013《城市对外交通规划规范》6.2.1 条：高速公路城市出入口，应根据城市规模、布局、公路网规划和环境条件等因素确定，宜设置在建成区边缘；特大城市可在建成区内设置高速公路出入口，其平均间距宜为 $5\sim10km$，最小间距不应小于 4km。故选 A。

68. A

【解析】 根据 GB 50413—2007《城市抗震防灾规划标准》8.2.7 条：避震疏散场所应设防火设施、防火器材、消防通道、安全通道。故选 A。

69. A

【解析】 根据 GB 51079—2016《城市防洪规划规范》6.0.1 条：堤防布置应利用地形形成封闭式的防洪保护区，并应为城市空间发展留有余地。故选 A。

70. B

【解析】 根据 GB 50513—2009《城市水系规划规范》4.4.6 条：应统筹考虑流域、河流水体功能、水环境容量、水深条件、排水口布局、竖向等因素,在滨水绿化控制区内设置湿塘、湿地、植被缓冲带、生物滞留设施、调蓄设施等低影响开发设施。故选 B。

71. A

【解析】 根据 GB/T 50853—2013《城市通信工程规划规范》5.2.2 条:城市收信区、发信区宜划分在城市郊区的两个不同方向的地方,同时在居民集中区、收信区与发信区之间应规划出缓冲区。A 选项错误,B 选项正确。5.2.1 条:收信区和发信区的调整应符合下列要求:(1)城市总体规划和发展方向;(2)既设无线电台站的状况和发展规划;(3)相关无线电台站的环境技术要求和相关地形、地质条件;(4)人防通信建设规划;(5)无线通信主向避开市区。C、D 选项正确。故选 A。

72. A

【解析】 根据 CJJ/T 307—2019《城市照明建设规划标准》4.0.2 条,城市照明总体设计应依据表 4.0.2 进行城市照明分区,并宜保持城市原有自然要素边界、城市功能单元等的完整性。

表 4.0.2 城市照明分区

分 类	特 征 属 性	照 明 控 制 原 则
Ⅰ类城市照明区(暗夜保护区)	生态保护区	对人工照明有严格限制要求,应保持城市暗天空
Ⅱ类城市照明区(限制建设区)	景观价值相对较低,以居住、交通、医疗、教育等功能为主的城市空间	保障功能照明,应对景观照明有严格限制要求
Ⅲ类城市照明区(适度建设区)	具备一定景观价值,以办公、休闲等功能为主的城市空间	在保障功能照明的基础上,应根据夜景要素特点,适度建设景观照明
Ⅳ类城市照明区(优先建设区)	具备较高景观价值或有大量公众活动需求,以商业、娱乐、文体等功能为主的城市空间	在保障功能照明的基础上,宜优先安排景观照明建设

故选 A。

73. B

【解析】 根据 GB 51080—2015《城市消防规划规范》4.1.5 条,陆上消防站选址应符合下列规定:(1)消防站应设置在便于消防车辆迅速出动的主、次干路的临街地段;(2)消防站执勤车辆的主出入口与医院、学校、幼儿园、托儿所、影剧院、商场、体育场馆、展览馆等人员密集场所的主要疏散出口的距离不应小于 50m;(3)消防站辖区内有易燃易爆危险品场所或设施的,消防站应设置在危险品场所或设施的常年主导风向的上风或侧风处,其用地边界距危险品部位不应小于 200m。故选 B。

74. B

【解析】 根据 GB/T 51098—2015《城镇燃气规划规范》6.2.5 条,城镇高压燃气管道布线,应符合下列规定:(1)高压燃气管道不应通过军事设施、易燃易爆仓库、历史文物保护区、飞机场、火车站、港口码头等地区。当受条件限制,确需在本款所列区域内通过时,应采取有效的安全防护措施。(2)高压管道走廊应避开居民区和商业密集区。A选项错误。(3)多级高压燃气管网系统间应均衡布置联通管线,并设调压设施。B选项正确。(4)大型集中负荷应采用较高压力燃气管道直接供给。C选项错误。6.2.7条,城镇低压燃气管道不应在市政道路上敷设。D选项错误。故选B。

75. B

【解析】 根据 GB/T 50293—2014《城市电力规划规范》2.0.12条:高压线走廊是指35kV及以上高压架空电力线路两边导线向外侧延伸一定安全距离所形成的两条平行线之间的通道,也称高压架空线路走廊。A选项错误。2.0.10条:环网单元是用于10kV电缆线路分段、联络及分接负荷的配电设施,也称环网柜或开闭器。C选项错误。2.0.8条:配电室主要为低压用户配送电能,设有中压配电进出线(可有少量出线)、配电变压器和低压配电装置,带有低压负荷的户内配电场所。D选项错误。2.0.11条:箱式变电站由中压开关、配电变压器、低压出线开关、无功补偿装置和计量装置等设备共同安装于一个封闭箱体内的户外配电装置。B选项正确,故选B。

76. A

【解析】 根据《社区生活圈规划技术指南》,社区生活圈服务要素按配置要求可分为基础保障型、品质提升型、特色引导型。故选A。

77. C

【解析】 根据 GB/T 50445—2019《村庄整治技术标准》3.5.5条:避灾场所内的应急功能区与周围易燃建筑等一般火灾危险源之间应设置不少于30m的防火安全带,距易燃易爆工厂、仓库、供气厂、储气站等重大火灾或爆炸危险源的距离不应小于1000m。故选C。

78. A

【解析】 根据《市级国土空间总体规划编制指南(试行)》,卫生、养老、教育、文化、体育等社区公共服务设施步行15分钟覆盖率:卫生、养老、教育、文化、体育等各类社区公共服务设施周边15分钟步行范围覆盖的居住用地占所有居住用地的比例(分项计算)。故选A。

79. D

【解析】 根据 GB 50437—2007《城镇老年人设施规划规范》3.2.6条:服务人口为0.5万～1.2万人时,老年人日间照料中心配建要求和指标应符合表3.2.6的规定

表3.2.6 老年人日间照料中心配建要求和指标

项目名称	配建要求	建筑面积/(m²/处)
老年人日间照料中心	(1)宜与社区服务设施统筹建设; (2)服务半径不宜大于300m	350～750

故选D。

80. D

【解析】 根据 GB/T 51346—2019《城市绿地规划标准》4.2.3条:城镇开发边界

内规划人均区域绿地的面积不应小于 20m²/人。故选 D。

二、多项选择题（共 20 题，每题 1 分。每题的备选项中，有 2～4 个选项符合题意。

多选、少选、错选都不得分）

81. ABCD

【解析】 根据中共中央办公厅　国务院办公厅印发《关于进一步加强生物多样性保护的意见》，A、B、C、D 选项正确。结合全国生态状况调查评估，每 5 年发布一次生物多样性综合评估报告，E 选项错误。故选 ABCD。

82. ABD

【解析】 根据《2030 年前碳达峰行动方案》，到 2025 年，非化石能源消费比重达到 20% 左右，单位国内生产总值能源消耗比 2020 年下降 13.5%，单位国内生产总值二氧化碳排放比 2020 年下降 18%，为实现碳达峰奠定坚实基础；到 2030 年，非化石能源消费比重达到 25% 左右，单位国内生产总值二氧化碳排放比 2005 年下降 65% 以上，顺利实现 2030 年前碳达峰目标。故选 ABD。

83. ABCD

【解析】 根据《国务院办公厅关于科学绿化的指导意见》：（六）科学选择绿化树种草种。积极采用乡土树种草种进行绿化，审慎使用外来树种草种。各地要制定乡土树种草种名录，提倡使用多样化树种营造混交林。E 选项错误，A、B、C、D 选项均为文件原文。故选 ABCD。

84. CE

【解析】 根据《关于严格耕地用途管制有关问题的通知》：4. 垦造的林地、园地等非耕地不得作为补充耕地用于占补平衡。城乡建设用地增减挂钩实施中，必须做到复垦补充耕地与建新占用耕地数量相等、质量相当。C 选项错误。3. 除少数特殊紧急的国家重点项目并经自然资源部同意外，一律不得以先占后补承诺方式落实耕地占补平衡责任。经同意以承诺方式落实耕地占补平衡的，必须按期兑现承诺。到期未兑现承诺的，直接从补充耕地储备库中扣减。E 选项错误。故选 CE。

85. ABE

【解析】 根据《土地管理法实施条例》第三十七条：国土空间规划应当统筹并合理安排集体经营性建设用地布局和用途，依法控制集体经营性建设用地规模，促进集体经营性建设用地的节约集约利用，鼓励乡村重点产业和项目使用集体经营性建设用地。A 选项错误、C 选项正确。第四十条：土地所有权人应当依据规划条件、产业准入和生态环境保护要求等，编制集体经营性建设用地出让、出租等方案，并依照《土地管理法》第六十三条的规定，由本集体经济组织形成书面意见，在出让、出租前不少于十个工作日报市、县人民政府。B 选项错误。《土地管理法》六十三条第二款：前款规定的集体经营性建设用地出让、出租等，应当经本集体经济组织成员的村民会议三分之二以上成员或者三分之二以上村民代表的同意。E 选项错误。《土地管理法》第三十八条：国土空间规划确定为工业、商业等经营性用途，且已依法办理土地所有权登记的集体经营性建设用地，土地所有权人可以通过出让、出租等方式交由单位或者个人在一定年限内有偿使用。D选项正确。故选ABE。

86. ABE

【解析】 根据《森林法》第五十条，国家鼓励发展下列商品林：（三）以生产燃料和其他生物质能源为主要目的的森林；第四十八条：公益林由国务院和省、自治区、直辖市人民政府划定并公布。下列区域的林地和林地上的森林，应当划定为公益林：（一）重要江河源头汇水区域；（二）重要江河干流及支流两岸、饮用水水源地保护区；（三）重要湿地和重要水库周围；（四）森林和陆生野生动物类型的自然保护区；（五）荒漠化和水土流失严重地区的防风固沙林基干林带；（六）沿海防护林基干林带；（七）未开发利用的原始林地区；（八）需要划定的其他区域。故选ABE。

87. ACE

【解析】 根据《土壤污染防治法》第五十一条：未利用地、复垦土地等拟开垦为耕地的，地方人民政府农业农村主管部门应当会同生态环境、自然资源主管部门进行土壤污染状况调查，依法进行分类管理。A选项正确。第五十九条：对土壤污染状况普查、详查和监测、现场检查表明有土壤污染风险的建设用地地块，地方人民政府生态环境主管部门应当要求土地使用权人按照规定进行土壤污染状况调查。用途变更为住宅、公共管理与公共服务用地的，变更前应当按照规定进行土壤污染状况调查。B选项错误，C选项正确，D选项错误。第六十七条：土壤污染重点监管单位生产经营用地的用途变更或者在其土地使用权收回、转让前，应当由土地使用权人按照规定进行土壤污染状况调查。E选项正确。故选ACE。

88. ABDE

【解析】 根据《农村土地承包法》第十七条，承包方享有下列权利：（一）依法享有承包地使用、收益的权利，有权自主组织生产经营和处置产品；（二）依法互换、转让土地承包经营权；（三）依法流转土地经营权；（四）承包地被依法征收、征用、占用的，有权依法获得相应的补偿；（五）法律、行政法规规定的其他权利。故选ABDE。

89. ACDE

【解析】 根据《草原法》第十八条，编制草原保护、建设、利用规划，应当依据国民经济和社会发展规划并遵循下列原则：（一）改善生态环境，维护生物多样性，促进草原的可持续利用；（二）以现有草原为基础，因地制宜，统筹规划，分类指导；（三）保护为主、加强建设、分批改良、合理利用；（四）生态效益、经济效益、社会效益相结合。故选ACDE。

90. ABE

【解析】 根据《土地调查条例》第二十三条：土地调查成果实行分阶段、分级检查验收制度。前一阶段土地调查成果经检查验收合格后，方可开展下一阶段的调查工作。A选项正确。第二十四条：国家建立土地调查成果公布制度，土地调查成果应当向社会公布,并接受公开查询,但依法应当保密的除外。B选项正确。第二十八条:土地调查成果应当严格管理和规范使用,不作为依照其他法律、行政法规对调查对象实施行政处罚的依据,不作为划分部门职责分工和管理范围的依据。C选项错误。第二十五条:全国土地调查成果,报国务院批准后公布。地方土地调查成果,经本级人民政府审核,报上一级人民政府批准后公布。全国土地调查成果公布后,县级以上地方人民政府方可逐级依次公布本行政区域的土地调查成果。D选项错误。第二十七条:土地调查成果是编制国民经济和社会发展规划以及从事国土资源规划、管理、保护和利用的重要依据。E选项正确。故选ABE。

91. ACDE

【解析】 行政行为的特征包括:从属法律性、裁量性、单方意志性、效力先定性、强制性、无偿性。故选ACDE。

92. ABD

【解析】 地方性法规的效力低于行政法规,C选项错误;地方性法规效力高于本级地方政府规章,E选项错误。故选ABD。

93. ABCE

【解析】 根据《国土空间调查、规划、用途管制用地、用海分类指南(试行)》,交通运输用地包括:铁路用地、公路用地、机场用地、港口码头用地、管道运输用地、城市轨道交通用地、城镇道路用地、交通场站用地、其他交通设施用地。乡村道路用地属于农业设施建设用地。故选ABCE。

94. AB

【解析】 根据《社区生活圈规划技术指南》,乡级镇层级每2.5万常住人口配建一所28班小学;乡级镇层级每1万常住人口配建一所15班幼儿园;乡级镇层级社区生活圈服务终身教育要素并未对托儿所有规定。C、D、E选项错误,故选AB。

95. ABD

【解析】 根据《市级国土空间总体规划编制指南(试行)》,城镇开发边界内的功能分区有城镇集中建设区、城镇弹性发展区、特别用途区。故选ABD。

96. ACE

【解析】 根据《国土空间规划"一张图"建设指南(试行)》,省级以下平台建设由省级自然资源主管部门统筹。可采取省内统一建设模式,建立省市县共用的统一平台;也可以采用独立建设模式,省市县分别建立本级平台;或采用统分结合的建设模式,省市县部分统一建立、部分独立建立本级平台。故选ACE。

97. BCDE

【解析】 根据TD/T 1064—2021《城区范围确定规程》不应参与迭代的有:(1)通过5.3.2条至5.3.3条纳入城区实体地域范围中的湿地、林地、草地、水域及水利设施用地图斑;(2)铁路用地、轨道交通用地、公路用地、城镇村道路用地、管道运输用地、沟渠等线状特征图斑;(3)城区初始范围内部的空洞。特殊情况经判断不参与迭代:

(1)与国家或城市未来发展战略对应的各类国家级或省级开发区、工业园区：经过国家、省两级自然资源主管部门参与审定确定的建成或部分建成并运行的，其建成运行部分纳入城区实体地域范围；(2)重要交通基础设施：直接与城市交通干线连通，已建成且承担旅客、物流运输等城市经济发展功能的交通枢纽，如以市级行政区划地名命名的机场、火车站、港口等，纳入城区实体地域范围；(3)承担城市必要功能且不可被城区实体地域范围具备同类功能的区域替代的相邻镇区，可结合城市体检评估佐证，局部或整体纳入城区实体地域范围，原则上不超过两处。故选 BCDE。

98. ABD

【解析】 根据 CJJ 83—2016《城乡建设用地竖向规划规范》8.0.4 条：台阶式用地的台地之间宜采用护坡或挡土墙连接。A 选项正确。相邻台地间高差大于 0.7m 时，宜在挡土墙墙顶或坡比值大于 0.5 的护坡顶设置安全防护设施。B 选项正确。8.0.5 条：相邻台地间的高差宜为 1.5～3.0m，台地间宜采取护坡连接，土质护坡的坡比值不应大于 0.67，砌筑型护坡的坡比值宜为 0.67～1.0。C 选项错误。相邻台地间的高差大于或等于 3.0m 时，宜采取挡土墙结合放坡方式处理，挡土墙高度不宜高于 6m。D 选项正确。人口密度大、工程地质条件差、降雨量多的地区，不宜采用土质护坡。E 选项错误。故选 ABD。

99. CDE

【解析】 根据 CJJT 141—2010《建设项目交通影响评价技术标准》，符合下列条件之一的建设项目，应在报建阶段进行交通影响评价：(1)单独报建的学校类建设项目；(2)交通生成量大的交通类建设项目；(3)混合类的建设项目，其总建筑面积或指标达到项目所含建设项目分类中任一类的启动阈值；(4)主管部门认为应当进行交通影响评价的工业类、其他类和其他建设项目。故选 CDE。

100. ABDE

【解析】 根据 GB/T 51328—2018《城市综合交通体系规划标准》中表 9.3.6，A、B、D、E 选项符合题意。

表 9.3.6　城市轨道交通站点衔接换乘设施配置

站点类型		外围末端型	中　心　型	一　般　型
换乘设施类型	非机动车停车场	▲	△	▲
	公交停靠站	▲	▲	▲
	公交车首末站	▲	△	△
	出租车上落客点	▲	△	△
	出租车蓄车区	△	—	—
	社会车辆上落客点	▲	△	△
	社会车辆停车场	△	—	—

注：▲表示应配备的设施，△表示宜配备的设施。

2023 年度全国注册城乡规划师职业资格考试模拟题与解析

城乡规划管理与法规

在线答题

模 拟 题

一、**单项选择题**(共 80 题,每题 1 分。每题的备选项中,只有 1 个最符合题意)

1. 法是统治阶级意志的反映,这意志反映的内容由统治阶级的( )决定。
   - A. 精神思维
   - B. 物质条件
   - C. 社会文明
   - D. 执政能力

2. 规范是一种约束,规范总的分为两大类,分别是( )
   - A. 社会规范、技术规范
   - B. 道德规范、社会规范
   - C. 法律规范、技术标准
   - D. 道德规范、操作规范

3. 法律规范是由各类要素组成的,不属于组成要素的是( )
   - A. 假定
   - B. 处理
   - C. 执行
   - D. 制裁

4. 下列关于法律等级效力的说法中,错误的是( )
   - A. 一般来说,制定机关的地位越高,法律规范的效力等级就也越高
   - B. 同一制定机关的更严格的程序制定的法律等级效力高于普通程序制定的
   - C. 同一主体制定,后来的法律效力等级高于先前制定的法律
   - D. 国家机关授权下级国家机关制定属于自己职能范围内的法律、法规时,该法律、法规在效力上等同于被授权机关制定的法律、法规

5. 行政法律关系的主体由行政主体和行政向对方的当事人构成,主体双方通常处于领导和被领导的、命令和服从的不对等地位,由此出发,以下说法中哪个是正确的?( )
   - A. 行政法律关系产生、变更和消灭是双方当事人一致意见的表示
   - B. 行政主体只履行职权不履行职责,行政相对方只能听从
   - C. 主体双方的权利、义务应由双方相互约定,或者自由选择
   - D. 行政主体对违反义务的一方可以运用国家强制力实施制裁或者强制执行

6. 生态敏感区属于强制性内容,下列不属于生态敏感区的是( )
   - A. 湿地
   - B. 水源保护区
   - C. 自然保护区
   - D. 风景名胜区

7. 省域城镇体系规划指导城市总体规划的编制,体现了( )
   - A. 先规划后规划的原则
   - B. 下位规划服从上位规划的原则
   - C. 规划全覆盖的原则
   - D. 城乡统筹的原则

8. 下列关于工业园区开发建设的说法中,符合法律法规的是( )
   - A. 工业园区应当设置在城市总体规划确定的建设用地范围以外
   - B. 在城市规划区内,国家级工业园区的选址不受条件限制

C. 工业园区享受特殊政府补贴,但不得享受独立规划管理权

D. 国家级工业园区的规划管理权属于其管理委员会

9. 行政复议申请的期限应当自(　　　)之日起 60 日内申请。

    A. 知道该具体行政行为　　　　　　B. 该具体行政行为完成

    C. 该具体行政行为实施　　　　　　D. 该行政行为批准

10. 按照《城乡规划法》,房地产开发必须按照(　　　)的土地用途进行开发。

    A. 土地利用规划　　　　　　　　　B. 城市规划

    C. 规划条件　　　　　　　　　　　D. 分区规划

11. 建设单位应当在竣工验收后(　　　)个月内向城乡规划主管部门报送有关竣工验收的资料。

    A. 2　　　　　　B. 4　　　　　　C. 6　　　　　　D. 8

12. 省人民政府确定的镇人民政府可以颁发(　　　)

    A. 建设用地规划许可证　　　　　　B. 建设工程规划许可证

    C. 乡村建设规划许可证　　　　　　D. 选址意见书

13. 编制城市抗震规划应贯彻的方针是(　　　)

    A. 预防为主、因地制宜,突出重点　　B. 预防为主,安全第一,生命第一

    C. 预防为主,防、抗、避、救相结合　　D. 预防为主,结合实际,安全第一

14. 下列关于避震疏散场地的说法中,错误的是(　　　)

    A. 固定避震疏散场所人均有效避难面积不小于 $2.0m^2$

    B. 紧急避震疏散场所人均有效避难面积不小于 $1.0m^2$

    C. 紧急避震疏散场所服务半径宜为 300m

    D. 紧急避震疏散场地的用地面积不宜小于 $0.1hm^2$

15. 下列关于城市紫线的说法中,不正确的是(　　　)

    A. 城市紫线在编制城市总体规划时划定

    B. 城市紫线范围内的各类建设,实行备案制度

    C. 在城市紫线范围内需建设各类项目,需核发选址意见书

    D. 历史建筑的保护范围应当包括历史建筑本身和必要的风貌协调区

16. 依据 GB 50201—2014《防洪标准》,大型Ⅱ级防护等级工矿企业防洪标准重现期为(　　　)年。

    A. 20～10　　　B. 50～20　　　C. 100～50　　　D. 200～100

17. 下列关于城市总体规划的组织编制主体的叙述中,哪一项是不正确的?(　　　)

    A. 直辖市的城市总体规划由市人民政府负责组织编制

    B. 设市政府的城市总体规划由市人民政府负责组织编制

    C. 镇的城市总体规划由镇人民政府负责组织编制

    D. 需要编制镇总体规划纲要的,由市人民政府负责组织编制

18. 下列不属于"公共产品"的是(　　)
    A. 道路基础设施建设　　　　　　B. 外交事务权
    C. 城市规划　　　　　　　　　　D. 商品房开发

19. 下列关于城市规划管理方面的基本术语,哪一项是错误的?(　　)
    A. 道路红线——规划的城市道路路幅的边界线
    B. 建筑红线——城市道路两侧控制沿街建筑物或者构筑物(如外墙、台阶等)靠近临街面的界线
    C. 建筑间距——两栋建筑物或构筑物外墙之间的水平距离
    D. 容积率——一定地块内所有建筑物的基地总面积与占用面积的比值

20. 根据城乡建设用地选择及用地布局应充分考虑竖向规划的要求,下列说法不正确的是(　　)
    A. 城镇中心区用地应选择地质、排水防涝及防洪条件较好且相对平坦和完整的用地,其自然坡度宜小于20%,规划坡度宜小于15%
    B. 居住用地宜选择向阳、通风条件好的用地,其自然坡度宜小于25%,规划坡度宜小于25%
    C. 工业、物流用地宜选择便于交通组织和生产工艺流程组织的用地,其自然坡度宜小于15%,规划坡度宜小于10%
    D. 超过6m的高填方区宜优先用作绿地、广场、运动场等开敞空间

21. 对违法建设处以吊销建设工程规划许可证的处罚,应属于下列哪一种行政处罚(　　)
    A. 申诫罚　　　　B. 能力罚　　　　C. 处分罚　　　　D. 财产罚

22. 城乡规划行政主管部门依法对下列违法建设进行行政处罚时,哪一项应当并处罚款(　　)
    A. 责令停止建设,限期拆除的违法建设
    B. 责令停止建设,予以没收的违法建设
    C. 责令采取改正措施,限期改正的违法建设
    D. 申请人民法院强制执行的违法建设

23. 下列哪一项不属于近期建设规划的强制内容(　　)
    A. 城市近期建设重点和发展规模
    B. 近期建设用地的具体位置和范围
    C. 近期内保护历史文化遗产和风景资源的具体措施
    D. 近期建设项目竖向设计

24. 下列关于城市详细规划的几项强制性内容,哪一项是不完全正确的(　　)
    A. 规划地段各地块的土地主要用途　　B. 规划地段各地块的允许建设总量
    C. 规划地段各地块规划建设高度　　　D. 规划地段各地块的绿化率规定

25. 根据相关法律法规,承包经营基本农田的单位或者个人连续(　　)年弃耕

抛荒,原发包单位应当终止承包合同,收回发包的基本农田。

  A. 1   B. 2   C. 3   D. 4

26. 设立国家级风景名胜区由( )提出申请,报国务院审批。

  A. 住房和城乡建设部   B. 省、自治区、直辖市建设主管部门

  C. 国家林业局   D. 省、自治区、直辖市人民政府

27. 城市总体规划实施情况评估工作,原则上应当每( )年进行一次。

  A. 2   B. 3   C. 4   D. 5

28. 以出让方式提供国有土地使用权的建设项目,其规划审核内容不包括( )

  A. 提供规划条件   B. 审核建设用地申请条件

  C. 审核建设工程总平面图   D. 核定建设项目基本情况

29. 历史文化名城、名镇、名村保护规划的内容不包括( )

  A. 保护措施、开发强度和建设控制要求

  B. 历史文化街区、名镇、名村的核心保护范围和建设控制地带

  C. 传统格局和历史风貌保护要求

  D. 传统格局和风貌构成影响的大面积改建的理由

30. 依据《城乡规划法》的规定,在乡镇企业、乡村公共设施和公益事业建设以及农村村民住宅建设,不得占用( )

  A. 林地   B. 草地   C. 农用地   D. 水利用地

31. 下列不属于历史文化名城保护规划原则的是( )

  A. 合理利用、永续利用的原则   B. 保护历史真实载体的原则

  C. 保护历史环境的原则   D. 保护传统格局原则

32. 根据《水法》的规定,水资源属于( )

  A. 国家所有   B. 集体所有

  C. 国家和集体所有   D. 谁开发谁占有

33. 《防震减灾法》规定,重大建设工程和可能发生次生灾害的建设工程,应根据( ),确定抗震设防要求,进行抗震设防。

  A. 地震烈度区划图   B. 地震破坏性评价的结果

  C. 地震动参数区划图   D. 地震安全性评价结果

34. 规划的城市道路与交通设施用地面积应占城市规划建设用地面积的( )

  A. 8%~12%   B. 10%~20%   C. 15%~25%   D. 15%~30%

35. 依据《城市工程管线综合规划规范》,当道路红线宽度超过40m时,下列不属于宜两侧布置的管线是( )

  A. 配水管线   B. 配气管线   C. 电力管线   D. 给水管线

36. 根据《城市地下空间开发利用管理规定》,下列说法错误的是( )

  A. 城市地下空间建设规划由城市人民政府批准

B. 地下工程施工应当推行工程监理制度

C. 地下工程应本着"谁投资、谁所有、谁受益、谁维护"的原则

D. 地下空间规划需要变更的,变更规划技术文件报审批机关备案即可

37. 依据《城市排水工程规划规范》,城市污水厂位于(   )

    A. 城市常年主导风向的下风侧　　　　B. 城市常年最小风频的上风侧

    C. 夏季主导风向的下风侧　　　　　　D. 夏季最小风频的上风侧

38. 根据《人民防空法》,城市人民政府编制、制定的《人民防空工程建设规划》,应纳入(   )

    A. 城市总体规划　　　　　　　　　　B. 控制性详细规划

    C. 近期建设规划　　　　　　　　　　D. 国民经济和社会发展规划

39. 根据《城市抗震防灾规划管理规定》,当遭遇相当于抗震设防烈度的地震时,下列说法不正确的是(   )

    A. 城市一般功能基本正常　　　　　　B. 生命系统基本正常

    C. 工矿企业正常　　　　　　　　　　D. 要害系统不遭受破坏

40. 根据《市政公用设施抗灾设防管理规定》,建设单位应当在初步设计阶段,对抗震设防区的一些市政公用设施进行专家抗震专项论证,下列属于不需要论证的是(   )

    A. 超过 5000m^2 的地下停车场

    B. 采用抗震减震措施的大型城镇桥梁

    C. 软黏土层隧道

    D. 重点设防类的市政公用设施

41. 依据《城市抗震防灾规划标准》,用地抗震防灾类型Ⅲ类或者Ⅳ类,属于城市抗震适宜性评价用地中(   )用地。

    A. 适宜　　　　　　　　　　　　　　B. 较适宜

    C. 有条件适宜　　　　　　　　　　　D. 不适宜

42. 下列关于城乡规划技术标准的标准层次叙述中,不正确的是(   )

    A.《村镇规划基础资料搜集规程》——基础标准

    B.《城市水系规划规范》——通用标准

    C.《风景名胜区总体规划标准》——通用标准

    D.《城镇老年人设施规划规范》——专用标准

43. 人行道的宽度不应小于(   ),且应与车行道之间设置物理隔离。

    A. 1.5m　　　　B. 2.0m　　　　C. 2.5m　　　　D. 3.0m

44. 依据《城市居住区规划设计标准》,下列关于道路宽度的说法中,错误的是(   )

    A. 支路的红线宽度,宜为 14～20m

    B. 居住区内人行道宽度不应小于 2.5m

C. 居住区应采取"小街区、密路网"的交通组织方式,路网密度不应小于 $8km/km^2$

D. 居住街坊内附属道路最小纵坡不应小于 0.2%

45. 依据《城市环境卫生设施规划标准》,下列对废物箱间距的说法,错误的是
(　　)

A. 沿线土地使用强度较高的快速路辅路设置间距为 30～100m

B. 城市一般功能区等地区的次干路设置间距为 100～200m

C. 城市一般功能区等地区的支路设置间距为 50～100m

D. 城市外围地区、工业区等人流活动较少的各类道路设置间距为 200～400m

46. 根据《风景名胜区总体规划标准》,下列不属于容量计算方法采用的指标的
是(　　)

　　A. 线路法　　　　B. 面积法　　　　C. 卡口法　　　　D. 间接法

47. 根据《防洪标准》,常住人口 150 万人,当量经济规模大于 300 万人的特别重
要城市,其防洪标准重现期为(　　)年。

　　A. 20～50　　　　B. 50～100　　　　C. 100～200　　　　D. 200 以上

48. 根据《城市电力规划规范》规划新建城市变电站的结构形式选择,下列说法
不正确的是(　　)

A. 在市区边缘或郊区,可采用布置紧凑、占地较少的全户外式或半户外式

B. 在市区内宜采用全户内式或半户外式

C. 在市中心地区可在充分论证的前提下结合绿地或广场建设全地下式或
半地下式

D. 在大、中城市的超高层公共建筑群区宜采用小型户外式

49. 根据《行政处罚法》的规定,违法行为在(　　)年之内未被发现,不再给予行
政处罚,法律另有规定的除外。

　　A. 1　　　　　　B. 2　　　　　　C. 3　　　　　　D. 4

50. 下列关于行政法律关系与行政关系的表述中,不正确的是(　　)

A. 行政法律关系不同于行政关系

B. 行政关系是行政法调整的对象,而行政法律关系是行政法调整的结果

C. 行政法并不对所有行政关系作出规定和调整,只调整其中主要部分

D. 行政法律关系比行政关系范围小且层次较低

51. 关于村庄规划,下列哪项说法是正确的(　　)

A. 村庄规划可以由村委会组织编制

B. 村庄规划在报送审批前可以适当听取村民会议或村民代表会议的意见

C. 在村庄规划区内进行建设的,由乡镇人民政府核发乡村建设规划许可证

D. 在村庄规划区内进行建设时,建设单位或个人只有在取得乡村建设规划
许可证后,方可办理用地审批手续

52. 下列哪项一般不需要规划部门作出行政许可（　　　）
  A. 土地出让转让   B. 住宅开工建设
  C. 乡镇企业建设   D. 房产交易

53. "可以配置必要的研究和安全防护性设施，禁止游人进入，不得搞任何建筑设施，禁止机动交通及其设施进入。"是风景保护分类中（　　　）应当符合的规定。
  A. 生态保护区   B. 自然景观保护区
  C. 史迹保护区   D. 风景恢复区

54. 下列关于规划区的说法中，哪项是正确的？（　　　）
  A. 城市和镇的全部区域，以及因城乡建设和发展需要，必须实行规划控制的区域
  B. 城市、镇的建成区以及因城乡建设和发展需要，必须实行规划控制的区域
  C. 城市、镇和村庄的全部区域，以及因城乡建设和发展需要，必须实行规划控制的区域
  D. 城市、镇和村庄的建成区以及因城乡建设和发展需要，必须实行规划控制的区域

55. 在乡、村庄规划区内未依法取得乡村建设规划许可证或者未按照乡村建设规划许可证的规定进行建设的，由（　　　）责令停止建设、限期改正；逾期不改正的，可以拆除。
  A. 县人民政府   B. 县人民政府城乡规划主管部门
  C. 乡、镇人民政府   D. 乡、镇人民政府城乡规划主管部门

56. 新时期国家建设应以"四个全面"为基准，即全面建成小康社会、全面深化改革、（　　　）、全面从严治党。
  A. 全面以人为本   B. 全面绿色发展
  C. 全面依法治国   D. 全面对外开放

57. 下列说法不正确的是（　　　）
  A. 法律反映的是统治阶级的意志   B. 法律规范属于社会规范
  C. 法律是政府制定和认可的   D. 法律是通过国家强制实施的规范

58. 下列不属于行政法调整对象的是（　　　）
  A. 行政管理关系   B. 行政法制监督关系
  C. 外部行政关系   D. 行政救济关系

59. 下列不属于依法治国范围的是（　　　）
  A. 依法立法   B. 依法行政   C. 依法监督   D. 依法执法

60. 九江市规划局对某建设单位作出的行政处罚决定书属于（　　　）
  A. 即时生效   B. 受领生效   C. 告知生效   D. 附条件生效

61. 行政体制包括广泛的内容，其中（　　　）是行政体制的核心组成部分。
  A. 行政规范   B. 行政区划体制

C. 行政权力机构　　　　　　　　　D. 政府组织机构

62. 以下既属于行政监督的主体又属于行政法制监督的主体的是（　　　）

A. 行政监察机关　　　　　　　　　B. 规划行政部门

C. 建设单位　　　　　　　　　　　D. 司法机关

63. 下列解释中，不符合《城乡规划法》中"规划条件"规定的表述是（　　　）

A. 规划条件应当由城市、县人民政府城乡规划主管部门依据控制性详细规划提出

B. 规划条件包括出让地块的位置、使用性质、开发强度、所有权属、地块使用年限、出让方式、转让条件等

C. 城市、县人民政府城乡规划主管部门提出的规划条件，不得随意修改

D. 未确定规划条件的地块，不得出让国有土地使用权

64. 《城乡规划法》没有规定（　　　）的规划内容。

A. 城镇体系规划　　　　　　　　　B. 城市总体规划

C. 控制性详细规划　　　　　　　　D. 村庄规划

65. 历史文化名村的保护规划，由所在地县级人民政府组织编制，报（　　　）审批。

A. 省、自治区人民政府　　　　　　B. 省、自治区城乡规划主管部门

C. 市人民政府　　　　　　　　　　D. 市城乡规划主管部门

66. 按照严格的评价标准，选择具有重大历史、文艺、科学价值的历史文化名镇、名村，经专家论证，由（　　　）确定为中国历史文化名镇名村。

A. 国务院

B. 国务院文物主管部门

C. 国务院建设主管部门

D. 国务院建设主管部门和文物主管部门

67. "建设工程选址，应当尽可能避开不可移动文物；因特殊情况不能避开的，对文物保护单位应当尽可能原址保护"的规定出自（　　　）

A.《文物保护法》

B.《历史文化名城名镇名村保护条例》

C.《城市紫线管理办法》

D.《历史文化名城保护规划标准》

68. 国家对风景名胜区实行科学规划、统一管理、严格保护、（　　　）

A. 合理利用　　　B. 持续利用　　　C. 永续利用　　　D. 科学利用

69. 下列关于《城市居住区规划设计标准》的说法中，错误的是（　　　）

A. 本标准适用于城市居住区规划的设计，不适用于城市规划的编制

B. 居住街坊由支路等城市道路或用地边界线围合的住宅用地，是住宅建筑组合形成的居住基本单元；居住人口规模在 1000～3000 人，并配建有便民服务设施

C. 公共绿地是指为居住区配套建设、可供居民游憩或开展体育活动的公园绿地

D. 住宅建筑平均层数是指一定用地范围内,住宅建筑总面积与住宅建筑基底总面积的比值所得的层数

70. 根据《城市居住区规划设计标准》,下列关于绿地的一些规定中,错误的是( )

A. 15 分钟生活圈居住区公共绿地面积不得少于 $2.0\text{m}^2/$人

B. 10 分钟生活圈居住区公共绿地面积不得少于 $1.0\text{m}^2/$人

C. 5 分钟生活圈居住区公共绿地面积不得少于 $0.5\text{m}^2/$人

D. 居住街坊内集中绿地面积新区建设不得低于 $0.5\text{m}^2/$人

71. 依据《城市综合交通体系规划标准》,下列说法错误的是( )

A. 规划的城市道路与交通设施用地面积应占城市规划建设用地面积的 $10\%\sim15\%$

B. 城市内部客运交通中由步行与集约型公共交通、自行车交通承担的出行比例不应低于 75%

C. 城市内部出行中,95% 的通勤出行单程的时耗,规划人口规模 100 万及以上的城市应控制在 60min 以内

D. 城市内部出行中,95% 的通勤出行单程的时耗,规划人口规模 100 万以下的城市应控制在 40min 以内

72. 列入世界文化与自然双重遗产的风景名胜区为( )

A. 四川九寨沟和黄龙
B. 四川峨眉山和乐山
C. 四川大熊猫栖息地
D. 湖南武陵源

73. 依据《城市消防站规划设计规范》,下列说法错误的是( )

A. 消防站的车辆主出入口且距医院、商场、体育场馆、展览馆等人员密集场所的公共建筑的主要疏散出口不应小于 50m

B. 消防站与加油站、加气站等易燃易爆危险场所的距离不应小于 50m

C. 消防站车库门直接临街的应朝向城市道路,且应后退道路红线不小于 7.5m

D. 消防站应设置在常年主导风向的上风或侧风处,其边界距生产、贮存危险化学品的危险部位不宜小于 200m

74. 依据《城市消防规划规范》,以下说法错误的是( )

A. 历史文化街区外围宜设置环形消防车通道

B. 历史文化街区可设置汽车加油站、加气站

C. 城市建设用地范围内应设置一级普通消防站

D. 城市消防站应分为陆上消防站、水上消防站和航空消防站

75. 根据《城市黄线管理办法》,下列不属于黄线管理范畴的是( )

A. 城市环境质量监测站
B. 城市供电设施

C. 城市供燃气设施 D. 公路修补站

76. "工业、商业、旅游、娱乐和商品住宅等经营性用地以及同一土地上有两个以上意向用地者的,应当采取招标、拍卖等公开竞争的方式出让"的规定出自( )

    A.《城乡规划法》   B.《土地管理法》

    C.《城市房地产管理法》   D.《物权法》

77. "商业、旅游、娱乐和豪华住宅用地,有条件的,必须采取拍卖、招标方式;没有条件的,不能采取拍卖、招标方式的,可以采取双方协议的方式"的规定出自( )

    A.《城乡规划法》   B.《土地管理法》

    C.《城市房地产管理法》   D.《物权法》

78. 根据《历史文化名城保护规划标准》,下列对历史文化名城保护规划的内容说法中,不正确的是( )

    A. 城址环境保护

    B. 传统格局与历史风貌的保持与延续

    C. 历史地段的维修、改善与整治

    D. 文物古迹和文物保护单位的保护和修缮

79. 下列说法错误的是( )

    A. 取得注册城乡规划师职业资格证书的人员,只能在其从事专业工作的单位办理注册申请。禁止以任何形式挂名注册

    B. 注册城乡规划师可以履行在法定规划和各级政府及其职能部门的委托咨询项目中的签字权利,并承担相应的技术责任

    C. 注册城乡规划师初始注册的有效期为三年,自批准注册之日起计算

    D. 注册城乡规划师应当在注册有效期满前三个月内申请续期注册

80. 《行政诉讼法》规定,行政诉讼的证据不包括( )

    A. 勘验笔录,现场笔录

    B. 物证

    C. 当事人陈述

    D. 诉讼过程中,被告人自行向证人收集的证据

二、多项选择题(共20题,每题1分。每题的备选项中,有2～4个选项符合题意。多选、少选、错选都不得分)

81. 根据《城乡规划法》的规定,( )的组织编制机关,应当组织有关部门和专家定期对规划实施情况进行评估,并采取论证会、听证会或者其他方式征求公众意见。

    A. 乡规划、村庄规划   B. 镇的总体规划

    C. 省域城镇体系规划   D. 城市总体规划

    E. 城市近期建设规划

82. 世界文化景观遗产有(　　　)
    A. 江西庐山　　B. 黄山　　　　　C. 武夷山
    D. 山西五台山　E. 泰山

83. 依据《自然保护区条例》,自然保护区分为(　　　)
    A. 核心区　　　B. 保护区　　　　C. 缓冲区
    D. 实验区　　　E. 协调区

84. 行政法律责任的构成要件包括(　　　)
    A. 行为人客观上已经对社会造成巨大的危害
    B. 行为人必须具备责任能力
    C. 行为人的行为客观上已经构成违法
    D. 行为人的违法行为必须以法定职责或者法定义务为前提
    E. 行为人主观上必须有过错

85. 根据《城市居住区规划设计标准》,下列说法错误的是(　　　)
    A. 居住区应采取"小街区、密路网"的交通组织方式
    B. 路网密度不应小于 8km/km^2
    C. 城市道路间距不应超过 300m
    D. 人行出入口间距不宜超过 150m
    E. 支路的红线宽度,宜为 6~9m

86. 下列关于《城市用分类与规划建设用地标准》的说法中,正确的是(　　　)
    A. 城乡用地分为 14 小类　　　　B. 城乡用地分为 3 大类
    C. 城乡用地分为 8 中类　　　　D. 城市建设用地分为 8 大类
    E. 城市建设用地分为 42 小类

87. 下列关于控制性详细规划编制内容的说法中,正确的是(　　　)
    A. 确定规划范围内不同性质用地的界线
    B. 提出各地块的建筑体量、体型、色彩等城市设计指导原则
    C. 确定地下空间开发利用具体要求
    D. 各地块的主要用途、建筑密度、容积率、绿地率、基础设施和公共服务设施配套规定应作为控制性详细规划编制的强制性内容
    E. 生态环境保护与建设目标、污染控制与治理措施

88. 城市国有土地使用权出让的投放量应与(　　　)相适应。
    A. 城市土地资源　　　　　　　B. 经济社会发展
    C. 市场需求　　　　　　　　　D. 城市规模
    E. 人口规模

89. 城市国有土地使用权出让规划设计附图包括(　　　)
    A. 地块坐标、标高　　　　　　B. 道路红线坐标、标高
    C. 出入口位置　　　　　　　　D. 绿地比例

E. 建筑界线以及地块周围地区环境与基础设施条件

90. 下列属于法定城乡规划的是（　　　）

A. 城镇体系规划
B. 工业园区规划
C. 城市规划
D. 村庄规划
E. 区域规划

91. 划拨用地的规划审核内容,主要包括（　　　）

A. 审核建设用地申请条件
B. 审核建设用地性质
C. 提供规划条件
D. 审核建设工程总平面图
E. 审查企业营业执照

92. 下列选项中属于城乡规划法规体系中的横向法规体系的有（　　　）

A.《城乡规划法》
B.《土地管理法》
C.《行政许可法》
D.《建筑法》
E.《城市黄线管理办法》

93. 行政行为的特征包括（　　　）

A. 从属法律性
B. 裁量性
C. 单方意志性
D. 无偿性
E. 有限性

94. 编制城市规划,（　　　）应当作为必须严格执行的强制性内容。

A. 资源利用与环境保护
B. 区域协调发展
C. 重要服务设施
D. 自然与文化遗产保护
E. 公共安全与公众利益

95. 有下列情形之一的,组织编制机关方可按照规定的权限和程序修改省域城镇体系规划、城市总体规划、镇总体规划（　　　）

A. 上级人民政府制定的城乡规划发生变更,提出修改规划要求的
B. 行政区划调整确需修改规划的
C. 因上级政府批准重大建设工程确需修改规划的
D. 经评估确需修改规划的
E. 城乡规划的审批机关认为应当修改规划的其他情形

96. 当遇到下列情况时,宜采用综合管廊（　　　）

A. 交通运输繁忙或地下管线较多的城市主干道以及配合轨道交通、地下道路、城市地下综合体等建设工程地段
B. 城市核心区、中央商务区、地下空间高强度成片集中开发区、重要广场、主要道路的交叉口、道路与铁路或河流的交叉处、过江隧道等
C. 道路宽度可以满足直埋敷设多种管线的路段
D. 重要的公共空间
E. 不宜开挖路面的路段

97. 下列历史文化街区应具备的条件中,正确的是(　　)
　　A. 应有比较完整的历史风貌
　　B. 构成历史风貌的历史建筑和历史环境要素应是历史存留的原物
　　C. 历史文化街区核心保护范围面积不应小于 1hm²
　　D. 历史文化街区核心保护范围内的文物保护单位、历史建筑、传统风貌建筑的总用地面积不应小于核心保护范围内建筑总用地面积的 50%
　　E. 有比较丰富的地下文物资源

98. 申报历史文化名城应具备的条件是(　　)
　　A. 保存文物特别丰富
　　B. 历史建筑集中成片
　　C. 保留着传统格局和历史风貌
　　D. 历史上曾经作为政治、经济、文化、交通中心或者军事要地,或者发生过重要历史事件,或者其传统产业、历史上建设的重大工程对本地区的发展产生过重要影响,或者能够集中反映本地区建筑的文化特色、民族特色
　　E. 申报历史文化名城的,在所申报的历史文化名城保护范围内还应当有 1 个以上的历史文化街区

99. 《城乡规划法》对编制单位违法行为所定的行政处罚类型有(　　)
　　A. 责令限期改正,并处罚款　　　　B. 责令停业整顿
　　C. 终止合同约定　　　　　　　　　D. 对直接责任人行政处分
　　E. 依法承担赔偿责任

100. 控制性详细规划的强制性内容包括(　　)
　　A. 建筑高度　　B. 容积率　　　C. 建筑密度　　　D. 人口规模
　　E. 建筑体量

模拟题解析

一、单项选择题(共80题,每题1分。每题的备选项中,只有1个最符合题意)

1. B

【解析】 法是统治阶级意志的反映,这意志反映的内容由统治阶级的物质条件决定。故选 B。

2. A

【解析】 规范分为社会规范和技术规范两类。故选 A。

3. C

【解析】 法律规范的组成要素是:假定、处理、制裁。故选 C。

4. D

【解析】 国家机关授权下级国家机关制定属于自己职能范围内的法律、法规时,该法律、法规在效力上等同于授权机关制定的法律、法规。故选 D。

5. D

【解析】 行政法律关系不是双方当事人意见一致的表现,不能自由选择,是由法律规定的,但行政相对人在此约定的法律关系中不是只能服从,可具有行政复议和行政诉讼的权利。因此 ABC 选项错误,故选 D。

6. D

【解析】 风景名胜区不属于生态敏感区,如华山风景名胜区,可以对外开放。故选 D。

7. B

【解析】 依据《城乡规划法》,省域城镇体系规划指导城市总体规划体现了下位规划服从上位规划的原则。故选 B。

8. C

【解析】 依据《城乡规划法》和《开发区规划管理办法》不得在城市总体规划确定的建设用地范围以外设立各类开发区和城市新区。所以工业园区不得选址于建设用地范围以外,且选址需要符合城市总体规划的要求。任何工业园区的规划管理权限仍属于同级别的城乡规划主管部门,不属于工业园区管委会。A、B、D 选项错误,故选 C。

9. A

【解析】 行政复议申请的期限应当自知道该具体行政行为之日起 60 日内申请。故选 A。

10. C

【解析】 房地产开发必须按照规划条件规定的用地性质进行开发。故选 C。

11. C

【解析】 依据《城乡规划法》,建设单位应当在竣工验收后 6 个月内向城乡规划主管部门报送有关竣工验收的资料。故选 C。

12. B

【解析】《城乡规划法》第四十条:省、自治区人民政府确定的镇人民政府可以颁发建设工程规划许可证。故选 B。

13. C

【解析】《城市抗震防灾规划管理规定》第四条:城市抗震规划的编制要贯彻"预防为主,防、抗、避、救相结合"的方针,结合实际、因地制宜、突出重点。故选 C。

14. C

【解析】 根据 GB 50413—2007《城市抗震防灾规划标准》8.2.9 条,紧急避震疏散场所服务半径宜为 500m,步行大约 10min 之内可以到达。故选 C。

15. A

【解析】《城市紫线管理办法》第二条:在编制城市规划时应当划定保护历史文化街区和历史建筑的紫线。国家历史文化名城的城市紫线由城市人民政府在组织编制历史文化名城保护规划时划定。其他城市的城市紫线由城市人民政府在组织编制城市总体规划时划定。因此 A 选项符合题意。

16. C

【解析】 根据 GB 50201—2014《防洪标准》5.0.1 条,大型Ⅱ级防护等级工矿企业防洪标准重现期为 100～50 年。故选 C。

17. C

【解析】《城乡规划法》第十五条:县人民政府所在地镇的总体规划,由县人民政府组织编制,报上级人民政府审批。C 选项说法不完全,因此是错误的。故选 C。

18. D

【解析】 商品房开发的主体属于房地产开发商,而公共产品的主体是国家机关,所以不属于公共产品。故选 D。

19. D

【解析】 D 选项属于建筑密度的定义。故选 D。

20. D

【解析】 根据 CJJ 83—2016《城乡建设用地竖向规划规范》4.0.1 条,超过 8m 的高填方区宜优先用作绿地、广场、运动场等开敞空间。故选 D。

21. B

【解析】 吊销建设工程规划许可证属于能力罚。故选 B。

22. C

【解析】 依据《城乡规划法》,尚可采取改正措施消除对规划实施的影响的,限期改正,处建设工程造价百分之五以上百分之十以下的罚款。故选 C。

23. D

【解析】 近期建设项目的竖向设计不属于近期建设规划的强制性内容。故选 D。

24. C

【解析】 依据《城市规划强制性内容暂行规定》，规划地段内特定地块规划建设高度属于强制性内容，因此 C 选项中各地块规划建设高度不是强制性内容。故选 C。

25. B

【解析】 《基本农田保护条例》规定，承包经营基本农田的单位或者个人连续 2 年弃耕抛荒的，原发包单位应当终止承包合同，收回发包的基本农田。故选 B。

26. D

【解析】 《风景名胜区条例》规定，设立国家级风景名胜区由省、自治区、直辖市人民政府提出申请，报国务院审批。故选 D。

27. A

【解析】 《城市总体规划实施评估办法》第六条：城市总体规划实施情况评估工作，原则上应当每 2 年进行一次。故选 A。

28. D

【解析】 以出让方式提供国有土地使用权的，审核的内容为：提供规划条件、审核建设用地申请条件、审核建设工程总平面图。故选 D。

29. D

【解析】 历史文化名城保护规划不涉及改建等内容和理由。故选 D。

30. C

【解析】 《城乡规划法》第四十一条：在乡、村庄规划区内进行乡镇企业、乡村公共设施和公益事业建设以及农村村民住宅建设，不得占用农用地。故选 C。

31. D

【解析】 GB/T 50357—2018《历史文化名城保护规划标准》1.0.3 条：保护规划必须遵循下列原则：

（1）保护历史真实载体的原则；

（2）保护历史环境的原则；

（3）合理利用、永续利用的原则。

故选 D。

32. A

【解析】 依据《水法》第三条，水资源属于国家所有。故选 A。

33. D

【解析】 《防震减灾法》规定，重大建设工程和可能发生次生灾害的建设工程，应根据地震安全性评价结果，确定抗震设防要求，进行抗震设防。故选 D。

34. C

【解析】 GB/T 51328—2018《城市综合交通体系规划标准》3.0.4 条：规划的城

市道路与交通设施用地面积应占城市规划建设用地面积的15%～25%。故选C。

35. D

【解析】 GB 50289—2016《城市工程管线综合规划规范》4.1.5条：当道路红线宽度超过40m的城市干道宜两侧布置配水、配气、通信、电力和排水管线。故选D。

36. D

【解析】 根据《城市地下空间开发利用管理规定》，地下工程必须按照设计图纸进行施工。施工单位认为有必要改变设计方案的，应由原设计单位进行修改，建设单位应重新办理审批手续。故选D。

37. D

【解析】 根据GB 50318—2017《城市排水工程规划规范》，污水处理厂应位于城市夏季最小风频的上风侧。故选D。

38. A

【解析】《人民防空工程建设规划》应纳入城市总体规划。故选A。

39. D

【解析】《城市抗震防灾规划管理规定》第八条第二款：当遭受相当于抗震设防烈度的地震时，城市一般功能及生命系统基本正常，重要工矿企业能正常或者很快恢复生产。不包括D选项内容，故选D。

40. A

【解析】 对抗震设防区的下列市政公用设施，建设单位应当在初步设计阶段组织专家进行抗震专项论证：

（一）属于《建筑工程抗震设防分类标准》中特殊设防类、重点设防类的市政公用设施；

（二）结构复杂或者采用抗震减震措施的大型城镇桥梁和城市轨道交通桥梁，直接作为地面建筑或者桥梁基础以及处于可能液化或者软黏土层的隧道；

（三）超过一万平方米的地下停车场等地下工程设施；

（四）震后可能发生严重次生灾害的共同沟工程、污水集中处理设施和生活垃圾集中处理设施；

（五）超出现行工程建设标准适用范围的市政公用设施。

因此A选项符合题意。

41. B

【解析】 依据GB 50413—2007《城市抗震防灾规划标准》，用地抗震防灾类型Ⅲ类或者Ⅳ类，属于城市抗震适宜性评价用地中较适宜用地。故选B。

42. C

【解析】 GB/T 50298—2018《风景名胜区总体规划标准》属于专用标准。故选C。

43. B

【解析】 GB/T 51328—2018《城市综合交通体系规划标准》10.2.3条：人行道的宽度不应小于2.0m，且应与车行道之间设置物理隔离。故选B。

44. D

【解析】 GB 50180—2018《城市居住区规划设计标准》6.0.4条：居住街坊内附属道路最小纵坡不应小于0.3%。因此D选项错误。故选D。

45. C

【解析】 GB/T 50337—2018《城市环境卫生设施规划标准》4.4.2条：设置在道路两侧的废物箱，其间距宜按道路功能划分：(1)在人流密集的城市中心区、大型公共设施周边、主要交通枢纽、城市核心功能区、市民活动聚集区等地区的主干路，人流量较大的次干路，人流活动密集的支路，以及沿线土地使用强度较高的快速路辅路设置间距为30~100m；(2)在人流较为密集的中等规模公共设施周边、城市一般功能区等地区的次干路和支路设置间距为100~200m；(3)在以交通性为主、沿线土地使用强度较低的快速路辅路、主干路，以及城市外围地区、工业区等人流活动较少的各类道路设置间距为200~400m。故选C。

46. D

【解析】 根据GB/T 50298—2018《风景名胜区总体规划标准》，采用线路法、面积法、卡口法、综合平衡法的容量计算方法。故选D。

47. D

【解析】 根据GB 50201—2014《防洪标准》中表4.2.1城市防护区的防护等级和防洪标准：

表4.2.1 城市防护区的防护等级和防洪标准

防护等级	重要性	常住人口/万人	当量经济规模/万人	防洪标准(重现期/年)
Ⅰ	特别重要	≥150	≥300	≥200
Ⅱ	重要	<150,≥50	<300,≥100	200~100
Ⅲ	比较重要	<50,≥20	<100,≥40	100~50
Ⅳ	一般	<20	<40	50~20

故选D。

48. D

【解析】 GB/T 50293—2014《城市电力规划规范》7.2.6条：规划新建城市变电站的结构形式选择，宜符合下列规定：(1)在市区边缘或郊区，可采用布置紧凑、占地较少的全户外式或半户外式；(2)在市区内宜采用全户内式或半户外式；(3)在市中心地区可在充分论证的前提下结合绿地或广场建设全地下式或半地下式；(4)在大、中城市的超高层公共建筑群区、中心商务区及繁华、金融商贸街区，宜采用小型户内式；可建设附建式或地下变电站。故选D。

49. B

【解析】 《行政处罚法》第二十九条：违法行为在2年内未被发现的，不再给予行政处罚。法律另有规定的除外。故选B。

50. D

【解析】 行政法律关系比行政关系范围小但是层次高。故选 D。

51. D

【解析】 村庄规划由乡镇人民政府组织编制,在报送审批前应听取村民会议或者村民代表会议的同意;村庄规划范围内进行建设,由县人民政府城乡规划主管部门核发乡村建设规划许可证。A、B、C 选项均错误,故选 D。

52. D

【解析】 房产交易是房产局办理的,是规划的"一书三证"办理后的行政行为。故选 D。

53. A

【解析】 生态保护区是指可以配置必要的研究和安全防护性设施,禁止游人进入,不得搞任何建筑设施,禁止机动交通及其设施进入。故选 A。

54. D

【解析】《城乡规划法》第二条:本法所称规划区,是指城市、镇和村庄的建成区以及因城乡建设和发展需要,必须实行规划控制的区域。故选 D。

55. C

【解析】《城乡规划法》第六十五条:在乡、村庄规划区内未依法取得乡村建设规划许可证或者未按照乡村建设规划许可证的规定进行建设的,由乡、镇人民政府责令停止建设、限期改正;逾期不改正的,可以拆除。故选 C。

56. C

【解析】"四个全面"是指全面建成小康社会、全面深化改革、全面依法治国、全面从严治党。故选 C。

57. C

【解析】 法律是由国家制定和认可的。故选 C。

58. C

【解析】 行政法调整的对象不包括外部行政关系,应为内部行政关系。故选 C。

59. D

【解析】 依法治国的范围包括:依法立法、依法司法、依法行政、依法监督。故选 D。

60. B

【解析】 行政处罚决定书属于受领生效。故选 B。

61. C

【解析】 行政权力结构是行政体制的核心组成部分。故选 C。

62. A

【解析】 行政监察机关既是行政监督的主体又是行政法制监督的主体。故选 A。

63. B

【解析】 《城乡规划法》第三十七条：在城市、镇规划区内以划拨方式提供国有土地使用权的建设项目，经有关部门批准、核准、备案后，建设单位应当向城市、县人民政府城乡规划主管部门提出建设用地规划许可申请，由城市、县人民政府城乡规划主管部门依据控制性详细规划核定建设用地的位置、面积、允许建设的范围，核发建设用地规划许可证。故选 B。

64. C

【解析】 对控制性详细规划的编制内容，《城乡规划法》没有作出规定。故选 C。

65. A

【解析】 历史文化名村的保护规划，由所在地县级人民政府组织编制，报省、自治区人民政府审批。故选 A。

66. D

【解析】 国务院建设主管部门和文物主管部门在已批准的历史文化名村中选定特优秀的历史文化名村为国家历史文化名村。故选 D。

67. A

【解析】 此条出自《文物保护法》。故选 A。

68. C

【解析】 国家对风景名胜区实行科学规划、统一管理、严格保护、永续利用。故选 C。

69. A

【解析】 GB 50180—2018《城市居住区规划设计标准》1.0.2 条：本标准适用于城市规划的编制以及城市居住区的规划设计。因此 A 选项错误。故选 A。

70. C

【解析】 根据 GB 50180—2018《城市居住区规划设计标准》，5 分钟生活圈居住区公共绿地面积不得少于 $1.0\,m^2/$人，C 选项错误。故选 C。

71. A

【解析】 GB/T 51328—2018《城市综合交通体系规划标准》3.0.4 条：规划的城市道路与交通设施用地面积应占城市规划建设用地面积的 $15\%\sim25\%$。因此 A 选项错误。依据 3.0.5 条，B、C、D 选项均与条文一致，因此 B、C、D 选项正确。故选 A。

72. B

【解析】 峨眉山和乐山属于世界文化与自然双重遗产。故选 B。

73. C

【解析】 GB 51054—2014《城市消防站规划设计规范》3.0.4 条：消防站车库门直接临街的应朝向城市道路，且应后退道路红线不小于 15m。故选 C。

74. B

【解析】 GB 50180—2015《城市消防规划规范》3.0.4 条：历史文化街区不得设

置汽车加油站、加气站。故选 B。

75. D

【解析】 公路修补站属于道路红线用地。故选 D。

76. D

【解析】《物权法》第一百三十七条：设立建设用地使用权,可以采取出让或者划拨等方式。工业、商业、旅游、娱乐和商品住宅等经营性用地以及同一土地有两个以上意向用地者的,应当采取招标、拍卖等公开竞价的方式出让。故选 D。

77. C

【解析】《城市房地产管理法》第十三条：商业、旅游、娱乐和豪华住宅用地,有条件的,必须采取拍卖、招标方式;没有条件,不能采取拍卖、招标方式的,可以采取双方协议的方式。故选 C。

78. D

【解析】 根据 GB/T 50357—2018《历史文化名城保护规划标准》3.1.5 条：历史文化名城保护规划应包括下列内容：(1)城址环境保护;(2)传统格局与历史风貌的保持与延续;(3)历史地段的维修、改善与整治;(4)文物保护单位和历史建筑的保护和修缮。因此 D 选项不正确。故选 D。

79. C

【解析】 注册城乡规划师初始注册的有效期为 5 年,自批准注册之日起计算。故选 C。

80. D

【解析】 被告人自行向证人收集的证据不能作为诉讼证据。故选 D。

二、多项选择题(共 20 题,每题 1 分。每题的备选项中,有 2～4 个选项符合题意。多选、少选、错选都不得分)

81. BCD

【解析】《城乡规划法》第四十六条：省域城镇体系规划、城市总体规划、镇总体规划的组织编制机关,应当组织有关部门和专家定期对规划实施情况进行评估,并采取论证会、听证会或者其他方式征求公众意见。故选 BCD。

82. AD

【解析】 世界文化景观遗产有 2 处：江西庐山、山西五台山。故选 AD。

83. ACD

【解析】《自然保护区条例》第十四条：自然保护区可以分为核心区、缓冲区和实验区。故选 ACD。

84. BCDE

【解析】 行政法律责任构成的要件包括：(1)行为人的行为客观上已经构成了违法;(2)行为人必须具备责任能力;(3)行为人在主观上必须有过错;(4)行为人的

违法行为必须以法定的职责或法定义务为前提。只有构成行政法律责任的全部要件,才能追究其法律责任。故选 BCDE。

85. DE

【解析】 依据 GB 50180—2018《城市居住区规划设计标准》6.0.3 条:支路的红线宽度,宜为 14～20m;6.0.4 条:人行出入口间距不宜超过 200m。因此 DE 选项错误,ABC 选项均符合标准。故选 DE。

86. ADE

【解析】 GB 50137—2011《城市用地分类与规划建设用地标准》:城乡用地分为 2 大类、9 中类、14 小类;城市建设用地分为 8 大类、35 中类、42 小类。故选 ADE。

87. ABCD

【解析】《城市规划编制办法》第四十一条:控制性详细规划应当包括下列内容:

(一)确定规划范围内不同性质用地的界线,确定各类用地内适建、不适建或者有条件地允许建设的建筑类型。

(二)确定各地块建筑高度、建筑密度、容积率、绿地率等控制指标;确定公共设施配套要求、交通出入口方位、停车泊位、建筑后退红线距离等要求。

(三)提出各地块的建筑体量、体型、色彩等城市设计指导原则。

(四)根据交通需求分析,确定地块出入口位置、停车泊位、公共交通场站用地范围和站点位置、步行交通以及其他交通设施。规定各级道路的红线、断面、交叉口形式及渠化措施、控制点坐标和标高。

(五)根据规划建设容量,确定市政工程管线位置、管径和工程设施的用地界线,进行管线综合。确定地下空间开发利用具体要求。

(六)制定相应的土地使用与建筑管理规定。

故选 ABCD。

88. ABC

【解析】《城市国有土地使用权出让转让规划管理办法》第四条:城市国有土地使用权出让的投放量应当与城市土地资源、经济社会发展和市场需求相适应。故选 ABC。

89. ABCE

【解析】《城市国有土地使用权出让转让规划管理办法》第六条:附图应当包括:地块区位和现状,地块坐标、标高,道路红线坐标、标高,出入口位置,建筑界线以及地块周围地区环境与基础设施条件。故选 ABCE。

90. ACD

【解析】《城乡规划法》第二条:本法所称城乡规划,包括城镇体系规划、城市规划、镇规划、乡规划和村庄规划。故选 ACD。

91. ACD

【解析】 划拨用地审核的内容:审核建设用地申请条件、提供规划条件、审核建设工程总平面图。故选 ACD。

92. BCD

【解析】 题目问的是横向法规体系，A、E 选项为纵向法规体系内容。故选 BCD。

93. ABCD

【解析】 行政行为的特征包括：从属法律性、裁量性、单方意志性、效力先定性、强制性、无偿性。故选 ABCD。

94. ABDE

【解析】《城市规划编制办法》第十九条：编制城市规划，对涉及城市发展长期保障的资源利用和环境保护、区域协调发展、风景名胜资源管理、自然与文化遗产保护、公共安全和公众利益等方面的内容，应当确定为必须严格执行的强制性内容。故选 ABDE。

95. ABDE

【解析】《城乡规划法》第四十七条：有下列情形之一的，组织编制机关方可按照规定的权限和程序修改省域城镇体系规划、城市总体规划、镇总体规划：

（一）上级人民政府制定的城乡规划发生变更，提出修改规划要求的；

（二）行政区划调整确需修改规划的；

（三）因国务院批准重大建设工程确需修改规划的；

（四）经评估确需修改规划的；

（五）城乡规划的审批机关认为应当修改规划的其他情形。

故选 ABDE。

96. ABDE

【解析】 依据 GB 50838—2015《城市综合管廊工程技术规范》4.2.5 条，当遇到下列情况之一时，宜采用综合管廊：

（1）交通运输繁忙或地下管线较多的城市主干道以及配合轨道交通、地下道路、城市地下综合体等建设工程地段；

（2）城市核心区、中央商务区、地下空间高强度成片集中开发区、重要广场、主要道路的交叉口、道路与铁路或河流的交叉处、过江隧道等；

（3）道路宽度难以满足直埋敷设多种管线的路段；

（4）重要的公共空间；

（5）不宜开挖路面的路段。

故选 ABDE。

97. ABC

【解析】 GB/T 50357—2018《历史文化名城保护规划标准》4.1.1 条：历史文化街区应具备下列条件：（1）应有比较完整的历史风貌；（2）构成历史风貌的历史建筑和历史环境要素应是历史存留的原物；（3）历史文化街区核心保护范围面积不应小

于 1hm² ；（4）历史文化街区核心保护范围内的文物保护单位、历史建筑、传统风貌建筑的总用地面积不应小于核心保护范围内建筑总用地面积的 60%。故选 ABC。

98. ABCD

【解析】《历史文化名城名镇名村保护条例》第七条：具备下列条件的城市、镇、村庄，可以申报历史文化名城、名镇、名村：

（一）保存文物特别丰富；

（二）历史建筑集中成片；

（三）保留着传统格局和历史风貌；

（四）历史上曾经作为政治、经济、文化、交通中心或者军事要地，或者发生过重要历史事件，或者其传统产业、历史上建设的重大工程对本地区的发展产生过重要影响，或者能够集中反映本地区建筑的文化特色、民族特色；

（五）申报历史文化名城的，在所申报的历史文化名城保护范围内还应当有 2 个以上的历史文化街区。

因此 E 选项错误，故选 ABCD。

99. ABE

【解析】《城乡规划法》第六十二条：城乡规划编制单位有下列行为之一的，由所在地城市、县人民政府城乡规划主管部门责令限期改正，处合同约定的规划编制费 1 倍以上 2 倍以下的罚款；情节严重的，责令停业整顿，由原发证机关降低资质等级或者吊销资质证书；造成损失的，依法承担赔偿责任。故选 ABE。

100. ABC

【解析】《城市规划编制办法》第四十二条：控制性详细规划确定的各地块的主要用途、建筑密度、建筑高度、容积率、绿地率、基础设施和公共服务设施配套规定应当作为强制性内容。故选 ABC。